ANALYSE ORDINALE
DES
ÉVANGILES SYNOPTIQUES

ÉCOLE PRATIQUE DES HAUTES ÉTUDES — SORBONNE
SIXIÈME SECTION: SCIENCES ÉCONOMIQUES ET SOCIALES

MATHÉMATIQUES

ET SCIENCES DE L'HOMME

XI

MOUTON/GAUTHIER-VILLARS

LOUIS FREY

ANALYSE ORDINALE
DES
ÉVANGILES SYNOPTIQUES

MOUTON/GAUTHIER-VILLARS

© 1972
ÉCOLE PRATIQUE DES HAUTES ÉTUDES
ÉDITIONS GAUTHIER - VILLARS
ÉDITIONS MOUTON ET CIE

*La coutume suggère
l'intérêt personnel conseille,
parfois la reconnaissance dicte
l'ordre des personnes auxquelles l'auteur se plaît à rendre
un hommage initial :*

"A mon Maître", dans la vieille tradition européenne...

*Et certes sans les enseignements de G. Th. Guilbaud
et sans ses encouragements dont la bienveillance s'accompagna
de crédits indispensables, ce travail n'eût pas pris cette ampleur.*

"A mon épouse", selon une formule plus typiquement américaine...

*Et certes sans le désir obstiné de comprendre de Michèle Frey
maints aspects de ce travail seraient demeurés fort obscurs !*

*Mais toujours passent au dernier rang les artisans véritables,
ceux par qui l'oeuvre a pris forme, ceux qui ont consacré
leurs journées aux tâches les plus ingrates et pourtant
les plus indispensables. Pour une fois au moins, en une telle place,
"les derniers seront premiers" :*

"A mes Vacataires"

*A Jean Yves Deyris, d'abord, qui, le premier,
eut l'inconscience d'accepter puis la patience ensuite d'établir
les listes de concordances à partir des relevés synoptiques
et ce faisant de remarquer certaines régularités qui furent
très directement à l'origine de l'interprétation des doublets.*

*A Xavier Ruffat, qui prit ensuite la relève pour dresser
les graphiques qui figurent en annexe et effectuer finalement
sans erreur les divers dénombrements qu'ils comportent avec un soin
qu'apprécieront les lecteurs soucieux du moindre détail.*

Introduction

LES CONCORDANCES SYNOPTIQUES
ET LEUR ORDONNANCE

*"Car rien n'est voilé qui ne sera dévoilé
et caché qui ne sera connu."*

Matthieu, chapitre **10**, verset 26 b

L'une des narrations de la vie de Jésus, traditionnellement considérée comme la première, rapporte cette sentence qu'aurait prononcée le Christ. Marc, deuxième des évangiles, la mentionne à son tour au verset 22 de son chapitre 4 :

*"Car (rien) n'est caché sinon pour qu'il soit manifesté,
ni (rien) n'est arrivé en cachette
mais pour qu'il vienne à être manifesté."*

Le troisième évangile, Luc, en donne pour sa part, deux versions. La première, au chapitre 8 , verset 17, semble reprendre le texte de Marc :

*"Car (rien) n'est caché qui ne devienne manifesté
ni en cachette qui ne sera connu
et ne vienne (à être) manifesté."*

La seconde version, qui figure au chapitre 12, verset 2, plus courte que la première, se rapproche davantage de la leçon de Matthieu qu'elle reprend mot pour mot, tout au moins dans la traduction française qu'en donne l'Ecole biblique de Jérusalem [1]:

*"Rien n'est voilé qui ne sera dévoilé
et caché qui ne sera connu."*

---

1. P. Benoit et M.-E. Boismard, *Synopse des quatre Evangiles*, péricope 130, p. 113 et péricope 206, p. 182. *Cf.* aussi infra p. 143.

2 Introduction

Seul fait exception le quatrième des évangiles, celui de Jean qui omet de mentionner cette maxime que l'on retrouve par contre dans l'évangile apocryphe selon Thomas. Celui-ci, comme Luc, en donne deux versions situées au logion 5 et au logion 6 dont la traduction du texte copte proposée par Guillaumont et ses collaborateurs est la suivante [2] :

pour le logion 5,

> "*Et ce qui t'est caché te sera dévoilé,*
> *car il n'y a rien de caché qui ne sera manifesté;*"

(planche 81, lignes 12-13)

et pour le logion 6,

> "*Il n'y a rien, en effet, de caché qui ne sera manifesté*
> *et il n'y a rien de couvert qui restera sans être dévoilé*".

(planche 81, lignes 20-23).

Cet évangile d'une secte gnostique offre, d'ailleurs, de nombreuses autres convergences avec les trois premiers évangiles canoniques qui, toutes, ont pour caractéristique de ne concerner que de courtes sentences, de ces maximes bien frappées généralement désignées par le terme de "logia". Evénements de la vie de Jésus, guérisons, paraboles, récit de la Passion, sont absents de l'évangile de Thomas à l'opposé des quatre évangiles qualifiés de canoniques et notamment des trois premiers. Ceux-ci sont généralement désignés par le terme de "synoptiques" en raison de leurs nombreux points d'accord sur l'ensemble de la vie publique de Jésus [3] et pour les distinguer de l'évangile de Jean qui ne concorde avec eux que pour le récit de la Passion.

Comment expliquer ces ressemblances entre les synoptiques, ressemblances parfois simplement thématiques, parfois allant jusqu'à l'identité? Cette question n'est systématiquement débattue que depuis un peu plus d'un siècle, car il fallait que l'on soit à même d'admettre qu'outre leur histoire les textes évangéliques, considérés comme révélés, avaient aussi leur préhistoire.

---

2. A. Guillaumont. H, Ch. Puech, G. Quispel, W. Till, Y. Abd al Massih, *L'Evangile selon Thomas*, p. 5.
3. Les premiers relevés complets des concordances entre les évangiles remontent au 3e siècle et sont attribués à Ammonius et Eusèbe, *cf. infra*, chap. IV.

L'histoire de ces textes qui, théoriquement, débute avec la rédaction et la diffusion d'un original est assez obscure en ses débuts. Les premiers témoins les plus complets sont des manuscrits, écrits en une majuscule grecque du type dit "oncial", constitués de feuilles de parchemin réunis en livre et désignés par le terme de "codex". Les plus anciens de ces manuscrits, *Codex sinaiticus* ou *Codex vaticanus* par exemple, sont datés du 4e siècle. "Copies de copies, séparés des archétypes par de bien nombreux degrés", selon l'expression de Ch. Guignebert [4], ces codices sont partiellement corroborés par des papyrus plus ou moins fragmentaires du 2e et du 3e siècle. Ainsi en est-il du papyrus Bodmer II qui, il est vrai pour le texte de Jean, "restitue d'un seul coup près de 600 versets écrits vers l'an 200" [5]. Cependant, la diversité des témoins manuscrits est si grande que "l'on trouve avec peine une seule phrase du Nouveau Testament dont la tradition textuelle soit tout à fait uniforme" [6]. Les divergences relevées résultent sans doute du fait que "les anciennes copies prises immédiatement ou médiatement sur les originaux n'ont pas été conservées" [7] et qu'à la suite de maintes altérations – fautes de copistes ou déformations volontaires du texte – des éditions revues et corrigées furent effectuées vers le 3e et le 4e siècle pour donner naissance aux quatre grandes familles entre lesquelles sont répartis la plupart des manuscrits, à savoir les recensions dites: neutre, syriaque, alexandrine et occidentale.

Outre le fait que l'on ne puisse reconstituer avec certitude les textes originaux, l'histoire de leur rédaction elle-même ne peut être établie avec précision. D'après les données de la tradition que rapportent certains Pères de l'Eglise, le texte actuel de Matthieu serait une réorganisation grecque d'une première version araméenne aujourd'hui disparue; Marc aurait repris la cathéchèse de Pierre et Luc celle de Paul de Tarse en la complétant de données diverses [8]. Ainsi, selon ces renseignements patristiques, aucun des synoptiques n'est-il attribué à un témoin direct et, dans la meilleure des hypothèses, une quarantaine d'années se seraient écoulées entre la mort de Jésus et une première mise par écrit des traditions le concernant.

Que se serait-il donc passé au cours de ce laps de temps pour lequel ne subsiste aucun témoin écrit? Comment, tout au long d'une période de transmission essentiellement orale, le message initial se serait-il diffusé? Comment, même, ce message se serait-il progressivement constitué? Comment, enfin, les premières versions auraient-elles été élaborées? Telles sont

---

4. Ch. Guignebert, *Le Christ*, p. 33.
5. J. Duplacy, *Où en est la critique du Nouveau Testament?* p. 10.
6. *Dictionnaire de la Bible, Supplément*, t. II, col. 258.
7. *Dictionnaire de la Bible*, t. V., col. 2114.
8. *Cf.* X. Léon-Dufour,"Les Evangiles synoptiques", p. 188 et 222 sur le témoignage de Pappias pour Matthieu et Marc et p. 252, témoignage d'Irénée sur Luc.

quelques-unes des questions qui relèvent de ce que les exégètes appellent "le problème synoptique".

S'égrenant sur le pourtour méditerranéen de synagogue en synagogue parmi les communautés juives de la Diaspora [9], pénétrant parmi les défavorisés du monde romain ou hellénistique, soumis aux fluctuations de la transmission orale et aux adaptations d'une prédication militante, le message initial semblait devoir être déformé et les premiers qui entreprirent une rédaction auraient dû en recueillir des versions peut-être substantiellement équivalentes, mais à tout le moins différentes dans leurs expressions littérales. Or, il suffit de se reporter au logion placé en exergue pour constater que sur cet exemple précis il n'en est rien: pour ces quatre citations, non seulement le thème est le même, mais de plus, Luc dans sa première mention suit Marc de très près et dans sa deuxième mention, il choisit une version identique à celle adoptée par Matthieu.

D'où proviennent ces rapprochements? Luc aurait-il eu connaissance des textes de Marc et de Matthieu et aurait-il décidé de retenir dans sa propre rédaction les deux versions quelque peu différentes recueillies auprès de ses sources? Ou, à l'inverse, Marc et Matthieu auraient-ils, l'un et l'autre, connu un évangile de Luc et décidé d'éviter une répétition, Marc choisissant la première version de Luc et Matthieu la seconde? Ou encore, la répétition de Luc s'expliquerait-elle par la connaissance d'un seul des deux autres évangiles et par sa connaissance d'une autre source documentaire, peut-être orale, en tout cas aujourd'hui disparue, et qui aurait comporté la même maxime? Ou enfin, chacun des rédacteurs aurait-il réuni pour son propre compte sa documentation personnelle et entrepris la rédaction de son évangile indépendamment de celles des autres? Mais alors, existerait-il un moyen d'émettre quelques hypothèses sur le contenu de ces sources présynoptiques, sur leur organisation, sur leur étendue?

Si difficile qu'il puisse paraître, le problème des sources synoptiques n'en est pas moins posé et les polémiques qu'il a suscitées, maintenant centenaires, se regroupent autour de deux grands types d'interprétation: les schémas de filiation et les systèmes de documentation multiple.

Les premiers présupposent un contact littéraire entre les recensions et, raisonnant en termes de filiation de manuscrits, proposent des généalogies pour expliquer les ressemblances entre les synoptiques. Les seconds, plus sensibles aux différences, supposent, au contraire, des sources présynoptiques, orales ou écrites, qui se seraient répandues et fixées dans les premières communautés chrétiennes.

---

9. Pour un historique sommaire et précis des débuts du christianisme, cf. par exemple M. Simon, *Les Premiers Chrétiens*.

Ces deux types d'interprétation, dont L. Vaganay retrace l'histoire et les détails [10], ont aujourd'hui encore leurs défenseurs [11]. Comme en ce domaine tout n'est qu'hypothèse et que, s'il existe entre les textes des concordances littérales, ils n'en présentent pas moins aussi des divergences plus ou moins importantes, les arguments justificatifs sont loin de faire défaut pour appuyer l'une ou l'autre de ces interprétations. Si, par exemple, une théorie de la filiation avance comme argument l'identité de deux maximes, une théorie de la documentation multiple opposera facilement en contre-argument un des passages où, sur un même thème, les expressions littérales sont différentes. Ainsi en serait-il des trois sentences sur *"Le sel"* :

*"Vous êtes le sel de la terre,
mais si le sel s'affadit
avec quoi sera-t-il salé ? "*

Matthieu, chapitre **5**, verset 1 3.

*"Bon le sel,
mais si le sel devient insipide
avec quoi l'assaisonnerez-vous ? "*

Marc, chapitre **9**, verset 5 0.

*"Bon le sel,
mais si le même sel s'affadit
avec quoi sera-t-il assaisonné ? "*

Luc, chapitre **14**, verset 3 4.

Sur un thème identique, les mots ne sont plus les mêmes et les différences s'accusent si l'on poursuit la lecture de chacune des recensions. Matthieu en tire pour conclusion :

*"Il n'est plus bon à rien que, jeté dehors
à être foulé aux pieds par les hommes."*

Une version voisine par l'esprit mais distincte par les images se rencontre aussi en Luc :

*"Ni pour la terre, ni pour le fumier
il n'est apte, dehors on le jette."*

10. L. Vaganay, *Le Problème synoptique*, introduction, p. 1-32.
11. La VIIe session des Journées bibliques de Louvain témoigne de la vitalité de ces deux types d'interprétation. Les différentes communications sont réunies sous le titre *La Formation des Evangiles*.

La leçon de Marc, toute différente, remplace la menace par le conseil :

> *"Ayez du sel en vous-mêmes
> et soyez en paix les uns avec les autres."*

Deux des recensions continuent donc de présenter des versions suffisamment proches pour que l'on puisse encore les considérer comme parallèles alors que la troisième s'écarte manifestement de cette double tradition. Poursuivons la lecture de Matthieu dont les trois versets suivants développent le thème : *"Vous êtes la lumière du monde".* De ces trois versets, un seul se retrouve simultanément en Marc et en Luc, la maxime bien connue sur *"La lampe"* que Luc reprend d'ailleurs en deux endroits différents de sa narration. Comme dans les présentations synoptiques habituelles, disposons ces textes sur quatre colonnes : la première pour Matthieu, la seconde pour Marc et les deux dernières pour chacune des versions de Luc. Le tableau des concordances, dans la traduction de l'Ecole biblique de Jérusalem, sera le suivant :

Matthieu 5	Marc 4	Luc 8	Luc 9
15	21	16	33
Et on n'allume pas une lampe	Est-ce que vient la lampe	Or personne ayant allumé une lampe ne la couvre d'un vase	Personne ayant allumé une lampe
et la met	pour qu'elle soit mise	ou ne la met	ne la met
			dans une cachette
sous le boisseau	sous le boisseau ou sous le lit	sous un lit	ou sous le boisseau
mais	n'est-ce pas pour qu'elle soit mise	mais il la met	mais
sur le lampadaire	sur le lampadaire	sur le lampadaire afin que ceux qui entrent voient la lumière	sur le lampadaire afin que ceux qui entrent voient la clarté
et elle brille pour tous ceux qui sont dans la maison			

Cette disposition fait apparaître les similitudes et les divergences des textes au travers d'une traduction qui s'est efforcée de les suivre au plus près. Il est aisé de constater qu'aucune des versions n'est rigoureusement identique à l'une de ses parallèles. Tout semble se passer comme si elle était parvenue aux narrateurs par l'intermédiaire de divers cheminements qui, d'étape en étape, de répétition en répétition, de communauté à communauté, en aurait peu ou prou altéré la version initiale jusqu'au moment de sa fixation définitive par un écrit en un lieu ou en un autre des rivages méditerranéens.

Acceptons, cependant, de négliger ces divergences textuelles en admettant avec les spécialistes la concordance de ces passages et ne nous intéressons plus, maintenant, qu'à leur ordre d'apparition. Cet ordre est loin d'être identique pour les trois évangélistes : Matthieu place les deux sentences sur "Le sel" et "La lampe" à la suite l'une de l'autre, Marc, au contraire les situe en deux endroits très différents de sa narration, au chapitre 9 pour la première et au chapitre 4 pour la seconde, intervertissant ainsi l'ordre de Matthieu, Luc, enfin, procède comme Marc, avec cette particularité de répéter la maxime sur "La lampe", $8_{16} = 11_{33}$.

Ces différences de composition apparaîtront encore plus clairement si l'on fait intervenir les contextes dans lesquels s'insèrent ces deux passages. Pour ce faire, prenons, par exemple en Marc, les versets qui précèdent et qui suivent "Le sel" et "La lampe" et recherchons leurs parallèles dans Matthieu et dans Luc. On obtient alors le relevé ci-après :

Matthieu	Marc	Luc	
18_6	9_{42}	17_2	
$5_{29} = 18_9$	4_7		
	(4 8-49)		
5_{13} ----------------	9_{50} --------------	14_{34}	*Le sel*
19_1	10_1		
$5_{32} = 19_9$	10_{11}	16_{18}	
13_{23}	4_{20}	8_{15}	
5_{15} ----------------	4_{21} --------------	$8_{16} = 11_{33}$	*La lampe*
10_{26}	4_{22}	$8_{17} = 12_2$	

A lui seul ce relevé montre qu'un même thème est susceptible d'être placé en un endroit au premier abord quelconque de chacune des narrations. Ce désordre, qui n'est peut-être qu'apparent, est encore plus explicitement mis en évidence si l'on replace les versets dans leur ordre de succession naturelle en convenant de réunir par un trait ceux qui se trouvent en concordance. On traduit ainsi visuellement les interversions qui existent entre les évangiles.

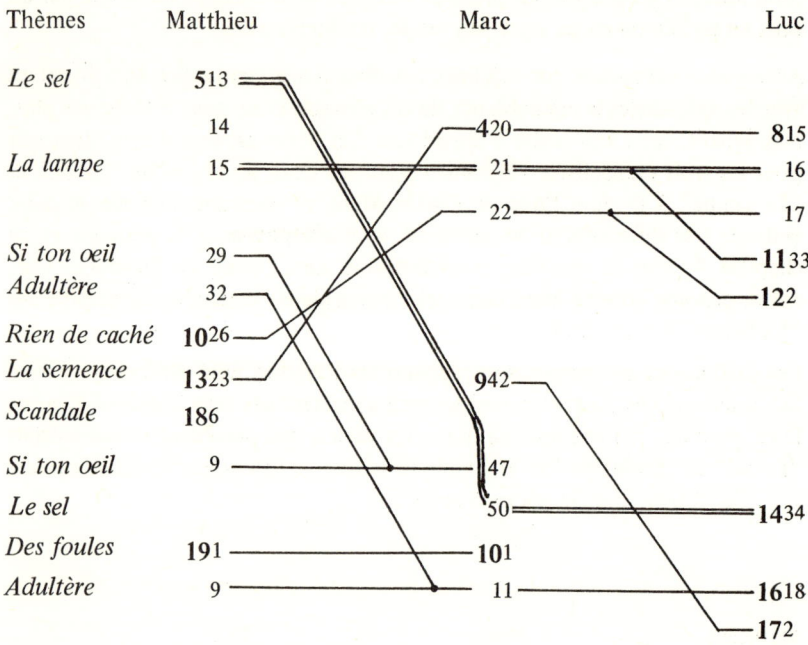

Quoique construit sur un exemple très fragmentaire, le tableau précédent illustre clairement l'un des aspects du "fait synoptique". L'on relève, en effet, que, parfois, des thèmes semblables sont mentionnés dans le même ordre de successsion par les trois recensions. Ainsi en est-il de "La lampe", du logion "Rien de caché" et du verset sur le "Scandale" entre lesquels n'existe aucune interversion. Par contre, ce dernier verset est simultanément interverti par Matthieu et Luc avec la maxime sur "Le sel". Par ailleurs, on y relève aussi des répétitions, connues sous le nom de doublets, aussi bien en Luc qu'en Matthieu.

Ordre identique, interversions, répétitions, tels sont trois des aspects des concordances synoptiques lorsque l'on ne s'intéresse qu'à leur ordre de succession. Ces particularités, strictement ordinales, ne sont qu'une infime partie de tout ce qui serait observable comme accords et désaccords entre les trois synoptiques. Elles constituent donc une sélection parmi l'ensemble des faits synoptiques qui néglige le contenu du message et son expression littéraire pour ne retenir qu'un ordre d'apparition des thèmes communs. Nous avançons l'hypothèse que cette sélection est relativement autonome et qu'elle peut contribuer à l'étude des relations entre les évangiles synoptiques.

En effet, indépendamment des omissions, nuances d'expressions et autres sortes de variantes textuelles, pourquoi donc trois récits qui se présentent comme des témoignages sur une même successsion d'événements n'adoptent-ils pas un ordre commun ? Luc ne déclare-t-il pas dans son Prologue, au verset 3 :

> *"Il m'a paru bon, à moi aussi,*
> *qui m'étais informé de tout soigneusement depuis les origines,*
> *de t'en écrire avec ordre, illustre Théophile."*

Avancera-t-on contre cette thèse que les rédacteurs des synoptiques ne se préoccupaient aucunement de faire oeuvre d'historien mais seulement de transmettre un message ? Ce message ne l'auraient-ils pas reçu de témoins vénérables, *"ceux qui furent dès le début témoins oculaires et serviteurs de la Parole"*, déclare encore Luc. Se seraient-ils alors permis de bouleverser l'ordonnance générale de ces témoignages au point qu'il est impossible de reconstituer une chronologie précise de la vie publique de Jésus ? De plus, derrière les divergences de composition, des régularités apparaissent sur les interversions comme sur les doublets. Ces régularités conduisent à supposer que cette *Concordia discors* au seul niveau de l'ordre est étroitement reliée à la genèse des recensions synoptiques et qu'elle doit pouvoir être étudiée pour elle-même.

Comme le souligne X. Léon-Dufour, "le fait synoptique n'est pas seulement caractérisé par la nature des matériaux assemblés dans les évangiles, il l'est aussi par leur ordonnance. Celle-ci requiert un examen de plus en plus rigoureux"[12]. Telle est la tâche que nous nous sommes hasardés à entreprendre pour une partie, tout au moins, de l'évangile et en nous intéressant plus particulièrement à l'analyse des relations entre les deux synoptiques qui ont le plus de points en commun, Matthieu et Luc, sans pour autant complètement négliger l'évangile selon Marc.

La présente étude ne concerne donc qu'une partie de l'évangile, car en ont été exclus les deux premiers chapitres de Luc et de Matthieu, ainsi que les trois chapitres terminaux de chaque rédaction.

D'une part, les récits de l'enfance, rapportés par Luc et Matthieu dans leurs

---

12. X. Léon-Dufour, *Les Evangiles et l'histoire de Jésus*, p. 228.

deux premiers chapitres, n'ont aucun parallèle entre eux, à l'exclusion des deux "généalogies" mentionnées dans deux ordres inverses et comportant maintes lacunes. Les concordances ne commencent véritablement qu'avec le baptême de Jésus par Jean, début de la vie publique par lequel commence la narration de Marc :

1 1 *"Commencement de l'Evangile de Jésus-Christ, fils de Dieu.*

2 *Selon ce qui est écrit dans Esaïe, le prophète :*
Voici, "J'envoie devant toi mon messager
qui préparera ton chemin.

3 *C'est la voix de celui qui crie dans le désert :*
Préparez le chemin du Seigneur,
Applanissez ses sentiers.

4 *Jean, parut, baptisant dans le désert*
et prêchant le baptême de repentance
pour la rémission des péchés."

(traduction Louis Segond) [13]

D'autre part, le récit de la Passion présente sous le seul angle de l'ordre, un certain nombre de caractéristiques qui le distinguent nettement des autres parties de l'évangile :
— Sauf pour de très courts passages, il n'est aucune concordance entre Luc et Matthieu qui n'ait aussi son parallèle en Marc.
— Contrairement aux chapitres précédents, Luc est le seul à présenter des inversions par rapport à l'ordre commun de Marc-Matthieu.
— Sauf pour l'épisode de Luc "Qui est le plus grand", aucun bloc de ces chapitres n'a de parallèle avec un bloc situé sur une autre rédaction en un chapitre antérieur.
— Pour ces trois chapitres, ni Marc, ni Matthieu n'ont de doublet et Luc en a un seul qui appartient d'ailleurs à l'épisode mentionné ci-dessus.

Sous l'aspect le plus externe de la répartition des concordances, ces chapitres s'isolent suffisamment du reste de l'évangile pour ne pas relever d'une théorie ordinale : il n'est que de comparer l'allure générale des concordances entre les graphiques 1 et 3 pour se convaincre que le récit de la Passion diffère exégètes considèrent que ce récit, repris par Jean, a dû faire l'objet d'une mise au point très rapide, peut-être même de la part des premiers disciples peu après la disparition de Jésus. Une étude très détaillée des relations entre les

---

13. L. Segond, *Le Nouveau Testament*, p. 53.

quatre versions de la passion a été publiée par Léon-Dufour [14] et les techniques ordinales utilisées ici ne la compléteraient en rien.

En deuxième lieu, et en dépit de ce qu'en rapporte Papias [15], la narration attribuée à Marc ne fait ici l'objet d'aucune étude systématique. Elle sert uniquement de cadre de référence au cours de la segmentation des textes et n'intervient directement qu'au moment de la critique de l'hypothèse d'une filiation de Matthieu et de Luc à partir d'elle. Aucune raison théorique ne justifie cette exclusion qui découle uniquement de considérations pratiques. Le but principal de cette recherche est, en effet, seulement de proposer à l'attention des spécialistes un schéma cohérent d'analyse et d'interprétation des relations d'ordre entre des documents de nature quelconque, tous relatifs à un même groupe de faits mais que ces documents ne rapportent pas dans le même ordre. Aussi, et bien que les évangiles synoptiques aient très directement inspiré ce schéma d'analyse, ne peut-il en aucune façon s'agir d'une nouvelle solution du problème synoptique. En tout état de cause, celle-ci relève des seuls spécialistes puisque pour acquérir un minimum de vraisemblance elle devrait aussi tenir compte des autres particularités de ces textes, particularités qui sont volontairement négligées ici. Il importait d'illustrer par un exemple l'apport de ce schéma d'analyse et d'interprétation au problème particulier que posent les synoptiques. A cet effet ont été choisies les narrations de Luc et de Matthieu qui, avec le plus grand nombre d'épisodes communs, offrent en même temps le désordre apparent le plus grand. Rien, cependant, n'interdit d'envisager une interprétation globale et simultanée des trois synoptiques, si ce n'est sa longueur qui conseille de la reporter à une étape ultérieure.

L'analyse systématique de l'ordonnance des matériaux synoptiques requiert tout d'abord l'élaboration d'un modèle théorique susceptible de donner par lui-même une signification aux trois types de phénomènes retenus : ordre identique, inversions, répétitions. Pour ce faire, la première partie est uniquement consacrée à la construction progressive d'une représentation simplifiée de "processus de composition" en fonction d'hypothèses intuitivement acceptables mais dont toutes les conséquences sont extraites par voie uniquement déductive. De ce fait, le modèle théorique est de type mathématique et les hypothèses initiales sont clairement exposées et ouvertement soumises à d'éventuelles contestations.

Partant de l'hypothèse que les rédacteurs des synoptiques auraient utilisé divers témoignages, et prenant le concept de source au sens le plus large d'un

---

14. *Dictionnaire de la Bible, supplément,* t. V, col. 1419-1492 : Passion (récits de la).
15. "Marc, qui avait été interprète de Pierre, écrivit exactement, mais non en ordre, tout ce qu'il se rappelait des paroles ou actions du Seigneur" in : X. Léon-Dufour, *Les Evangiles et l'histoire de Jésus,* p. 166.

document de longueur quelconque transmis oralement ou par écrit, le modèle se propose de répondre à des questions du type suivant :
— Quelles caractéristiques ordinales doivent présenter deux rédactions s'inspirant d'une source commune ?
— Comment construire un récit suivi en disposant d'une collection de documents partiels concernant une même succession d'événements mais comportant peu de repères chronologiques ?
— Que se passe-t-il lorsque certains de ces documents relatent simultanément un même épisode ?

Les réponses à ces questions sont fournies dans le cadre général de la théorie mathématique des permutations, adaptée à ces cas particuliers. En retour, il convenait aussi d'adapter les matériaux synoptiques au système construit pour interpréter leurs concordances. Comme toujours en pareil cas, la formulation mathématique joue un double rôle : naturellement orientée vers l'interprétation, elle doit aussi être constitutive de ce qu'elle se destine à interpréter. Constitutive, et non pas créatrice, elle définit, parmi tous les aspects de l'objet, la *facette* à laquelle elle peut correspondre. La constitution de cette facette est effectuée dans la seconde partie et ne requiert pas moins de trois chapitres. Le premier de ceux-ci passe en revue les principaux types de segmentations relevées sur les textes manuscrits ou imprimés et analyse l'inadéquation de ces découpages pour une étude ordinale. Le second de ces chapitres édicte les règles qui doivent aboutir à délimiter des unités comparables sur les trois recensions ; le dernier est consacré à la désignation de ces nouvelles unités.

Ces deux démarches effectuées, il restait a rechercher dans une dernière partie quelle était la contribution de l'analyse des seules concordances d'ordre au problème de la genèse des évangiles synoptiques et des sources utilisées par leurs rédacteurs. Pour l'essentiel, les trois derniers chapitres consistent dans la justification d'une thèse de documentation multiple, seule susceptible de fournir une interprétation simultanée des inversions et des répétitions. Un critère statistique, construit au premier chapitre, permet, en effet, de montrer qu'aucun couple d'évangiles ne dépend globalement du troisième. Par ailleurs, la répartition et les contextes des inversions statistiquement en trop relativement à ce critère suggèrent une pluralité de sources diversement agencées entre elles. Celles-ci sont tout d'abord recherchées sans aucune référence directe à leur contenu en utilisant les principaux résultats théoriques de la première partie. Le contenu de ces sources, ou plus exactement de ces blocs décelés par l'analyse ordinale, n'est abordé que dans le dernier chapitre, qui s'efforce ainsi d'apporter une réponse à la demande de l'un des spécialistes actuels du Nouveau Testament : "le discernement de ces blocs est beaucoup plus important pour l'intelligence des synoptiques que les théories générales sur les documents sources [16]".

Bien que cette réponse soit encore, et volontairement, partielle, le lecteur se convaincra, nous l'espérons du moins, que l'étude de l'ordonnance générale des récits ou des témoignages multiples apporte des renseignements assurément non négligeables sur leur élaboration.

SOMMAIRE

Première partie : *Cadre théorique*
Chapitre I :   Théorie des permutations
Chapitre II :   Théorie des insertions
Chapitre III :   Théorie des répétitions

Deuxième partie : *Segmentation des textes*
Chapitre IV :   Les unités néo-testamentaires
Chapitre V :   Le découpage synoptique
Chapitre VI :   Organisation et désignation des concordances

Troisième partie : *Regards sur les synoptiques*
Chapitre VII :   Les schémas de filiation
Chapitre VIII :   Les séquences synoptiques
Chapitre IX :   A la recherche des sources

Conclusion :   Problématique d'une analyse ordinale

---

16. X. Léon-Dufour, "Les Evangiles synoptiques", p. 318.

PREMIERE PARTIE

CADRE THEORIQUE

Par rapport aux autres aspects des parallélismes entre les évangiles, le problème de l'ordonnance générale des matériaux synoptiques paraîtra simple, du moins en première approximation. Il n'en demeure pas moins qu'il demande à être traité avec tout autant de soin et que sa relative simplicité n'offre pour seul avantage que de permettre une plus grande rigueur dans l'élaboration d'un système d'interprétation. Par rigueur, il faut surtout entendre que les liens unissant les hypothèses aux conclusions soient les plus explicites possibles et donc que le système offre une relative cohérence interne. Cette première partie est uniquement consacrée à la réalisation de ce projet par la construction progressive d'un modèle théorique directement suggéré par les caractéristiques ordinales des synoptiques mais utilisant à ses fins propres quelques-unes des propriétés mathématiques de ce que l'on appelle des "espaces de permutations".

Dans cette perspective, le contenu du message évangélique est systématiquement négligé au profit de la seule analyse de l'ordre de mention des parties de ce message en chacun de ses témoins. L'élimination du contenu permet d'assimiler les textes synoptiques à des classements d'objets sur lesquels on étudiera successivement trois aspects principaux : d'abord les inversions dans l'ordre de mention des passages parallèles, ensuite les groupes de passages pris dans le même ordre par les trois rédacteurs ; enfin les répétitions existant parfois entre ces passages et connues sous le nom de doublets.

Chapitre I

THEORIE DES PERMUTATIONS

1. PRESENTATION GENERALE

1.1. Synoptiques et permutations

Commençons par relever dans l'évangile de Marc quelques passages ayant tous un parallèle en Matthieu et en Luc. A titre d'exemple, choisissons les épisodes suivants des chapitres 3 et 4 de Marc :

a	=	$3^{16\text{-}19}$	:	*Choix des douze apôtres*
b	=	$22\text{-}27$	:	*Discussion sur Belzéboul avec les Pharisiens*
c	=	$4\ ^{2\text{-}9}$	:	*La parabole du semeur*
d	=	21	:	*La sentence sur la lampe*
e	=	$30\text{-}32$	:	*La parabole du grain de sénevé*
f	=	$37\text{-}41$	:	*La tempête apaisée*

Si les deux autres synoptiques mentionnent aussi ces mêmes passages, leur localisation est toutefois différente et elle se présente de la manière suivante, chaque épisode étant désigné par sa lettre :

	a	b	c	d	e	f
Matthieu	$10^{2\text{-}4}$	$12^{24\text{-}29}$	$13^{2\text{-}11}$	5^{15}	$13^{31\text{-}32}$	$8^{24\text{-}27}$
Luc	$6^{13\text{-}16}$	$11^{15\text{-}22}$	$8^{4\text{-}10}$	8^{16}	$13^{18\text{-}19}$	$8^{23\text{-}25}$

Il apparaît aussitôt que ces épisodes ne sont pas rangés dans le même ordre qu'en Marc. Dans la rédaction de Matthieu, l'ordre d'apparition de ces passages est constitué par la séquence : (d, f, a, b, c, e,), et dans la rédaction de Luc, par la séquence : (a, c, d, f, b, e,). Ce même ensemble d'épisodes est donc l'objet des trois rangements ou classements distincts que résumera le tableau ci-après :

Rangs	1°	2°	3°	4°	5°	6°
Classement de Marc	a	b	c	d	e	f
Classement de Matthieu	d	f	a	b	c	e
Classement de Luc	a	c	d	f	b	e

Si l'on néglige temporairement le fait que chacune des lettres renvoie à un épisode synoptique différent, nous nous trouvons tout simplement en présence de trois classements d'objets quelconques et dont on sait seulement qu'ils sont tous distincts. Ces classements différents d'un même ensemble d'objets sont appelés des "permutations". Ainsi, après avoir désigné, par un procédé quelconque, les épisodes que les recensions ont en commun, il devient possible de négliger la signification des symboles désignatifs pour ne plus s'intéresser qu'à leur ordre d'apparition en considérant ces suites de symboles comme des permutations d'objets quelconques. Sur l'exemple choisi, la désignation est facilitée par le petit nombre de passages sélectionnés, et il suffit d'avoir recours aux premières lettres de l'alphabet en prenant l'un des synoptiques pour référence. Pour l'ensemble de l'Evangile la dénomination est naturellement moins élémentaire, mais il est relativement aisé d'élaborer un procédé qui, à tout passage, attribue systématiquement sa désignation symbolique de telle sorte que l'on puisse considérer les synoptiques comme trois permutations de cet ensemble de symboles (cf. infra, chapitre VI).

1.2. Différence entre classements

Une fois les épisodes synoptiques réduits à des suites de symboles examinons de plus près les différences qui existent entre les trois permutations. Comme l'écriture est linéaire, on sous-entend habituellement les rangs en convenant qu'ils sont implicitement indiqués par l'ordre de lecture de gauche à droite. Les permutations sont écrites l'une au-dessous de l'autre et l'on convient de réunir par un trait les symboles identiques. Ce faisant, l'on obtient :

Figure I.1

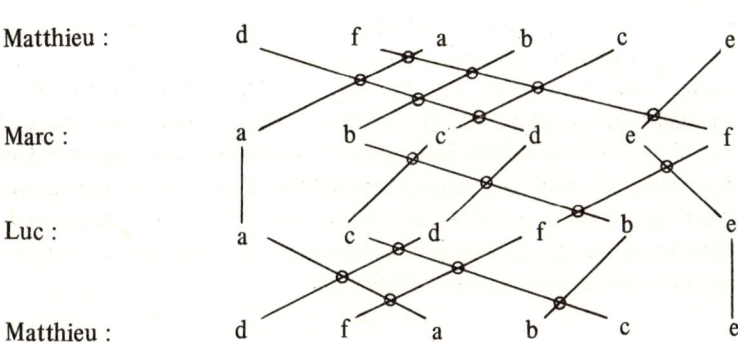

Remarquons que la répétition de l'ordre selon Matthieu permet de comparer directement toutes les permutations deux à deux. Dès lors, que signifient les intersections des traits joignant les symboles identiques ? Tout simplement, lorsque se croisent les traits de deux symboles, ceux-ci ne figurent pas dans le même ordre en l'une et l'autre permutation. L'on a coutume, en ce cas, de dire que les deux objets présentent une "inversion". Le dénombrement des inversions entre deux permutations fournit une estimation de l'importance des différences existant entre deux classements. Ainsi, sur l'exemple choisi, existe-t-il sept inversions entre Matthieu et Marc, quatre entre Marc et Luc et cinq entre Luc et Matthieu. En première approximation, l'on peut donc dire que, pour les passages considérés, le classement de Luc est plus proche de Marc que ne l'est celui de Matthieu.

Pour avoir une vue complète des relations existant entre des permutations, il ne suffit pas de considérer uniquement leurs divergences deux à deux, il convient aussi de prendre en considération leurs ressemblances qui, dans certains cas, expriment les points d'accords communs de deux classements contre un troisième. Toujours sur le même exemple, il se trouve que Matthieu et Luc adoptent pour trois passages un ordre opposé à celui de Marc. Il s'agit des passages b et e ; b et c ; e et f ; dont les inversions se retrouvent entre Matthieu et Marc, d'une part, Marc et Luc, d'autre part, mais, évidemment ne figurent pas entre Luc et Matthieu qui se rapprochent sur ce point en s'opposant à Marc.

20 Théorie des permutations

Il existe un moyen systématique pour comparer les classements entre eux et qui révèle aussi bien leurs désaccords que leurs points communs. Il consiste à exprimer une permutation en termes de ce que l'on appelle des "couples". Un couple est un ensemble ordonné de deux objets dont l'un est dit être le premier et l'autre le second. Les permutations ci-dessus comportent six objets et chacune d'elles sera décrite par quinze couples représentant toutes les associations de ces objets deux à deux. Au sein de chaque couple, un objet sera placé en premier si, dans la permutation considérée, cet objet occupe un rang inférieur à celui du deuxième objet du couple. En Matthieu l'on aurait les couples : (d, f), (d, a), (d, b), etc. En Marc, ces mêmes objets constitueraient les couples : (d, f), (a, d), (b, d), etc. Cette transcription effectuée, il est facile de relever les couples où les mêmes objets figurent dans le même ordre, ce seront les couples semblables, et ceux où les objets sont pris dans l'ordre inverse, ce seront les couples inversés. A partir de ces deux ensembles de couples les différences existant entre les permutations étudiées pourront alors être analysées systématiquement.

1.3. Interversions et inversions

Il est d'usage courant dans la littérature synoptique, lorsque l'on considère l'ordre d'apparition de certains épisodes, d'utiliser la notion d'interversion qu'il convient de distinguer soigneusement de celle d'inversion. Ainsi dira-t-on par exemple, qu'il y a interversion en Matthieu des discours de mission et de paraboles par rapport à l'ordre commun de Marc et de Luc. On peut considérer que l'interversion, notion littéraire, envisage deux épisodes, que l'on appellera i et j, indépendamment de leur localisation, et en particulier des autres épisodes qui les séparent. Or, s'il existe une interversion entre i et j (et donc une inversion), il existera aussi et en outre des inversions avec tous les passages intermédiaires. Cette distinction s'explicitera par le diagramme suivant dans lequel les épisodes i et j sont supposés être séparés par trois autres épisodes, figurant dans le même ordre dans les deux recensions :

Figure I.2
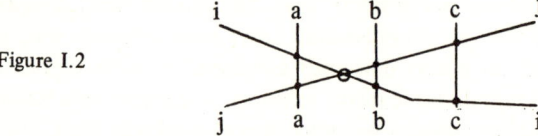

Dans tout ce qui suit, la seule notion prise en considération sera celle d'inversion car elle seule est susceptible d'être définie avec suffisamment de précision pour éviter toute ambiguïté. L'on retrouve ici l'une des conséquences du refus de tout recours au contenu, même lorsque celui-ci ne concerne que l'ordonnance des matériaux synoptiques. En effet, l'une des objections à l'encontre de ce choix est qu'il accentue illégitimement les différences entre les synoptiques, du seul fait qu'il relève les inversions avec les passages intermédiaires alors que, manifestement, l'important réside dans le fait que deux rédacteurs aient mis à la place l'un de l'autre tel et tel épisode. L'argument mériterait considération, encore que l'on puisse s'interroger sur les critères qui déterminent l'importance de tel phénomène, si dans tous les cas, les divergences d'ordre étaient aussi simples que sur le diagramme ci-dessus. Mais ce n'est jamais le cas. Si l'on se reporte au diagramme donné plus haut (1.2. : figure I.1) et qui correspond à un exemple effectif, comment l'analyserait-on en termes d'interversions ? Et pour une conviction plus complète, il suffit de se reporter au graphique numéro 1 donné en annexe et d'y considérer les relations d'ordre entre Luc et Matthieu. La seule notion d'interversion suffirait-elle à démêler cet écheveau ? En lui-même, d'ailleurs, cet écheveau n'est qu'un fait brut. Il n'offre guère de signification particulière. Pour lui en donner une qui permette d'esquisser une interprétation des relations particulières existant entre Matthieu et Luc, il faut le situer par rapport à d'autres écheveaux du même type. Le moyen le plus simple consiste encore à plonger les permutations observées dans l'ensemble de toutes les permutations possibles. Ceci nécessite un recours à quelques notions théoriques qui seront très brièvement présentées [1].

---

1. Pour une étude systématique des résultats théoriques utilisés au cours de cette première partie, voir notamment L. Frey, *Techniques ordinales en analyse des données*.

22 *Théorie des permutations*

2. ENSEMBLE DES PERMUTATIONS

2.1. Construction d'un ensemble de permutations

Si pour des raisons de simplicité, on envisage tout d'abord un ensemble initial ne contenant que trois objets quelconques : a, b, c, on se rend aisément compte que ces objets engendrent six rangements distincts qui constituent toutes les permutations de trois objets, à savoir : (a, b, c) − (a, c, b) − (b, a, c) − (b, c, a) − (c, a, b) − (c, b, a). Chacun de ces rangements, ou chacune de ces permutations, peut à son tour être considéré comme un élément d'un nouvel ensemble, l'ensemble des permutations de trois objets.

La même démarche est valable pour un nombre quelconque d'objets et le premier problème qui se pose est de connaître le nombre de permutations engendrées à partir d'un ensemble initial contenant 4, 5 et plus généralement, n objets. Pour résoudre ce problème, on raisonnera en termes de choix successifs. On prélève un objet quelconque et on lui attribue arbitrairement l'un des n rangs qu'il est susceptible d'occuper. Ce faisant, l'on dispose évidemment de n possibilités. On prélève ensuite un deuxième objet pour lequel il ne reste plus que (n-1) rangs disponibles une fois placé le premier. Comme à chaque localisation du premier, et quelle que soit cette localisation, correspondent (n-1) localisations possibles pour le deuxième, il en résulte que l'on a : n × (n-1) possibilités pour localiser deux objets. En réitérant cette même procédure autant de fois que nécessaire pour situer les n objets de l'ensemble initial, le nombre définitif de rangements possibles est donné par le produit de tous les entiers décroissants à partir de n, soit :

$$n \times (n-1) \times (n-2) \ldots \times 3 \times 2 \times 1 = n!$$

Les trois classements de Matthieu, Marc et Luc des six épisodes pris comme illustration au paragraphe 1.11 relèvent donc d'un ensemble plus vaste, celui de tous les classements possibles, qui comprendrait :

$$6! = 6 \times 5 \times 4 \times 3 \times 2 \times 1 = 720 \text{ permutations.}$$

Ce dénombrement effectué, il serait hors de propos d'effectuer l'énumération des 720 permutations. Tâche fastidieuse, de plus inutile puisque seules importent les propriétés de l'ensemble des permutations ou de certains de ses sous-ensembles, propriétés qui sont valables sur n'importe quel ensemble de permutations, c'est-à-dire quel que soit le nombre de ses éléments.

2.2. Structure d'un ensemble de permutations

2.2.1. Distance entre permutations

Considérons tout d'abord un ensemble d'objets absolument quelconques et qui ne sont donc pas nécessairement des permutations. Pour définir sur cet ensemble ce que l'on appelle "une distance", on forme tous les couples possibles de ces objets (sous-ensembles ordonnés de deux objets), et à chacun de ces couples on associe un nombre selon certaines règles. Ce nombre sera appelé la distance entre les deux objets du couple. Si x et y sont deux des objets de l'ensemble, leur distance sera désignée par : d (x, y) et, sur l'ensemble des couples, cette distance devra vérifier les quatre conditions suivantes :

1) d (x,y) est un nombre supérieur ou égal à zéro.
2) d (x,y) = 0 si et seulement si x et y sont confondus.
3) d (x,y) = d (y,x) : le nombre attribué au couple (x,y) doit être le même que celui attribué au couple (y,x).
4) d (x,y) + d (y,z) $\geqslant$ d (x,z) : cette dernière condition est souvent qualifiée d'inégalité triangulaire.

Les distances définies en géométrie euclidienne vérifient ces quatre conditions et, en particulier, l'inégalité triangulaire ne se transforme en égalité que dans le seul cas où l'un des points de l'espace est situé sur le segment de droite qui joint les deux autres points; de ce point l'on dira alors qu'il est "entre" les deux autres. Mais ces quatre conditions sont absolument générales et peuvent être vérifiées par des ensembles autres que celui des points de l'espace géométrique.

Tel sera, en particulier, le cas d'un ensemble de permutations. En effet, des conditions précédentes il découle que la définition d'une distance est totalement indépendante de toute attribution de nombres aux objets mêmes de l'ensemble et ne concerne que les relations entre ces objets. Or, nous avons précédemment relevé que le nombre d'inversions entre deux permutations constituait une estimation de l'importance des divergences d'ordre existant entre deux classements. Il se trouve, et cela se démontre aisément, que ce nombre d'inversions vérifie les quatre conditions qui définissent une distance.

Ceci est évident pour les trois premières : le nombre des inversions entre deux permutations est nécessairement un nombre entier, qui n'est nul que si les permutations sont identiques et qui est indépendant de l'ordre de mention de ces permutations. Seule l'inégalité triangulaire serait à démontrer.

24 *Théorie des permutations*

Contentons-nous simplement ici de la vérifier en reprenant l'exemple des trois classements de Matthieu, Marc et Luc :

Figure I.3

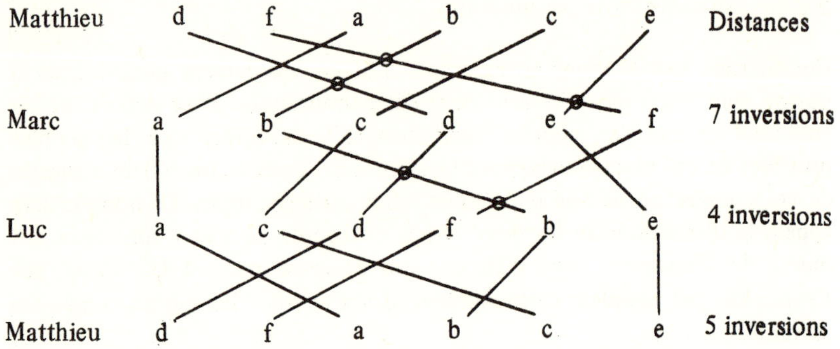

Matthieu	d	f	a	b	c	e	Distances
Marc	a	b	c	d	e	f	7 inversions
Luc	a	c	d	f	b	e	4 inversions
Matthieu	d	f	a	b	c	e	5 inversions

Quelles que soient les permutations choisies, la somme de deux distances sera toujours supérieure à la troisième distance, ou au moins égale. Sur tout ensemble de permutations est donc définissable une distance aisément calculable à partir du nombre d'inversions existant entre ses éléments.

Les distances entre permutations vérifient en outre certaines propriétés parmi lesquelles on relèvera notamment :

— La somme des distances entre trois permutations est un nombre pair.
— Pour trois permutations quelconques X, Y, Z, et en convenant de désigner par i le nombre des inversions communes de X et de Z contre Y, on a l'égalité :

$$d(X,Y) + d(Y,Z) = d(X,Z) + 2i$$

Ces deux propriétés se retrouvent pour les trois classements ci-dessus. En ce qui concerne la seconde, on a déjà signalé que Matthieu et Luc avaient trois inversions en commun contre l'ordre de Marc. Si l'on désigne ces deux rédacteurs par X et Z et Marc par Y, la formule précédente devient :

$$7 + 4 = 5 + (2 \times 3) = 11$$

Grâce à cette égalité, il suffit de connaître les distances entre trois permutations pour en déduire aussitôt le nombre des inversions communes que deux rangements présentent vis-à-vis d'un troisième. Cette propriété sera d'une utilité immédiate lors du relevé des inversions entre les rédactions synoptiques. Elle permettra de savoir, sans avoir à les rechercher, le nombre des inversions communes de deux des rédacteurs, par exemple Matthieu et Luc, contre le troisième Marc.

2.2.2. Permutations intermédiaires

Qu'advient-il lorsque deux permutations n'ont aucune inversion commune envers une troisième ? En ce cas, l'inégalité triangulaire se transforme en égalité et une nouvelle relation est alors définissable entre ces trois permutations, la relation d'intermédiaire.
Prenons tout d'abord un exemple théorique simple de trois permutations de quatre objets et considérons la manière dont se répartissent leurs inversions :

Figure I.4

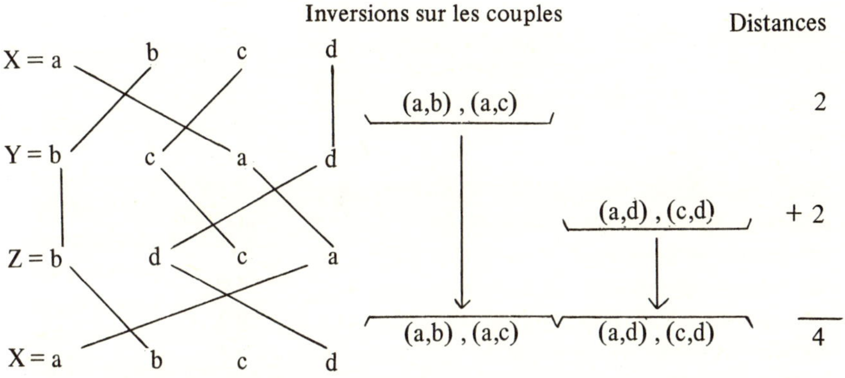

	Inversions sur les couples	Distances
X = a b c d		
	(a,b) , (a,c)	2
Y = b c a d		
	(a,d) , (c,d)	+ 2
Z = b d c a		
	(a,b) , (a,c) (a,d) , (c,d)	---
X = a b c d		4

Sur cet exemple, aucune des inversions existant entre X et Y ne se retrouve entre Y et Z. Il en découle que toutes les inversions existant entre X et Z réunissent les deux classes d'inversions déterminées par la permutation Y. Au lieu de considérer les couples inversés, l'on pourrait tout aussi bien adopter le point de vue complémentaire en considérant cette fois les couples qui sont pris dans le même ordre sur ces permutations. On constaterait alors que X et Z ont deux couples communs : (b,c) et (b,d). Ces deux couples figurent aussi en Y et, par conséquent, cette permutation ne s'oppose jamais à X et Z lorsque ceux-ci adoptent le même ordre. Ce n'est que lorsque X et Z s'opposent que Y se rapproche tantôt de l'un, tantôt de l'autre. Cette constatation permet de rejoindre un point de vue plus intuitif sur la notion d'ordre intermédiaire tout en précisant une notion au demeurant assez confuse lorsqu'il s'agit de classements. Il suffit tout simplement d'énoncer qu'un classement est intermédaire de deux autres si et seulement si il contient tous les couples communs aux deux autres classements. En s'exprimant en termes d'inversions on posera qu'une permutation Y est intermédiaire de deux autres permutations X et Z — et l'on notera cette relation ternaire par X/ Y/ Z — si et seulement si est vérifiée l'égalité :

$$d(X,Y) + d(Y,Z) = d(X,Z)$$

26 *Théorie des permutations*

Sur l'exemple ci-dessus, deux inversions séparent X et Y et deux autres inversions séparent Y et Z. Il est possible de trouver d'autres permutations qui soient à leur tour intermédiaires de trois précédentes en prenant :

$$T = b\,a\,c\,d \quad \text{et} \quad U = b\,c\,d\,a$$

Toutes ces permutations se situent les unes par rapport aux autres le long d'une chaîne construite de telle sorte que deux permutations réunies par un trait ne différent entre elles que par une seule inversion. L'on aurait ainsi la

Figure I.5

```
        X ——————— T ——————— Y ——————— U ——————— Z
      a b c d —   — b a c d —   — b c a d —   — b c d a —   — b d c a
inversion sur :      ab           ac           ad           cd
```

Sur cette chaîne, uniquement composée de permutations intermédiaires, chacune des inversions n'est associée qu'à un seul maillon de la chaîne et n'apparaît qu'une seule fois. De ce fait cette chaîne constitue en quelque sorte un "plus court chemin" entre ses extrémités. Dans cet espace d'un type un peu particulier, de telles chaînes sont l'analogue des droites de la géométrie usuelle, mais il convient de se demander si entre deux permutations quelconques n'existeraient pas plusieurs de ces plus courts chemins ?

2.2.3. Fuseau de permutations

Reprenons les deux extrémités X et Z de la chaîne précédente, il est relativement aisé de trouver d'autres permutations intermédiaires que celles déjà mentionnées. Par exemple, la permutation : "a b d c" ne différe de X que par la seule inversion des deux dernières lettres. En est-il d'autres et disposerait-on d'un moyen de toutes les construire successivement ?

Considérons la répartition des inversions entre X et Z et supposons que partant de X on la modifie, inversion après inversion de manière à atteindre Z sans effectuer deux fois de suite la même inversion.

Figure I.6

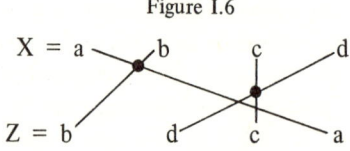

On constate que certaines inversions sont réalisables indépendamment l'une de l'autre. Tel est le cas de (a,b) et (c,d). Donc, entre X et Z il existe deux

permutations à distance un de X et à partir d'elles, on atteint une permutation à distance deux selon le schéma, cette fois-ci orienté :

Figure I.7

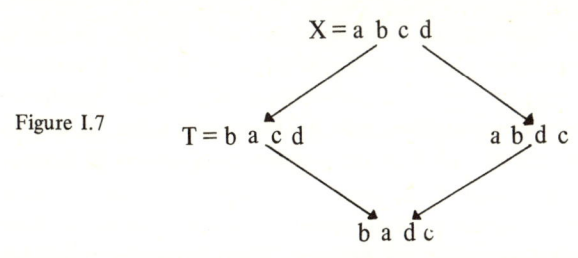

```
            X = a b c d
           ↙         ↘
   T = b a c d      a b d c
           ↘         ↙
            b a d c
```

Considérons maintenant la répartition des inversions entre : b a d c et Z = b d c a. Il existe deux inversions qui conduisent l'objet a du deuxième rang au quatrième et qui doivent être effectués dans l'ordre (a, d) suivi de (a, c). Considérons enfin les inversions entre T et Z. L'objet b reste à la première place, et le triplet (a c d) est inversé en (d c a). Il est possible de commencer soit par une inversion sur (a, c), soit par une inversion sur (c, d), l'inversion sur (a, d) devant nécessairement être précédée de l'une ou de l'autre. Il existe donc deux chaînes minimales entre T et Z.

Figure I.8

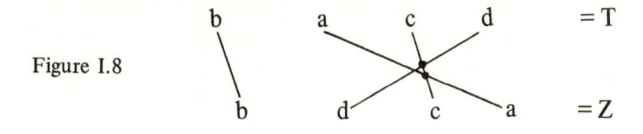

```
   b   a   c   d      = T
    \   ╲ ╱
     \   ╳
   b   d   c   a      = Z
```

En définitive, toutes les permutations intermédiaires entre X et Z se répartiront de la manière suivante :

Figure I.9

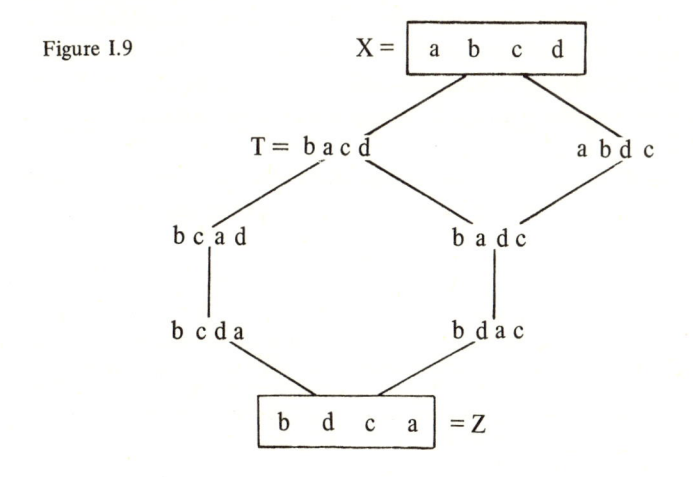

```
              X = | a   b   c   d |
                  ╱               ╲
        T = b a c d            a b d c
           ╱      ╲            ╱
      b c a d      b a d c
        |             |
      b c d a      b d a c
           ╲      ╱
            | b   d   c   a | = Z
```

Il existe au total six permutations intermédiaires entre les extrémités X et Z et trois chaînes minimales.

Ce sous-ensemble des permutations intermédiaires sera appelé "fuseau de permutations" et les extrémités X et Z en seront dites les "pôles". L'ensemble de toutes les permutations de n objets n'est lui-même qu'un fuseau particulier ayant pour pôles deux permutations inverses l'une de l'autre, telles que a b c d et d c b a. De ceci découle l'un des intérêts de la notion de fuseau : étudier les relations entre certaines permutations sans être contraint d'envisager l'ensemble de toutes les permutations possibles, dont le nombre croit très rapidement. On mentionnera ici, sans démonstration, deux des propriétés d'un fuseau.

a) Si S et T sont deux permutations d'un fuseau associé à des pôles X et Z, le fuseau contient déjà tous leurs intermédiaires car ils sont aussi des intermédiaires de X et de Z.

b) Un fuseau est doté d'une structure de treillis généralement non modulaire. Cela signifie que, l'un des pôles étant choisi pour origine, à toute paire de permutations S et T du fuseau l'on sait associer deux autres permutations du fuseau dont l'une présente le minimum de désaccords de S et T avec le pôle choisi, et l'autre tous les désaccords de S et T avec ce même pôle.
Exemple : Sur le fuseau précédent, prenons X pour origine et soit :

$$S = b\ c\ d\ a, \text{ et} : T = b\ d\ a\ c.$$

En décrivant les permutations en termes de couples, on construira la permutation ayant le minimum de désaccords, soit S v T, en prenant les couples de S ou ceux de T ne présentant pas d'inversion avec ceux de X, plus éventuellement les couples assurant la transitivité [2]; on obtient :
S v T = b a c d
De même on construira la permutation présentant le maximum de désaccords avec, cette fois-ci, les couples de S ou ceux de T inversés par rapport à ceux de

---

2. L'expression "assurer la transitivité" signifie que si l'une des permutations, soit S, contient le couple (i,j) et que T contient le couple (j,k) la permutation construite devra nécessairement comporter aussi le couple (i,k) puisque ces trois objets seront alors rangés dans l'ordre (i,j,k). Ce couple, s'il ne figure ni en S ni en T, sera prélevé parmi les couples inversés. Ainsi en est-il sur l'exemple choisi et pour la construction du couple (d,a) de S ∧ T.

X, plus ceux qui assurent la transitivité, ici le couple (d, a) puisque l'on a déjà (d, c) et (c, a) ; on obtient : S ∧ T = b d c a = Z.

X =	ab	ac	cd	ad	bc	bd		
S =	*ba*	*ca*	cd	ad	bc	bd		
T =	*ba*	ac	*dc*	ad	bc	bd		
	ba	ac	cd	ad	bc	bd	=	S ∨ T
	ba	*ca*	*dc* + *da*	bc	bd		=	S ∧ T = Z

En dernier lieu, signalons l'existence de certains types de fuseaux construits en fonction de caractéristiques précises ; tels seront par exemple, les "fuseaux d'insertion". En raison de leur intérêt pour le problème synoptique, ils seront présentés ultérieurement dans le cadre général de la théorie des insertions.

Toutefois, du fait que les synoptiques sont trois des éléments d'un ensemble de permutations sur lequel est définie une distance, il est dès à présent possible d'utiliser cette propriété pour une approche globale de certaines de leurs relations en ayant recours à des indices statistiques directement liés à cette distance.

3. RETOUR AUX SOURCES

3.1. La règle de fer

Ouvrons la synopse des pères Benoît et Boismard sur la péricope "Les épis arrachés" dont les concordances pour le premier verset sont les suivantes :

Matthieu 12	Marc 2	Luc 6
1	23	1
En ce temps là		
Jésus passa	*Et il arriva que*	*Or, il arriva que*
le sabbat	*durant le sabbat*	*durant le sabbat*
	il passait	*il passait*
à travers les moissons	*à travers les moissons*	*à travers des moissons*
mais ses disciples	*et ses disciples*	*et ses disciples*
eurent faim		
et se mirent	*se mirent*	
	à se frayer un chemin	
à arracher des épis	*en arrachant les épis*	*arrachaient*
et à manger		*et mangeaient les épis*
		en les froissant de
		leurs mains

Une comparaison minutieuse des trois textes laisse apparaître des ressemblances et des différences dans l'expression d'un thème commun. Ainsi le groupement de mots *"à travers les moissons"* se retrouve dans les trois recensions ; le groupement *"durant le sabbat"* ne figure qu'en Marc et Luc ; le groupement *"se mirent à..."* est commun à Marc et Matthieu ; d'autres groupements, enfin, ne sont mentionnés que par un seul rédacteur, *"eurent faim"*, par Matthieu, *"à se frayer un chemin"*, par Marc, *"en les froissant de leurs mains"*, par Luc. Bien évidemment, de telles comparaisons, pour être précises doivent s'effectuer sur un texte grec et non sur une traduction aussi fidèle soit-elle. Aussi, en se reportant à la Synopse grecque de Mgr Bruno de Solages, le dénombrement des mots communs permettra-t-il une meilleure estimation des accords et des divergences de trois versions d'un même épisode. On relève : 6 mots communs aux trois recensions, 7 mots communs à Marc et Matthieu seuls, 5 mots communs à Marc et Luc seuls, 2 mots communs à Luc et Matthieu seuls, enfin, les mots qui ne figurent qu'en une seule recension sont au nombre de : 2 pour Marc, 8 pour Matthieu et 7 pour

Luc. L'un des résultats de ce relevé est que la quasi-totalité du texte de Marc se retrouve en Matthieu ou en Luc, ce que représente le schéma suivant :

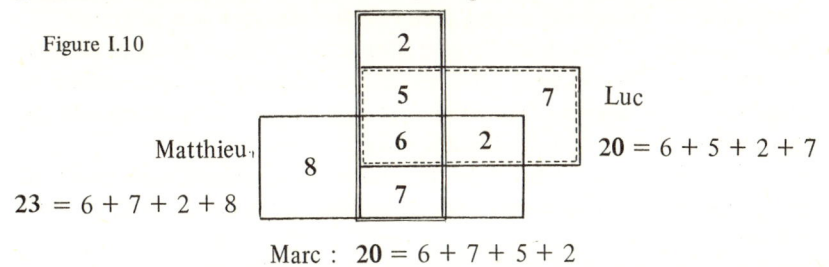

Figure I.10

Matthieu

23 = 6 + 7 + 2 + 8

Luc

20 = 6 + 5 + 2 + 7

Marc : 20 = 6 + 7 + 5 + 2

Outre le fait que les mots de Marc sont répartis entre Matthieu et Luc, le schéma traduit aussi le fait que ces deux derniers n'ont pratiquement aucun point commun en dehors des mots qui figurent aussi en Marc. Comment interpréter cette relation particulière entre les trois textes ?

Une tradition exégétique déjà longue et toujours vivace pose le problème de l'interprétation des ressemblances entre les synoptiques en termes de filiation de manuscrits, transposant ainsi "en critique littéraire un procédé couramment admis en critique textuelle" (3). Dans cette perspective, les concordances résulteraient d'un contact littéraire entre les premiers rédacteurs. Tel et tel d'entre eux auraient eu connaissance d'un texte du troisième et l'auraient utilisé en y apportant éventuellement des "variantes d'auteurs" (4), modifiant ou complétant peu ou prou le texte utilisé qui jouerait ainsi le rôle de "source".

Sur l'exemple analysé ci-dessus, les résultats des dénombrements des mots communs à deux ou trois textes, et notamment le fait que Matthieu et Luc n'ont en commun que deux mots qui ne se retrouvent pas en Marc, conduirait à supposer que ce dernier est leur source commune. La version de Marc des "épis arrachés" aurait été complétée par Matthieu et Luc sans aucun contact direct entre eux, le premier mentionnant que "les disciples ont faim" et le second "qu'ils froissent les épis de leurs mains".

Pour vérifier cette hypothèse d'un "contact littéraire", il conviendrait alors de recourir aux techniques élaborées par quelques-uns des spécialistes de l'édition des manuscrits (ou ecdotique), dont une présentation générale est donnée par R. Marichal dans l'ouvrage collectif *L'histoire et ses méthodes* (5). L'on pourrait citer la méthode des fautes communes de K. Lachmann qui connut un certain succès avant d'être critiquée par Dom Quentin qui lui

---

3. L. Cerfaux, dans *La Formation des Evangiles*, p. 24.
4. J. Duplacy, *Où en est la critique textuelle du Nouveau Testament ?* p. 27.
5. R. Marichal, La Critique des textes, *L'Histoire et ses méthodes*, p. 1246-1360.

reprochait, d'une part, de se référer à un original hypothétique et non pas à un archétype réel et, d'autre part, de n'être valable que pour un type très particulier de manuscrits où les fautes se transmettent sans altération[6].
Aussi, au cours du laborieux travail d'édition de la Vulgate demandé en 1907 par Pie X aux Bénédictins, fût-il conduit à proposer un autre critère de classement généalogique des manuscrits dans lequel "la connaissance des intermédiaires devait tenir la première place".

D'une manière toute schématique, le modèle d'interprétation en termes de généalogie des ressemblances et des différences entre les textes écrits est le suivant :

— Supposons qu'un manuscrit A soit la source de deux copies B et C, indépendantes l'une de l'autre ;
— quelle que soit l'habileté des scribes ou leur conscience professionnelle, les copies ne seront jamais identiques au texte qu'ils ont sous les yeux ou qui leur est dicté. Volontaires ou non, des altérations se produiront qui engendreront des "leçons" distinctes ;
— si les copistes de B et de C, sont des personnes différentes, ayant écrit à des époques ou dans des scriptoriums différents, indépendants donc l'un de l'autre, les modifications qu'ils apportent au texte-source auront toutes chances de ne pas être les mêmes ;
— il en résultera notamment que les manuscrits B et C ne comporteront pratiquement aucun accord commun contre leur source A.

Ainsi, lorsque l'on se trouve dans l'ignorance de la généalogie de trois manuscrits, l'absence d'accords de deux d'entre eux contre un troisième peut constituer un indice selon lequel, ce dernier serait à la source des deux autres. Cette indication ne peut cependant devenir certitude que si d'autres indices viennent la confirmer, car elle signifie uniquement que A est intermédiaire de B et de C.

Cette recherche de l'absence d'accords sur un triplet de manuscrits, préconisée par Dom Quentin, est connue sous la dénomination de "méthode du zéro", et en raison de son exigence est appelée la "règle de fer". Si elle ne constitue que l'une des étapes dans l'établissement de la généalogie d'une population de manuscrits, comment serait-elle pourtant susceptible d'être adaptée à l'étude de l'ordonnance des passages communs aux trois synoptiques ? La transcription en serait la suivante :

---

6. Dom Quentin, *Essais de critique textuelle*, p. 36, 46 et 56.

Si l'on admet que : a) l'une des rédactions est un texte-source,
b) les deux autres rédacteurs ont pu modifier pour des raisons personnelles l'ordre de cette source ;
alors ils ne présenteront jamais simultanément la même inversion relativement à l'ordonnance de leur source.
Ceci revient à dire que si deux passages quelconques figurent dans un certain ordre sur la source, deux cas et deux seulement seront possibles : **ou bien** les deux copies adoptent l'une et l'autre l'ordre de leur source, **ou bien** une seule d'entre elles inversera les passages de la source. Ceci conduit à trois possibilités schématiquement représentées par la figure ci-après :

Figure I.11

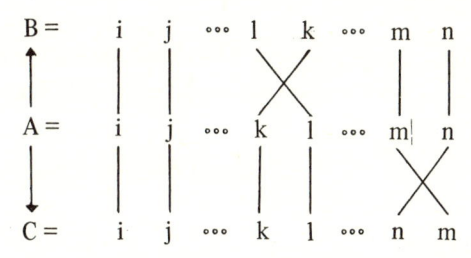

```
B =   i   j  ooo  l   k  ooo  m   n
                    X
A =   i   j  ooo  k   l  ooo  m   n
                              X
C =   i   j  ooo  k   l  ooo  n   m
```

Aucune des inversions existant entre A et B ne se retrouve entre A et C et réciproquement. Il en découle que l'ordre selon A est intermédiaire, au sens de la théorie des permutations, des ordres selon B et C. On doit donc avoir :

$$d(B, A) + d(A, C) = d(B, C).$$

3.1.1. Premier critère

Pour déterminer lequel des textes synoptiques serait à considérer comme source des deux autres, il suffirait donc, pour les passages de triple recension, de dénombrer les inversions deux à deux et de rechercher si l'égalité précédente est vérifiée.

Dans le premier chapitre de Marc cinq passages de triple recension vérifient justement ce premier critère fondé sur les distances entre rangements. Il s'agit de :

Tableau I.2

	Marc			Luc	Matthieu
a) =	1[17-18]	:	*Je vous ferai pêcheurs d'hommes*	5[10b-11]	4[19-20]
b) =	22	:	*Et ils étaient frappés d'étonnement*	4[32]	7[28b-29]
c) =	29-31	:	*Guérison de la belle-mère de Pierre*	38-40	8[14-15]
d) =	39[a]	:	*Et il proclamait le message*	44	4[23a]
e) =	40-44	:	*Guérison d'un lépreux*	5[12b-14]	8[2-4]

Ces passages, rangés dans leur ordre de succession naturelle au sein de chaque synoptique donnent lieu à trois inversions aussi bien entre Marc et Matthieu qu'entre Marc et Luc, comme en témoigne le schéma ci-après :

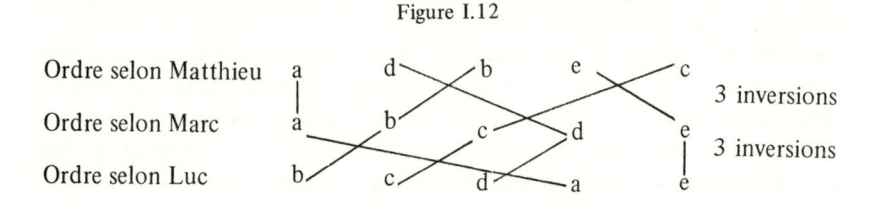

Figure I.12

```
Ordre selon Matthieu   a    d    b    e    c
                                                  3 inversions
Ordre selon Marc       a    b    c    d    e
                                                  3 inversions
Ordre selon Luc        b    c    d    a    e
```

Mais cette fois-ci, et contrairement à l'exemple donné en début de chapitre, au paragraphe 1.1., aucune inversion n'est commune à Luc et Matthieu contre l'ordre de Marc :

Figure I.13

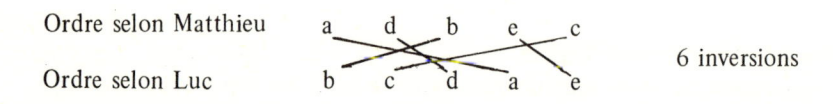

```
Ordre selon Matthieu   a    d    b    e    c
                                                  6 inversions
Ordre selon Luc        b    c    d    a    e
```

Pour ces cinq passages, Marc se présente donc bien comme un intermédiaire au sens strict de Matthieu et de Luc et il pourrait donc en être la source. Il n'en est cependant pas toujours ainsi. Pour preuve il suffit de se reporter à l'exemple du paragraphe 1.1. et à la figure I.1 sur laquelle sont relevées trois inversions communes à Matthieu et Luc contre l'ordre de Marc. Comment interpréter ces résultats apparemment contradictoires ?

En fait, le critère de la règle de fer, s'il n'offre guère de difficulté d'application, n'en soulève pas moins quelques réserves en raison de sa rigidité — réserves importantes, d'ailleurs, car elles concernent la notion même de l'indépendance de deux textes issus d'une source commune. La règle de fer présuppose qu'en cas d'indépendance il n'y aura aucune distorsion commune. Mais pourquoi ne saurait-il arriver à deux copistes ou à deux auteurs de dévier simultanément sur le même point ? Pourquoi serait-il interdit de supposer que le seul hasard a pu les conduire à cette convergence ? Dans son utilisation pratique, la méthode du zéro se transforme d'ailleurs fréquemment en méthode du quasi-zéro : sans être nul, le nombre de ces convergences doit rester relativement faible. En un tel cas, quelles limites assigner à ce nombre pour qu'il demeure un critère objectif ? La théorie des permutations permettra de répondre à cette question en proposant un nouveau critère dérivé des notions de corrélations directes et partielles.

3.2. Corrélations entre rangs

Rien, pour l'instant, ne permet d'apporter une réponse précise à une question du type : "Deux permutations de 15 objets séparées par 15 inversions sont-elles plus différentes l'une de l'autre que deux permutations de 10 objets séparées par 5 inversions ? " Pour effectuer une comparaison de cette nature, il convient de faire appel à la notion générale de corrélation.
Supposons qu'un ensemble d'objets soit évalué en fonction de deux épreuves X et Y. L'estimation d'une corrélation entre les deux évaluations (notes ou rangs), attribuées à chaque objet, sera construite de la manière suivante :

- Constituons tous les couples (i,j) et (j,i) possibles de ces objets avec i différent de j ;
- à chacun de ces couples, attribuons deux nombres, x_{ij} et y_{ij}, liés d'une manière ou d'une autre aux évaluations de i et de j par les épreuves X et Y ;
- la formule générale de la corrélation entre ces évaluations sera donnée par le rapport :

$$R = \frac{\sum (x_{ij} \times y_{ij})}{\sqrt{\sum x_{ij}^2 \times \sum y_{ij}^2}}$$

Si l'on représente la répartition des objets par rapport aux épreuves X et Y, on obtient le graphique classique :

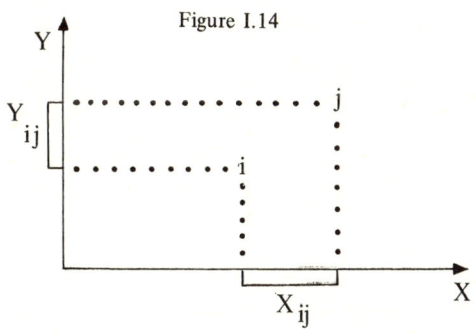

Figure I.14

Il existe deux manières usuelles d'associer des nombres aux couples d'objets : soit en effectuant la différence des notes (coefficient de Bravais), soit en effectuant la différence des rangs (coefficient de Spearman). Il est encore une troisième fonction qui aboutit au coefficient de Kendall [7] lequel est le seul à répondre à la question posée plus haut.

3.2.1. Corrélation directe entre rangs

Supposons que les évaluations des objets soient un classement. A tout objet i est alors attribué un rang selon X, soit : r_i, ainsi qu'un rang selon Y, soit r'_i. A chacun des couples (i,j) on associera les valeurs x_{ij} et y_{ij} selon la règle :

$$x_{ij} = \begin{cases} +1 & \text{si} : r_i > r_j \\ -1 & \text{si} : r_i < r_j \end{cases} \quad \text{– et de même pour les } y_{ij}$$

Lorsque ces évaluations sont portées au carré, elles sont toutes égales à 1 et leur sommation n'est rien d'autre que le nombre de couples possibles. Le dénominateur du rapport de corrélation est donc constant et égal à ce nombre de couples, soit : n X (n-1), pour des permutations de n objets. Quant au numérateur, il est fonction de la distance entre ces rangements et se trouve égal à : n X (n-1) − 4d (X,Y). Après simplifications, le coefficient de corrélation directe entre rangs sera donné par le rapport :

$$\tau_{xy} = 1 - \frac{4d\,(X,Y)}{n \times (n-1)}$$

Exemple : Pour les deux permutation X = a b c et Y = c a b, construisons le tableau suivant :

(i,j)	r_i	r_j	x_{ij}	r_i	r_j	y_{ij}	x_{ij} X y_{ij}
a,b	1	2	+1	2	3	+1	+ 1
a,c	1	3	+1	2	1	−1	− 1
b,c	2	3	+1	3	1	−1	− 1
b,a	2	1	−1	3	2	−1	+ 1
c,a	3	1	−1	1	2	+1	− 1
c,d	3	2	−1	1	3	+1	− 1
Somme des produits			x_{ij} X y_{ij} : 2 S − 2I = 2 − 4 = − 2				

---

7. M.G. Kendall, *Rank Correlation Methods.*

Pour les couples pris dans le même ordre sur X et sur Y, les produits de la dernière colonne sont égaux à +1. Ils sont égaux à −1 pour les couples présentant une inversion. Or, les uns et les autres sont mentionnés à deux reprises, d'abord dans l'ordre direct, puis dans l'ordre inverse. Désignons par S le nombre de couples semblables et par I le nombre de couples inversés ; le total de la dernière colonne s'écrira :
$$2S - 2I \text{ ; soit encore : } 2S - 2d(X,Y)$$
Par ailleurs, le total des couples n'est autre que $2S + 2I$ et le coefficient de corrélation peut aussi s'écrire :
$$\frac{2S - 2I}{2S + 2I}$$
Transformons le numérateur, en écrivant :
$$2S - 2I = (2S + 2I) - 4I$$
Ce qui conduit, après simplification, à l'expression usuelle du coefficient de corrélation de Kendall :
$$\tau = 1 - \frac{4I}{2S + 2I} \qquad \frac{4d(X,Y)}{n \times (n-1)}$$

3.2.2. Coefficient de corrélation partielle

Supposons que des objets aient été classés en fonction de trois critères X, Y et Z. En certains cas, l'on est conduit à se demander si les accords constatés entre deux de ces classements ne dépendraient pas d'une quelconque influence du troisième. Pour les Synoptiques, par exemple, si deux rédactions suivent le même ordre, ne serait-ce pas en raison d'une commune référence au troisième qu'ils auraient eu pour source ?

Comment éliminer cette influence supposée d'un classement sur deux autres ? A partir d'un exemple, suivons les grandes lignes du raisonnement développé par M.G. Kendall au chapitre VIII de son ouvrage *Rank Correlation Methods*.

Soit trois permutations de cinq objets :

$$X = a\,b\,c\,d\,e\,;\quad Y = b\,a\,e\,d\,c\,;\quad Z = b\,c\,a\,e\,d.$$

Décrivons ces permutations en termes de couples en ne reportant pas pour les deux dernières les couples qu'elles ont en commun avec X :

```
X = ab  ac  ad  ae  bc  bd  be  cd  ce  de
Y = ba  ac              dc  ec  ed
Z = ba  ca              cd  ce  ed
```

Pour étudier l'influence éventuelle de X sur Y et Z, répartissons les dix couples en quatre classes :
A — couples pris dans le même ordre sur X, Y et Z :   ad, ae, bc, bd, be
B — couples de Y et Z inversés par rapport à X :   ba, ed
C — couples de X et Y inversés par Z :   ca
D — couples de X et Z inversés par Y :   dc, ec

Convenons de désigner les couples semblables entre X et Y par Sy, les couples inversés par Iy, les couples semblables entre X et Z par Sz, les couples inversés par Iz.
Chacun de ces ensembles de couples est lui-même subdivisible en deux classes :

Sy et Sz = A :   couples semblables de Y *et* de Z.
Sy et Iz = C :   couples semblables de Y *et* inversés de Z.
On aurait de même Iy et Sz = D, ainsi que Iy et Iz = B.

Cette subdivision correspond à une partition croisée que l'on peut représenter par une table à double entrée telle que celle qui figure ci-dessous et où les lettres de chacune des cases renvoient aux quatre classes de couples :

Tableau I.4

		Z		
		Sz	Iz	
Y	Sy	A	C	A + C
	Iy	D	B	D + B
		A + D	C + B	A+B+C+D

En reportant les relevés de l'exemple choisi sur ce tableau, l'on obtient :

Tableau I.5

		Z		
		Sz	Iz	
Y	Sy	5	1	6
	Iy	2	2	4
		7	3	10

La manière habituelle de raisonner sur une répartition de cette nature consiste à dire que : si aucune influence de X ne s'était exercée, les nombres de chacune des cases du tableau devraient être proportionnels aux nombres inscrits comme totaux marginaux. Ceci permet le calcul de ce que l'on appelle le "nombre théorique" de chacune des cases qui diffère plus ou moins du nombre effectivement observé. Il reste alors à estimer la significativité de l'écart entre nombres théoriques et nombres observés par l'intermédiaire d'un test connu sous le nom de "chi-carré".

Ainsi, Sy comprend 6 couples et Sz en comprend 7. Sur un total de 10 couples, Y en présente 6 de commun avec X, et donc pour 7 couples, on devrait en avoir 6/10 X 7 = 4,2, nombre théorique de la case A.

M.G. Kendall, pour estimer la significativité des différences propose un coefficient directement relié au chi-carré et qui consiste à effectuer le rapport de la différence entre les deux produits des cases diagonalement opposées avec la racine carrée du produit des quatre totaux marginaux, soit :

$$\frac{(A \times B) - (C \times D)}{\sqrt{(A + C) \times (A + D) \times (D + B) \times (C + B)}}$$

Ce rapport est connu sous le nom de "coefficient de corrélation partielle de Kendall" et il est communément désigné par la lettre grecque τ suivie de la mention des trois classements à partir desquels il est calculé.

Quelques calculs simples, mais qu'il est inutile de reprendre ici, montrent que ce rapport peut aussi s'exprimer à partir des corrélations directes entre ces classements et que sa formule est alors :

$$\tau_{yz,x} = [\tau_{yz} - (\tau_{xy} \times \tau_{xz})] / \sqrt{(1 - \tau_{xy}^2) \times (1 - \tau_{xz}^2)}$$

Or, cette dernière expression n'est rien d'autre que la corrélation de deux variables y et z après élimination de la variable x que l'on désigne par l'expression "corrélation partielle de y et z à x constant".

Sur l'exemple choisi, l'on aurait :

$$\tau_{yz,x} = \frac{(5 \times 2) - (2 \times 1)}{\sqrt{6 \times 4 \times 7 \times 3}} = \frac{8}{22,4} = 0,36$$

3.2.3. Interprétation du coefficient de Kendall

Tout naturellement, ce coefficient sera interprété comme la corrélation partielle, ou résiduelle, de deux classements après élimination de l'influence d'un troisième classement. Dans l'hypothèse d'une relation de filiation entre les trois synoptiques, et pour les passages de triple recension, cette interprétation signifie que si l'ordre de deux rédactions Y et Z dépend de leur utilisation d'une source commune, constituée par la troisième rédaction X, la corrélation partielle de Y et de Z, après élimination de l'influence de X, devrait être voisine de zéro.

Le coefficient de corrélation partielle fournit ainsi un critère statistique pour détecter si l'une des rédactions joue un rôle particulier vis-à-vis des deux autres.

Il convient de relever que ce critère n'est pas compatible avec celui dérivé de la règle de fer et pour lequel la permutation source doit être intermédiaire de ses deux copies. En effet, lorsque X est intermédiaire de Y et Z, ces deux dernières permutations n'ont aucun accord commun contre l'ordre de X. Il s'en suit que la case B (Iy et Iz), est vide. Dès lors, le numérateur du coefficient de corrélation partielle est une quantité toujours négative qui est égale à $-CD$. Ceci s'explique aisément. Il suffit de remarquer que si X est intermédiaire de Y et Z, les couples de Y et de Z, après élimination de ceux qu'ils ont tous deux en commun avec X, sont toujours inverses les uns des autres. La corrélation partielle de Y et Z à X constant ne peut donc être que négative. Réciproquement, si la corrélation partielle est nulle, alors Y et Z présenteront nécessairement des inversions communes par rapport à l'ordre de X et, en ce cas, celui-ci ne saurait être intermédiaire de Y et de Z.

Cette incompatibilité au niveau des résultats n'entraîne pas une incompatibilité logique entre ces critères, car elle résulte uniquement d'un changement de point de vue sur le processus de filiation. Dans le premier cas (intermédiaire), on exclut toute éventualité d'une déviation commune des copies par rapport à la source. Dans le second cas, au contraire, on postule une telle éventualité et l'on recherche simplement à fixer des limites au nombre des inversions. Or, il y a tout lieu de penser[8] que deux synoptiques quelconques présenteront toujours des inversions par rapport au troisième et le problème consistera à rechercher si l'ordonnance de ce troisième suffit à rendre compte des accords communs. C'est donc essentiellement le coefficient de corrélation partielle qui sera choisi comme critère afin de déterminer pour lequel des synoptiques l'hypothèse selon laquelle il aurait pu être source

---

8. Il suffit de se reporter à l'exemple du paragraphe 1.11., qui comporte déjà trois inversions communes de Luc et Matthieu contre Marc.

des deux autres est compatible avec les relations d'ordre existant entre eux. Ainsi, une réponse affirmative permettra seulement de ne pas rejeter une hypothèse de filiation sans que celle-ci s'en trouve justifiée pour autant. Devra-t-on limiter à ce seul résultat, somme toute très fragmentaire, le rôle que la théorie des permutations est susceptible de jouer dans l'analyse des concordances d'ordre entre les synoptiques ? Il n'en est rien.

Envisager une source sous la seule perspective d'une filiation de manuscrits est, en effet, un point de vue restrictif et qui, de plus, n'apporte qu'une réponse partielle.

Restrictif, d'abord, car il contraint à ne retenir que les passages de triple recension qui seront traités d'une manière distincte de ceux de double recension. Or, dans l'étude des concordances entre *deux* synoptiques, est-il légitime d'isoler et de traiter séparément les épisodes que ceux-ci ont en commun avec le troisième ?

Réponse partielle, ensuite, car même si les résultats de l'un et de l'autre des critères apportent un éclairage nouveau sur les relations entre les synoptiques, ils n'élucident pas les raisons des modifications apportées à l'ordre de la source, ni ne rendent compte des répétitions, ou doublets, pourtant nombreux en Luc comme en Matthieu.

Pour éviter les explications ad hoc de ces deux phénomènes (liberté de composition ou désir d'insister sur tel passage), il convient d'envisager un tout autre système d'interprétation. Celui-ci fera appel à une pluralité de sources différemment agencées entre elles par les trois rédacteurs. Les théories de la filiation y ont d'ailleurs recours, mais uniquement pour les épisodes à deux témoins. Il ne s'agit donc que d'une généralisation à l'ensemble des concordances synoptiques d'une hypothèse admise pour une partie d'entre elles. Or, les ensembles de permutations – ou plus généralement la "métrique des ordres" – permettent de construire un cadre théorique par l'intermédiaire duquel seront étudiées les diverses conséquences de cette hypothèse d'une pluralité de sources.

Chapitre II

THEORIE DES INSERTIONS

1. CONSTRUCTION D'UNE INSERTION

1.1. Sources et insertions

1.1.1. Nouvelle perspective

Supposer une pluralité de témoignages à l'origine de la rédaction des synoptiques est une hypothèse qui s'oppose aux schémas de filiation plus qu'elle ne les complète. Certes, ceux-ci, sous leurs formes les plus développées, ont recours à des sources complémentaires, mais leur présupposé fondamental réside dans l'hypothèse d'un contact littéraire entre les recensions pour rendre compte de leurs ressemblances. De ce fait, les épisodes de triple recension reçoivent-ils un statut particulier et l'éventualité d'autres sources n'est-elle envisagée que pour rendre compte d'un résidu. Tout au contraire, ce que l'on appelle souvent la "théorie de la documentation multiple" se refuse à faire jouer un rôle déterminant au contact littéraire et envisage que les sources ont pu être utilisées aussi bien pour les épisodes à trois témoins que pour ceux à deux ou à un seul témoin. Théorie généralisée de la pluralité par opposition à une théorie restreinte, l'étude comparative des synoptiques la rend plausible pour deux raisons au moins.
Tout d'abord, même en supposant une lecture de Marc par Luc et Matthieu, leurs modes d'insertion des autres sources au sein de la trame marcienne

diffèrent profondément l'un de l'autre. Il est banal de relever en Matthieu le regroupement de sentences diverses en cinq grands "discours" alors que Luc répartit ces mêmes maximes en deux incises. Dispersion d'un côté, condensation de l'autre, cette caractéristique se rencontre tout au long des deux rédactions. On peut constater d'ailleurs que le nombre d'interruptions de la trame marcienne varie du simple au double entre Matthieu et Luc. De plus, les insertions des sources complémentaires sont reliées aux modifications que ces deux rédacteurs apportent à l'ordonnance de Marc. Des exemples nombreux en seront donnés par la suite, n'en relevons qu'un seul pour le moment, emprunté à Luc : le verset 17^{31} de la péricope "Le jour du Fils de l'homme" : *"En ce jour-là, celui qui sera sur la terrasse avec ses affaires dans la maison, qu'il ne descende pas pour les prendre. Et celui qui sera dans les champs, pareillement, qu'il ne retourne pas en arrière"*. Ce verset correspond à Marc 13^{15-16} et il se trouve placé en Luc avant tous les passages de Marc commençant en 10^2. A lui seul, il engendre un nombre relativement élevé d'inversions, qui, dans notre décompte, se monte à vingt-trois. Or, ce verset appartient à une péricope qui n'est pas mentionnée par Marc. Pour cette concordance, il est donc plausible de supposer que Luc n'en a pas emprunté le contenu à Marc mais à une autre source qui devait comprendre ce verset.

La deuxième raison en faveur de ce point de vue réside dans la présence d'un certain nombre d'inversions communes de Luc et Matthieu contre l'ordre de Marc. Reprenons l'une des péricopes relevées dans l'exemple du paragraphe 1.1. du chapitre I, telle que la parabole du "Grain de sénevé": *"A quoi est semblable le royaume de Dieu et à quoi le comparerai-je?"* simultanément déplacée par Luc et Matthieu qui tous deux la font suivre de la parabole du "Levain" où l'on retrouve la même interrogation *"A quoi comparerai-je le royaume de Dieu?"* Dans l'ignorance actuelle du nombre des inversions communes et des résultats des coefficients de corrélation partielle, nous ne savons encore si l'on peut attribuer au hasard ces inversions communes. Quoi qu'il en soit, recourir au hasard n'est pas une explication et ne répond aucunement à la question : "s'il s'agit d'un emprunt à Marc, pourquoi est-il simultanément déplacé ? " Par contre, l'éventualité de l'appartenance de cet épisode à une autre source ayant sa propre ordonnance et insérée différemment par les rédacteurs au sein de sources diverses apportera une raison de ce déplacement nettement plus satisfaisante.

Resterait encore un dernier argument en faveur d'une théorie de l'insertion : l'existence des doublets, dont les schémas de filiation peuvent difficilement rendre compte. Ce problème des répétitions est reporté au chapitre suivant car, auparavant, il convient de construire systématiquement le schéma d'analyse des insertions.

1.1.2. Hypothèses initiales

Pour élaborer progressivement la théorie à partir du cas le plus simple, supposons, pour commencer, qu'un narrateur dispose uniquement de deux témoignages — ou sources documentaires — à partir desquels il élabore sa propre relation de faits qu'il ne connaît qu'au travers de ces témoignages. Faisons, en outre, les deux hypothèses suivantes :

Hypothèse 1 : Le narrateur ne modifie pas l'ordre des événements rapportés par l'une et l'autre source (hypothèse du respect de l'ordre) [1].

Hypothèse 2 : Les deux sources sont des témoignages incomplets : aucun des événements relatés en l'une ne se retrouve en l'autre (hypothèse des sources disjointes).

La deuxième de ces hypothèses, celle des sources disjointes, n'est introduite que dans le seul but de simplifier la construction de la première étape de la théorie. Comme il est peu probable que les sources documentaires des rédacteurs des synoptiques n'aient jamais relaté simultanément un même épisode, il conviendra de l'abandonner par la suite pour se rapprocher au plus près d'une certaine conception des circonstances historiques de la transmission des témoignages dans une société donnée. L'abandon de cette hypothèse des sources disjointes permettra, en outre, de construire un schéma d'interprétation du phénomène des doublets considérés comme le résultat de l'interférence de plusieurs sources relatant un même événement.

En ce qui concerne les synoptiques, l'hypothèse du respect de l'ordre semble assez vraisemblable si l'on admet que les récits rapportant les épisodes de la vie du Christ étaient considérés comme transmis par des témoins vénérables : *"Ceux qui furent, dès le début, témoins oculaires et serviteurs de la parole"*, déclare Luc en son prologue. Celle-ci ne sera donc jamais abandonnée et constituera en quelque sorte la clef de voûte de l'interprétation des concordances entre les synoptiques. Cette contrainte éliminerait-elle toute liberté de composition et transformerait-elle les rédacteurs en simples copistes ? Tout au contraire, elle assure l'originalité personnelle dans la transmission du message en même temps que la fidélité aux témoignages recueillis. En effet, en se situant au seul niveau de l'ordre, il est deux types principaux d'interprétation des inversions sur les épisodes communs à deux recensions : ou bien ces épisodes dérivent d'un même texte-source et chacun des rédacteurs a modifié de son propre chef l'ordre de la source trahissant

---

1. *Cf.* J.W. Doeve : "Il est aisé de comprendre que plus tard, quand on mit par écrit les traditions, on s'est tenu fidèlement aux arrangements de la tradition orale" *(La Formation des évangiles,* p. 77). *Cf.* aussi infra p. 192.

ainsi le message au profit de sa visée personnelle, ou bien ont existé plusieurs textes-sources différemment agencés entre eux par chacun des rédacteurs pour constituer un récit suivi. Les inversions résultent alors de modalités d'insertion distinctes et la liberté du rédacteur se manifeste au niveau du choix d'une insertion de tel type et sans altération du message de chacune des sources.

Cette deuxième interprétation est nettement plus exigeante que la première, car, comme on le verra par la suite, elle requiert une certaine disposition des inversions. Dès à présent, signalons que nous retrouverons cette disposition sur une partie importante des synoptiques, qui, d'eux-mêmes, ont suggéré cette théorie des insertions. Une fois achevée, cette théorie pourra englober plus de phénomènes qu'une théorie de la filiation car elle rendra compte des inversions aussi bien que de la répartition des doublets.

1.2. Processus d'insertion

Compte tenu des hypothèses précédentes : respect de l'ordre et sources disjointes, envisageons deux sources S_1 et S_2. Si la première comprend m épisodes et la seconde n, le récit construit à partir d'elles comprendra m + n épisodes. Comment sera construit ce récit ? Si l'ordre des sources est respecté, le seul moyen consiste à insérer, d'une manière ou d'une autre, les passages de l'une des sources entre ceux de la seconde. Cette insertion doit être entendue dans un sens très large admettant la possibilité que tous les passages d'une source soient placés avant les passages de l'autre source. Il convient ici de distinguer entre l'acte d'insertion et le résultat de cette activité. On appellera "processus d'insertion" l'activité qui consiste à situer tels et tels passages entre tels et tels autres. Le résultat de ce processus d'insertion ne sera autre que la "rédaction" finale.

Pour reconstruire des processus d'insertion en comparant l'ordonnance des rédactions, il est d'abord nécessaire de préciser les mécanismes des insertions en supposant les sources connues. Construisons donc un premier exemple schématique de processus d'insertion.

Soit 10 événements, étiquetés a à j, et deux sources dont chacune ne relate que 5 d'entre eux selon la répartition ci-après :

Figure II.1

Evénements	a	b	c	d	e	f	g	h	i	j
S_1	a		c	d		f			i	
S_2		b			e		g	h		j

On représentera d'une manière imagée un processus d'insertion en supposant que les étiquettes des épisodes sont fixées sur des réglettes mobiles coulissant l'une sur l'autre et de telle sorte que les cases occupées de l'une correspondent aux cases vides de l'autre. Le processus consistera alors tout simplement à projeter sur une même ligne horizontale les lettres de l'une et l'autre réglette. Le résultat en sera une certaine permutation que l'on désignera par "Rédaction X". Deux illustrations suffiront à préciser ce mécanisme simple :

Figure 2.1.

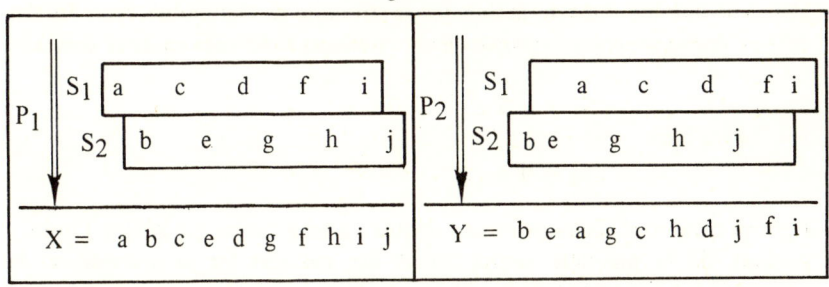

P_1	S_1 : a c d f i	P_2	S_1 : a c d f i
	S_2 : b e g h j		S_2 : b e g h j
X = a b c e d g f h i j		Y = b e a g c h d j f i	

Le premier processus, P_1, commence par un épisode de la première source puis alterne un épisode de chacune des sources. Le deuxième processus, P_2, adopte la même alternance, mais après avoir commencé par deux épisodes de la deuxième source.

Il existe, évidemment, de nombreux autres processus d'insertion dont chacun engendre une permutation. En fonction de la contrainte d'ordre que l'on s'est donnée, toutes les insertions possibles déterminent un sous-ensemble très particulier au sein de l'ensemble des permutations de n objets. Ce sous-ensemble est un fuseau (*cf.* chapitre I, paragraphe 2.2.3), mais doté d'une structure plus forte dont il convient d'indiquer les propriétés.

1.3. Fuseau d'insertion

1.3.1. Fuseau bipolaire

Commençons par dénombrer tous les processus d'insertion possibles. Pour deux sources, le calcul est rapide. Il suffit de considérer qu'une insertion consiste à choisir d'abord les rangs où seront situés les épisodes de la première source ; automatiquement, les épisodes de la seconde source seront localisés aux rangs non encore prélevés. Avec les conventions précédentes, la rédaction

48 Théorie des insertions

finale comprendra m+n rangs, parmi lesquels il convient d'en choisir d'abord m. Selon une formule classique de l'analyse combinatoire, le nombre de choix possible sera égal à :

$$(m+n)! \, / \, m! \times n! \qquad (2)$$

Ainsi, pour l'exemple ci-dessus, aurait-on un nombre de processus d'insertion égal à :

$$10! \, / \, 5! \times 5! = 252$$

Mais leur nombre importe moins que la structure de l'ensemble. Pour étudier celle-ci, envisageons le cas simple de cinq passages subdivisés en deux sources :

$$S_1 = a \; b \; c$$

$$S_2 = d \; e$$

Prenons d'abord les deux processus opposés, à savoir celui qui adopte l'ordre : passages de la première source suivis des passages de la seconde, et le processus qui mentionne d'abord les passages de la deuxième source et les fait suivre de ceux de la première. Ils engendrent l'un et l'autre deux permutations, respectivement désignées par X et Y et qui seront les suivantes :

$$X = a \; b \; c - d \; e \qquad Y = d \; e - a \; b \; c$$

$$S_1 \longrightarrow S_2 \qquad\qquad S_2 \longrightarrow S_1$$

Les inversions entre ces deux permutations donneront lieu au schéma ci-contre. Sur ce schéma on dénombre 6 inversions et comme tout passage d'une source est inversé avec tout passage de l'autre source, et avec ceux-là

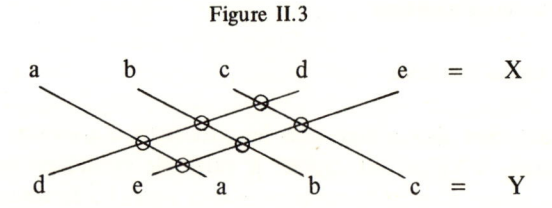

Figure II.3

```
   a      b     c    d     e    =  X
                ╲ ╳ ╳ ╱
                 ╳ ⊗ ╳
                ╱ ╳ ╳ ╲
   d      e     a    b     c    =  Y
```

2. La notation m! désigne le produit de tous les nombres entiers décroissants à partir de m, soit : m × (m-1) ×... × 3 × 2 × 1 = m !

seulement, on décompte, en général, m x n inversions entre ces deux permutations opposées.
Construisons, comme indiqué prédédemment, tous les intermédiaires de ces deux permutations. On aboutit à un fuseau de pôles X et Y dont la représentation est donnée par le schéma :

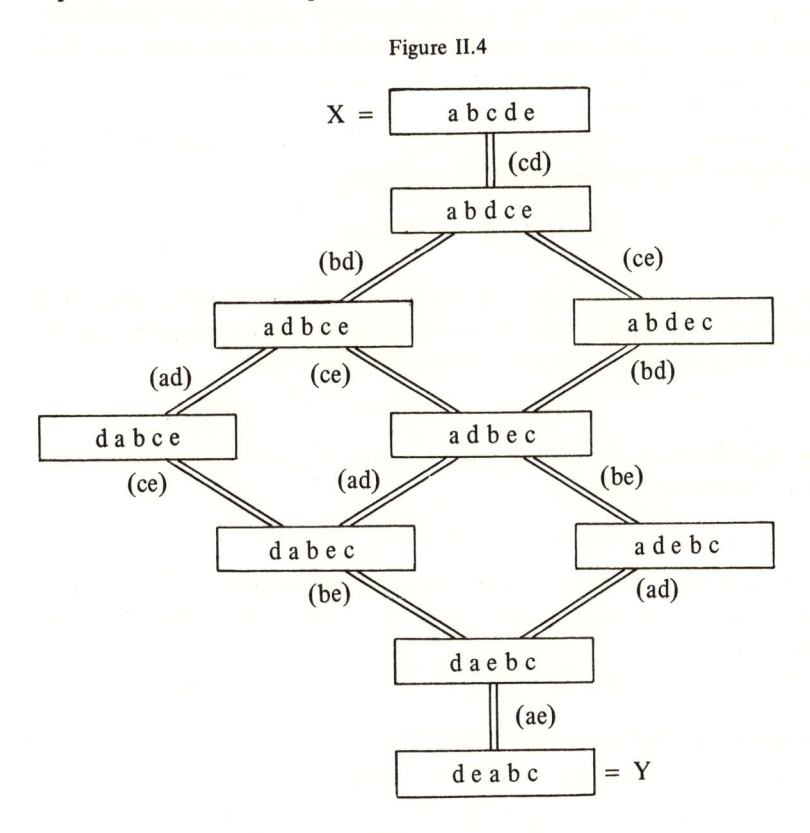

Figure II.4

```
            X = [  a b c d e  ]
                       ‖ (cd)
                  [  a b d c e  ]
              (bd)            (ce)
        [ a d b c e ]        [ a b d e c ]
    (ad)       (ce)       (bd)
[ d a b c e ]      [ a d b e c ]
   (ce)      (ad)            (be)
        [ d a b e c ]        [ a d e b c ]
              (be)            (ad)
                  [  d a e b c  ]
                       ‖ (ae)
                  [  d e a b c  ] = Y
```

Propriétés d'un fuseau d'insertions

1) Soit deux sous-ensembles totalement ordonnés S_1 et S_2, toute permutation composée des objets de ces deux sous-ensembles et ne présentant pas d'inversion entre les objets de chacun d'eux sera appelée "permutation d'insertion". On se rend aisément compte que, de par sa construction même, un fuseau d'insertion contient toutes les permutations d'insertion et ne contient qu'elles.
On peut effectivement vérifier que chacune des permutations de ce fuseau respecte l'ordre des objets du sous ensemble (a, b, c) comme du sous-

ensemble (d, e), c'est-à-dire que l'on ne trouve jamais c avant b ou e avant d.
2) Tout fuseau d'insertion de deux sources est un treillis distributif. Sans avoir à démontrer ici cette propriété, mentionnons simplement l'une de ses conséquences.
Il a déjà été indiqué (cf. chapitre I, paragraphe 2.2.3.), qu'à deux permutations quelconques, S et T, d'un fuseau on savait associer deux autres permutations construites par référence au pôle X et désignées par S ∨ T et S ∧ T. Il en sera de même pour un fuseau d'insertion, avec la caractéristique supplémentaire ci-après :
A tout sommet S du fuseau, convenons d'attribuer une "valuation" qui sera une fonction de sa distance au pôle X en posant :

$$J(S) = d(X, S)$$

Soit donc les quatre sommets S, T, S ∨ T et S ∧ T, d'un fuseau d'insertion de deux sources, la distributivité de ce treillis entraîne pour conséquence que les diverses valuations de ces quatre sommets vérifient l'égalité :

a) $\quad J(S) + J(T) = J(S \vee T) + J(S \wedge T)$

De ce fait, il est alors possible de relier la distance entre les deux sommets S et T à ces valuations en posant :

b) $\quad d(S, T) = J(S \wedge T) - J(S \vee T)$

3) Sur un fuseau d'insertion de deux sources, les permutations S∧T et S∨T sont intermédiaires des permutations S et T à partir desquelles elles sont construites.

Posons : S ∨ T = U, ainsi que : S ∧ T = I.

Les égalités a) et b) ci-dessus deviennent alors :

a') $\quad J(S) + J(T) = J(U) + J(I)$

b') $\quad d(S, T) = J(I) - J(U)$

Avec ces notations, la relation d'intermédiaire s'exprimera en fonction des distances par les relations :

$$d(S, T) = d(S, U) + d(U, T)$$
$$= d(S, I) + d(I, T)$$

Il suffit de vérifier la première de ces égalités, ce qui est immédiat. Soit donc :

$$d(S, T) = d(S, U) + d(U, T)$$

Comme le sommet U est intermédiaire de X et de S, d'une part, et X et de T, d'autre part, on aura :

$$d(S, U) = \mathcal{J}(S) - \mathcal{J}(U)$$
$$d(U, T) = \mathcal{J}(T) - \mathcal{J}(U)$$

Soit leur somme $= \mathcal{J}(S) + \mathcal{J}(T) - 2\mathcal{J}(U)$

et donc par a') : $\mathcal{J}(U) + \mathcal{J}(I) - 2\mathcal{J}(U) = \mathcal{J}(I) - \mathcal{J}(U)$

Cette dernière expression, par b'), est bien égale à : d(S, T).
Exemple : reprenons le fuseau d'insertion relié aux pôles :

$$X = abc - de \quad et \quad : Y = de - abc.$$

La représentation schématique en sera :

Figure II.5

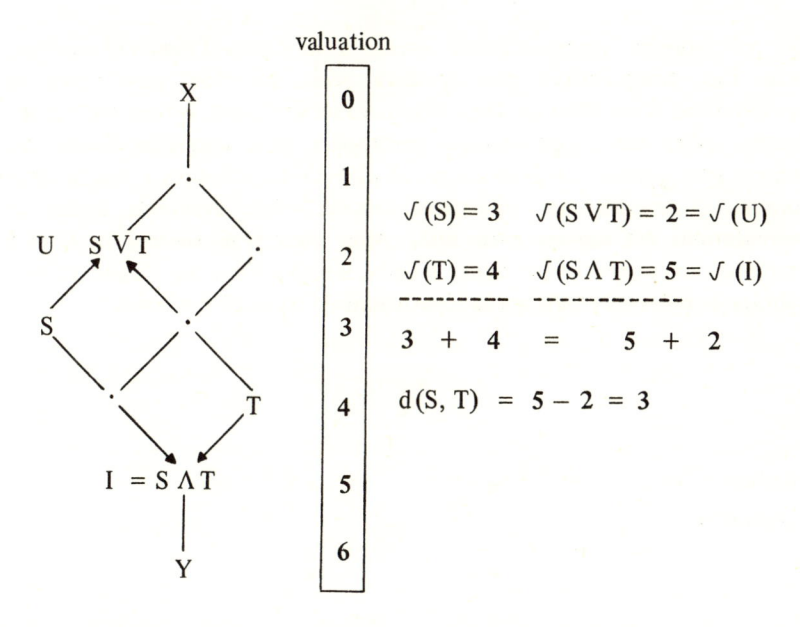

$\mathcal{J}(S) = 3 \quad \mathcal{J}(S \vee T) = 2 = \mathcal{J}(U)$

$\mathcal{J}(T) = 4 \quad \mathcal{J}(S \wedge T) = 5 = \mathcal{J}(I)$

$3 + 4 = 5 + 2$

$d(S, T) = 5 - 2 = 3$

Et l'on a bien aussi : $d(S, U) + d(U, T) = d(S, T)$

avec : $1 + 2 = 3$

1.3.2. Fuseau multipolaire

Il est possible de généraliser la construction d'un fuseau d'insertion au cas où les insertions sont effectuées à partir de plus de deux sources. Prenons le cas le plus simple de trois sources disjointes A, C, E, ne comprenant chacune que deux épisodes, soit :

$$A = a\,b\,;\qquad C = c\,d\,;\qquad E = e\,f$$

La rédaction finale comprendra 6 épisodes et elle sera une permutation d'insertion si elle ne comporte aucune inversion entre deux objets appartenant à une même source. Telles seraient, par exemple, les deux permutations :

Figure II.6

$$S = a \quad c \quad b \quad d \quad e \quad f$$

$$T = e \quad c \quad a \quad f \quad d \quad b$$

Ces permutations appartiendraient encore à un fuseau d'insertion mais qui, cette fois, comprendrait plus de deux pôles. En effet, pour situer les permutations d'insertion de deux séquences sur un fuseau avaient été choisies comme pôles deux permutations privilégiées pour lesquelles l'ordre des sources était inverse. En généralisant ce procédé de sélection à plus de deux sources, il convient de considérer comme pôles éventuels toutes les permutations des sources entre elles. Ainsi pour trois sources A, C et E existe-t-il six permutations deux à deux inverses l'une de l'autre et trois couples de pôles éventuels qui se répartissent de la manière suivante :

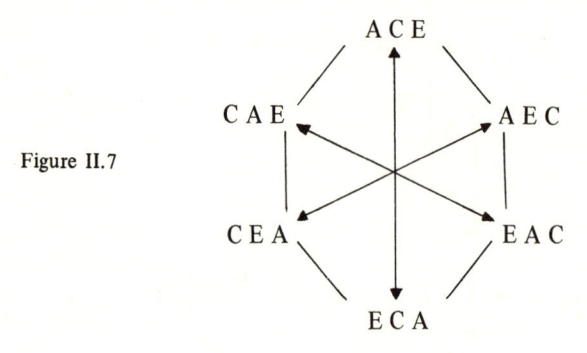

Figure II.7

```
         A C E
        /     \
   C A E       A E C
     |           |
   C E A       E A C
        \     /
         E C A
```

Comme tous les couples de sommets sur lesquels les sources sont mentionnées dans l'ordre inverse sont susceptibles de jouer le rôle de pôles, ce fuseau sera qualifié de "multipolaire". Un tel fuseau n'est plus muni d'une structure de treillis distributif. Toutefois, il demeure toujours un treillis et il contient des sous-fuseaux qui sont encore distributifs, notamment ceux que l'on peut isoler en considérant sur la figure II.6 les permutations intermédiaires, soit de deux sommets adjacents, soit de deux sommets à distance deux. En effet, pour ces couples de sommets, deux des sources restent dans le même ordre et sont ainsi les pôles d'un fuseau bipolaire.

1.3.3. Fuseaux, filiations, sources

Avec les conditions assez restrictives qui ont été imposées aux processus d'insertion, il devient désormais possible de situer des rédactions, considérées comme les résultantes de processus d'insertion, au sein d'un ensemble muni d'une structure bien précise, celle de treillis ou de fuseau de permutations. On dispose ainsi d'un cadre général pour l'analyse des relations que peuvent présenter des rédactions particulières. Certes, tous les problèmes sont encore loin d'être résolus, notamment celui de la délimitation des sources qui, pour l'instant, sont supposées connues.

Ces problèmes seront abordés ultérieurement. Dans une perspective d'application aux synoptiques, essayons néanmoins de préciser, dans l'état actuel du modèle, sa contribution à l'étude de trois rédactions dont on suppose qu'elles utilisent plusieurs sources.

Soit donc trois rédactions arbitraires et désignées par S, T et U, construites à partir de trois sources A, C et E pour lesquelles on admettra que la rédaction U ne mentionne que les deux premières sources A et C alors que les trois sources se retrouvent en S et en T. Cette utilisation d'un nombre différent de sources – qui est l'une des caractéristiques des synoptiques – soulève une difficulté théorique : les trois permutations ne comprennent pas le même nombre d'objets, la rédaction U étant plus courte que les rédactions S et T. Or, dans un fuseau, toutes les permutations comportent le même nombre d'objets. Serait-il de ce fait impossible d'utiliser le modèle, puisque S et T relèveraient d'un fuseau multipolaire construit sur trois sources, soit F (A, C, E), et U relèverait du fuseau bipolaire F (A, C) construit sur deux sources ?

Telle est bien la situation, mais il est possible d'établir une correspondance entre le fuseau F (A, C, E) et le fuseau F (A, C) et cette correspondance permet d'étudier sur ce dernier fuseau les relations entre les trois rédactions pour les passages qu'elles ont en commun.

Pour construire cette correspondance, il suffit de prendre en considération uniquement l'ordre et la situation des passages des seules sources A et C et de

54 *Théorie des insertions*

négliger complètement les passages de la source E. On définit ainsi une application du premier vers le second fuseau telle que toute permutation du premier ait une et une seule image dans le second. La correspondance réciproque détermine, évidemment, une partition sur l'ensemble des permutations du premier fuseau et chacune des classes de cette partition regroupe toutes les permutations équivalentes par rapport à l'ordre des passages des sources A et C.

Si l'on reprend la composition théorique des trois sources, soit :

$$A = a, b; \quad C = c, d; \quad E = e, f,$$

les permutations suivantes :

$$\underline{a}\,\underline{c}\,\underline{b}\,\underline{d}\,e\,f \qquad \underline{a}\,\underline{c}\,e\,f\,\underline{b}\,\underline{d}$$
$$\underline{a}\,\underline{c}\,\underline{b}\,e\,\underline{d}\,f \qquad \ldots\ldots$$
$$\underline{a}\,\underline{c}\,e\,\underline{b}\,\underline{d}\,f \qquad e\,f\,\underline{a}\,\underline{c}\,\underline{b}\,\underline{d}$$

auront toutes pour image sur F(A, C) la seule permutation : a c b d.

En définissant de cette manière la correspondance entre les deux fuseaux, le fuseau bipolaire peut être considéré comme une restriction du fuseau multipolaire puisque tout sommet de ce dernier se projette sur un et un seul sommet du premier. Il en est ainsi notamment des pôles, ce qui permet de situer ces deux fuseaux l'un par rapport à l'autre par le schéma ci-dessous :

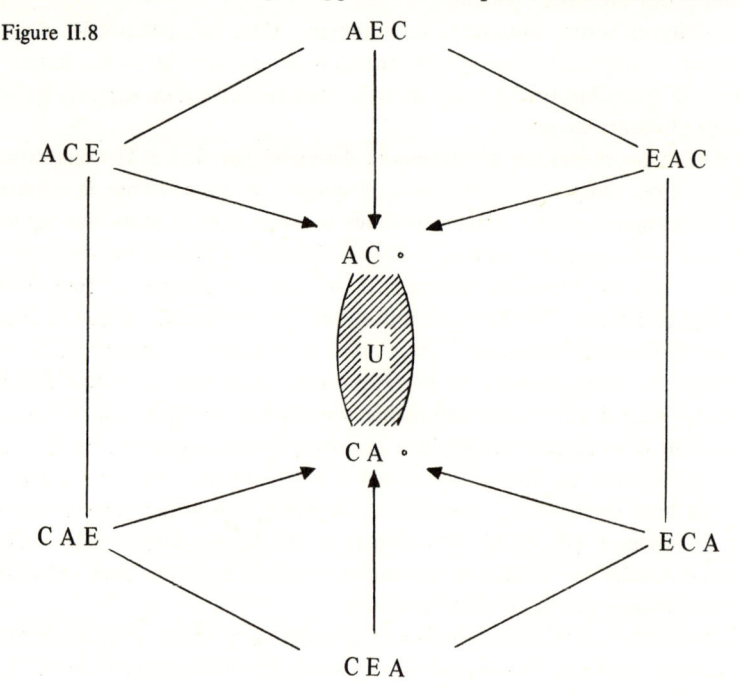

Figure II.8

En ce qui concerne le problème synoptique, cette correspondance entre ensembles de permutations ne comprenant pas le même nombre d'objets, a pour première conséquence de permettre le traitement dans un cadre théorique unique des passages de double et de triple recension. Elle évite ainsi de recourir à deux types différents d'interprétation tels que des contacts littéraires pour les épisodes à trois témoins et des documents divers pour les seuls épisodes communs à Matthieu et Luc.

Sa deuxième conséquence est d'ouvrir la voie à un agencement logique entre ces deux types d'explication. Toutes les hypothèses étant permises (et ayant été soutenues), rien n'interdit de supposer qu'un rédacteur ait pu obtenir les mêmes informations par des témoins différents. En particulier, n'aurait-il pu disposer d'un évangile antérieur (et certains parleraient de proto-évangile...), constituant une première synthèse dont l'ordonnance a influencé sa propre composition sans qu'il lui soit pour autant resté absolument fidèle, ayant pu, parfois, choisir l'ordonnance adoptée par un autre témoin ? Les sources présynoptiques comportaient vraisemblablement aussi peu de repères chronologiques que les évangiles actuels et devaient dans leurs passages communs offrir un désordre comparable à celui relevé entre Matthieu et Luc. De ce fait, un rédacteur utilisant différentes sources devait fréquemment se trouver confronté à un choix entre l'ordonnance d'une source et celle d'une autre. Tout en privilégiant dans l'ensemble l'une d'entre elles, il pouvait lui arriver d'aller à son encontre. Cette double influence se traduirait dans le schéma ci-après dans lequel les flèches doubles sont relatives à l'influence des diverses sources et les flèches simples à l'influence d'un contact avec une source privilégiée, à condition de considérer que cette première synthèse U a influencé mais non plus déterminé les choix des rédacteurs de S et de T dans leurs insertions des sources A, C et E.

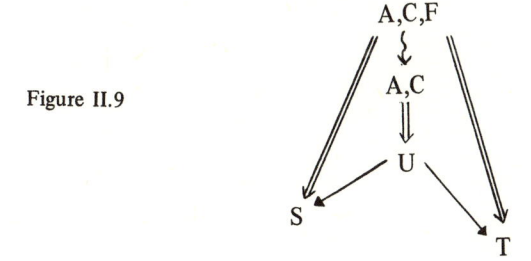

Figure II.9

Le schéma ci-dessus n'est, d'ailleurs, que l'un des schémas possibles, car dans la restriction à un fuseau bipolaire l'orientation des influences entre U, S et T sera notamment fonction des résultats fournis par les critères définis au chapitre I, section 3. Rien ne permet d'affirmer à l'avance que les corrélations partielles seront toutes du même ordre de grandeur. Tout au contraire, il se peut fort bien qu'elles conduisent à attribuer un rôle particulier à l'une des rédactions. Si tel était le cas, il conviendrait de rendre compte d'une manière ou d'une autre de cette différenciation et la correspondance entre fuseaux offre le moyen de construire un modèle d'interprétation homogène tenant simultanément compte des diverses influences qui ont pu s'exercer sur un rédacteur. De la sorte est préservée l'éventualité que soient simultanément valables et une interprétation par contacts littéraires et une interprétation en termes de documentation multiple. Cette double interprétation peut, en outre, être envisagée au sein d'un même modèle théorique qui, tout en lui assurant une homogénéité certaine, lui fournit aussi des critères précis de décision entre les diverses hypothèses susceptibles d'être avancées pour rendre compte des relations entre les synoptiques.

2. A LA RECHERCHE DES POLES

Si l'on admet le mécanisme d'une insertion à partir de sources connues, il convient maintenant de résoudre le problème inverse. Pour les synoptiques, seuls sont disponibles les résultats des processus d'insertion : les ordres adoptés par Matthieu, Marc et Luc. Ce sera donc à partir de la confrontation de ces réactions qu'il conviendra de reconstruire les processus d'insertion dont elles résulteraient et, par là-même, les sources utilisées. Dans cette nouvelle perspective, les processus ne sont plus que des hypothèses uniquement destinées à rendre compte des inversions d'une manière simple. En tant qu'hypothétiques, ils demeurent toujours contestables et leur validité ne dépendra que de leur efficacité pour traiter simultanément des accords d'ordre, des inversions ainsi que des doublets.

2.1. Sources et séquences

2.1.1. Représentations graphiques

Les représentations graphiques des permutations vont désormais jouer un rôle déterminant dans la recherche des pôles d'un fuseau. Ces représentations sont de deux types : représentation linéaire et représentation dite cartésienne.

La représentation linéaire
Sans en parler explicitement comme d'une représentation graphique, l'étude des inversions entre rangements a été effectuée précédemment au moyen de la représentation linéaire des permutations. Le principe en est simple : les objets sont disposés linéairement et tout objet d'une permutation est relié à lui-même sur l'autre permutation. Cette représentation, qui met surtout en évidence des différences, permet de comparer simultanément plus de deux permutations. Pour trois permutations, ce qui sera le cas pour les synoptiques, il suffit de redoubler l'une d'entre elles pour analyser leurs relations deux à deux et énumérer leurs inversions. Il est inutile d'en donner encore un exemple, il suffit de se reporter à la figure I.3. de la page 24.

La représentation cartésienne
Sous cette dénomination, ou sous celle de "graphique cartésien", il faut entendre une représentation rapportée, non plus à deux axes parallèles comme précédemment, mais à deux axes perpendiculaires et sur lesquels seront figurés les objets en fonction de leur rang. A l'intersection de ce que l'on continuera d'appeler "abscisse" et "ordonnée", sera à nouveau portée la

mention de l'objet qui occupe tel rang sur l'une des permutations et tel rang sur l'autre, comme on le voit sur le graphique ci-après :

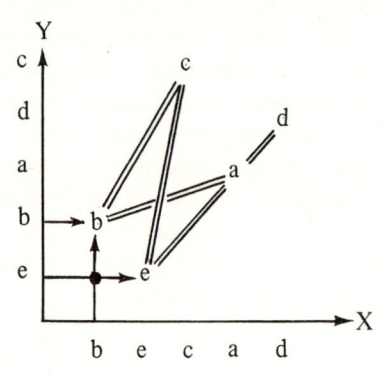

Figure II.10

Comme la précédente, cette représentation permet aussi le dénombrement des inversions à partir des intersections des perpendiculaires des objets sur chacun des axes. Ainsi en est-il du couple (b,e) sur le graphique ci-dessus. Mais le principal intérêt de ce type de représentation est de faire clairement apparaître quels objets ne présentent pas d'inversions entre eux. Ainsi en est-il pour tous les objets réunis par un trait double, compte tenu du fait qu'il s'agit d'une relation transitive : b est avant a sur les permutations, a est avant d ; donc b sera aussi avant d et il n'est pas utile de mettre un trait entre ces deux objets puisque l'on peut aller de l'un à l'autre en passant par a.

2.1.2. Source littéraire – Source mathématique

L'un des problèmes préliminaires consiste à donner un sens mathématique précis à la notion purement littéraire de source. Pour ce faire, reprenons les rédactions finales qui résultent des processus d'insertion P_1 et P_2 donnés au paragraphe 1.2. de la page 47. Nous avions :

Figure II.11

P_1	S_1 a c d f i	P_2	S_1 a c d f i
	S_2 b e g h j		S_2 b e g h j
X =	a b c e d g f h i j	Y =	b e a g c h d j f i

Si nous construisons une représentation cartésienne des permutations X et Y, comment les sources S_1 et S_2 se traduiront-elles sur le graphique ?

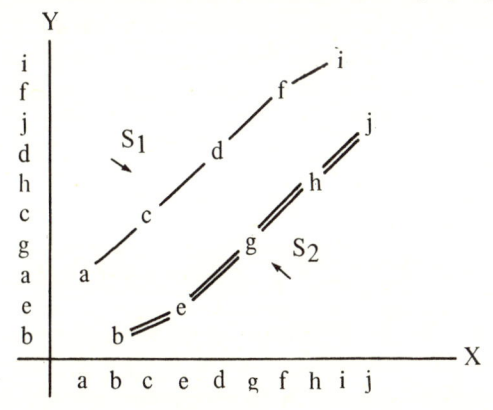

Figure II.12

Comme il fallait s'y attendre, les passages qui composent chacune des sources ne présentent jamais d'inversion entre eux, se répartissent sur deux lignes approximativement parallèles à la première bissectrice. Ceci n'est que la simple conséquence de l'hypothèse du respect de l'ordre qui entraîne que tout passage d'une source est supérieur par ses deux coordonnées à tout passage de la même source qui le précède dans cette source. On exprimera mathématiquement ce fait en disant que les passages a, c, d, f, i, d'une part et b, e, g, h, j, d'autre part, constituent les uns et les autres un "ordre total" : si on prélève deux passages quelconques dans l'un de ces groupes, il est toujours possible de dire lequel des deux précède l'autre simultanément sur X et sur Y. Désormais, ces ensembles de passages totalement ordonnés seront appelés des "séquences". On les désignera par la notation usuelle en plaçant leurs éléments entre parenthèses. Ainsi, dans l'ensemble précédent, on poserait :

$$S_1 = (a, c, d, f, i)$$

$$S_2 = (b, e, g, h, j)$$

Une séquence n'est donc rien d'autre qu'un sous-ensemble d'objets figurant dans le même ordre sur deux permutations et les séquences seront les correspondants mathématiques de la notion littéraire de source. De la sorte, lorsque l'on ne connaît que les rédactions finales (les permutations), le problème de la recherche de leurs sources devient celui de la détermination des sous-ensembles totalement ordonnés.

Rien de plus simple, sur un graphique cartésien, que de voir quels objets sont ou ne sont pas dans le même ordre que tel autre. Sur le graphique précédent, prenons l'objet g et subdivisons le plan en quadrants 1, 2, 3 et 4 autour de lui.

Les objets présentant une inversion avec g auront une de leurs coordonnées de rang inférieur et l'autre de rang supérieur. Ils se trouveront donc dans les quadrants 2 ou 4. Au contraire, les objets n'ayant pas d'inversion avec g auront leurs coordonnées toutes deux de rang inférieur, ou toutes deux de rang supérieur, ils seront donc situés dans les quatdrants 1 ou 3.

Figure II.13

```
         2  |  1
            |
      - - - 'g' - - -
            |
         3  |  4
```

Ce procédé permet de déterminer plusieurs sous-ensembles totalement ordonnés. Ainsi les sous-ensembles (a, c, h, i), (b, e, d, j) et (g, f) sont-ils aussi totalement ordonnés. Vont-ils pour autant être retenus comme séquences susceptibles de correspondre à des sources ? L'on voit surgir un nouveau problème : en fonction de quels critères choisira-t-on telles séquences plutôt que telles autres ? Cette question sera abordée au paragraphe 2.22. Auparavant, en supposant connues les séquences constitutives des processus d'insertion, voyons comment ceux-ci expliquent les inversions.

2.1.3. Insertions et inversions

La représentation cartésienne des résultats des processus d'insertion fait apparaître l'allure générale que les séquences semblent devoir présenter sur un tel graphique, mais elle masque, en partie du moins, le fait que ces processus d'insertion rendent compte des inversions entre les deux rédactions. La représentation linéaire est, cette fois-ci, plus adéquate. Portons donc les rédactions selon X et selon Y sur deux lignes parallèles en réunissant par un trait les objets identiques :

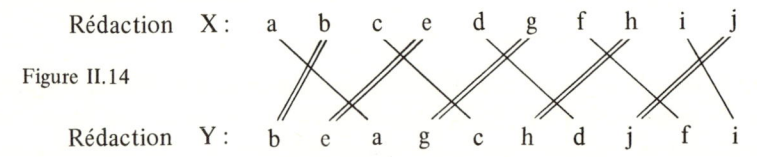

Rédaction X : a   b   c   e   d   g   f   h   i   j

Figure II.14

Rédaction Y : b   e   a   g   c   h   d   j   f   i

Les inversions sont ici au nombre de neuf, mais leur dénombrement a moins d'importance que leur répartition dont l'une des particularités est que les traits réunissant les objets d'une même source ne se coupent jamais entre eux. Ceci est aisé à constater sur cet exemple où les objets de la première source sont réunis par un trait simple et ceux de la seconde par un trait double. De tels traits seront qualifiés de "parallèles".

Ce graphique suggère de lui-même un premier procédé pour débrouiller l'écheveau des inversions en extrayant les objets unis par les traits parallèles. On obtient ainsi, et simultanément, les sources et les processus d'insertion de chaque rédacteur par une démarche rigoureusement inverse du mécanisme décrit au paragraphe 1.2. du chapitre II.

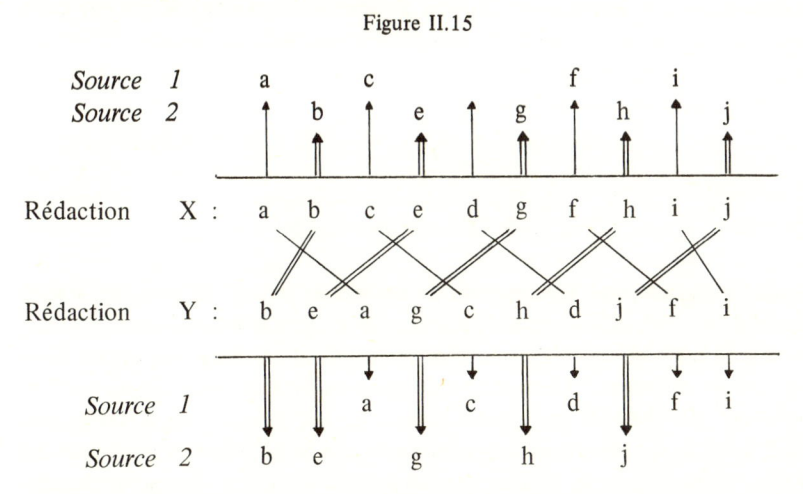

Figure II.15

```
Source  1      a        c           f        i
Source  2         b        e     g     h        j
```

Rédaction X : a b c e d g f h i j

Rédaction Y : b e a g c h d j f i

```
Source  1            a     c     d     f i
Source  2      b  e     g     h     j
```

Quoique très simple dans son principe, ce procédé, qui consiste somme toute à prolonger les traits parallèles, est pratiquement d'un maniement très lourd pour la détection effective des séquences. La représentation cartésienne se révèle nettement plus adéquate puisque les objets se placent d'eux-mêmes sur des lignes parallèles à la première bissectrice. L'intérêt de la représentation linéaire est donc surtout d'ordre théorique, car elle révèle bien comment sont engendrées les inversions à partir de processus d'insertion distincts.

En outre, elle contribuera aussi à la solution du problème laissé en suspens : "Comment choisir parmi toutes les séquences possibles ?"

2.2. Décomposition en séquences

2.2.1. Principe d'économie et décomposition unique

Le critère principal de la sélection des séquences s'énoncera très simplement : "Si les inversions peuvent s'expliquer à partir de deux séquences, il n'est pas nécessaire d'envisager une explication à partir de trois séquences". En d'autres termes, dans le cadre de l'hypothèse de sources disjointes, on recherchera une partition des passages en un nombre minimum de séquences. Ce principe d'économie ne se réfère aucunement au contenu ou à la signification des passages ainsi regroupés en une même classe dont la seule caractéristique est d'être totalement ordonnée. Le seul but que l'on se propose est donc l'obtention d'une décomposition que l'on qualifiera de minimale.

Dans certains cas particuliers, il n'est qu'une seule manière de réaliser cette partition ; on dira alors que la décomposition en classes est unique.

Ainsi, sur l'exemple précédent ont été détectées un certain nombre de séquences, dont un premier groupe :

$$S_1 = (a, c, d, f, i), \quad \text{et :} \quad S_2 = (b, e, g, h, j),$$

et un deuxième groupe constituant aussi une partition :

$$(a, c, h, i) - (b, e, d, j) - (g, f),$$

En vertu du principe d'économie, ce deuxième groupe ne sera pas retenu puisqu'il en existe déjà un dont le nombre de séquences est inférieur.

De plus, il n'est qu'une seule manière pour définir ces deux séquences. Tout autre choix conduirait à une décomposition en plus de deux classes ; si l'on choisissait, par exemple, les séquences (a, c, h, j) et (b, e, d, f, i), il resterait un objet, à savoir d, qui n'appartiendrait ni à l'une ni à l'autre. Il n'est donc ici qu'une seule façon de réaliser une partition en deux classes totalement ordonnées. C'est en ce cas que la décomposition minimale est qualifiée d'unique ; on dira encore qu'elle ne comporte qu'une seule solution. Les mêmes remarques sont valables pour les décompositions en plus de deux classes et donc pour les cas où un nombre de sources supérieur à deux serait à l'origine des rédactions. Lorsque les inversions entre deux permutations sont telles qu'elles aboutissent à une décomposition minimale unique, les pôles du fuseau dont relèvent ces permutations sont déterminés sans ambiguïté. Un raisonnement entièrement théorique permet de préciser les conditions que doivent vérifier les inversions pour aboutir à une décomposition minimale unique. Intuitivement il s'exprimerait de la manière suivante : en se reportant à la représentation linéaire de deux permutations X et Y de la figure II.13, on remarque qu'en se promenant sur les traits joignant les objets identiques il existe comme une sorte de chemin continu qui permet de passer d'une intersection à la suivante. On démontre que la condition nécessaire et suffisante d'une décomposition minimale unique est l'existence d'un tel chemin entre les inversions et cette démonstration se généralise à des décompositions en plus de deux séquences[3].

---

3. La démonstration, qu'il n'y a pas lieu de donner ici, repose sur la construction d'un graphe d'inversions (deux objets seront réunis par un trait s'ils présentent une inversion), et la définition d'une fonction de Gründy sur ce graphe.

2.2.2. Solutions multiples

Reprenons les deux permutations X et Y précédentes, en faisant toutefois subir à Y une légère modification en inversant les deux objets consécutifs g et c. Le graphique linéaire de X et, disons Y', devient :

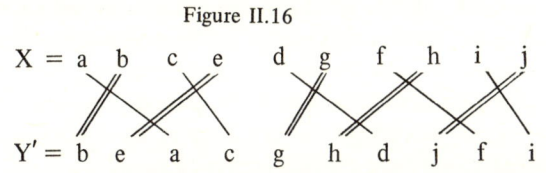

Figure II.16

$$X = a \quad b \quad c \quad e \quad d \quad g \quad f \quad h \quad i \quad j$$
$$Y' = b \quad e \quad a \quad c \quad g \quad h \quad d \quad j \quad f \quad i$$

Comme on le remarque aussitôt, il n'est plus de chemin continu entre les intersections et il existe deux décompositions minimales possibles, ou encore la décomposition comporte deux solutions, à savoir :

première solution : S_1 = (a,c,d,f,i) et S_2 = (b,e,g,h,j);

deuxième solution: S'_1 = (a,c,g,h,j) et S'_2 = (b,e,d,f,i).

Au niveau de l'interprétation de ces séquences en termes de sources, cette multiplicité des solutions signifierait qu'en l'un et l'autre cas nous avons toujours deux sources mais qu'il existe cette fois deux manières distinctes pour constituer ces sources. On remarquera que tout choix autre que l'une ou l'autre de ces solutions aboutirait à plus de deux séquences, c'est-à-dire à une décomposition non minimale qui serait à rejeter en fonction du principe d'économie adopté plus haut. Ainsi, lorsqu'une décomposition minimale comporte plusieurs solutions, existe-t-il une indétermination dans le regroupement des passages en classes totalement ordonnées[4]. Les conditions à remplir pour qu'une décomposition soit unique sont très strictes et l'exemple ci-dessus montre qu'une très légère modification détruit l'unicité de la solution. Il y a tout lieu de penser que les concordances d'ordre entre les synoptiques refuseront de se plier sous les fourches caudines des exigences mathématiques ! Quel nouveau critère, dès lors, inventer pour rendre telle des solutions plus vraisemblable que telle autre ? En fait, il s'agit moins, comme on le verra, de recourir à de nouveaux critères que d'envisager toutes les conséquences de ceux qui ont été admis jusqu'ici en acceptant d'atténuer quelque peu leur rigidité.

---

4. N'est étudié ici que le cas le plus simple de deux sources. Rien n'interdit d'envisager des décompositions minimales aboutissant à trois séquences, ces décompositions pouvant comporter une seule ou plusieurs solutions.

2.2.3. Différence des rangs

Si la décomposition minimale comporte plusieurs solutions, rien ne semble permettre, en fonction de l'ordre seul, de choisir entre elles. Faudrait-il alors recourir à un critère externe, voisinage lexical ou signification des passages, pour sélectionner parmi les solutions celle qui serait susceptible de correspondre à des sources éventuelles ? Une analyse plus fine des processus d'insertion reliés à chacune des solutions montrera qu'il n'en est rien.

Reprenons donc les deux solutions de la décomposition des rédactions X et Y' et considérons successivement les couples de processus d'insertion qui seraient susceptibles d'avoir engendré ces rédactions.

La première solution propose comme sources les deux séquences (a,c,d,f,i,) et (b,e,g,h,j). Les processus d'insertion seraient alors les suivants :

Figure II.17

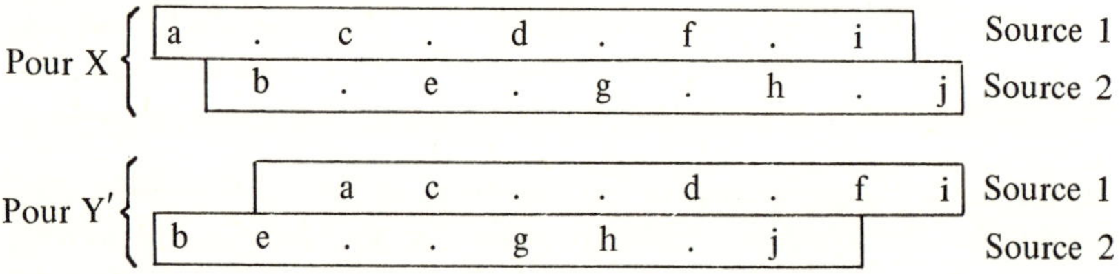

Pour X
```
| a  .  c  .  d  .  f  .  i       | Source 1
     | b  .  e  .  g  .  h  .  j  | Source 2
```

Pour Y'
```
    | a  c  .  .  d  .  f  i |    Source 1
| b  e  .  .  g  h  .  j |         Source 2
```

Dans la deuxième solution, les sources correspondraient aux séquences (a,c,g,h,j) et (b,e,d,f,i). Les processus d'insertion seraient :

Figure II.18

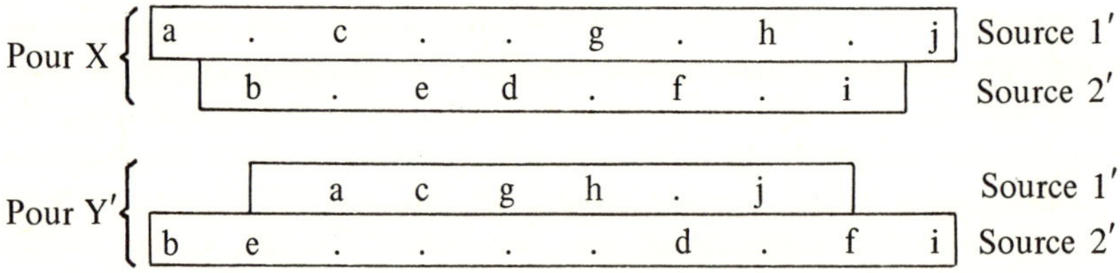

Pour X
```
| a  .  c  .  .  g  .  h  .  j |   Source 1'
     | b  .  e  d  .  f  .  i  |   Source 2'
```

Pour Y'
```
    | a  c  g  h  .  j |            Source 1'
| b  e  .  .  .  .  d  .  f  i |    Source 2'
```

Comparons entre eux ces deux couples de processus. Le premier présente, pour l'un et l'autre des processus, une certaine régularité : tout se passe comme si le rédacteur X avait tendance à placer les passages de la source 1 avant ceux de la source 2 alors que le rédacteur Y' a tendance à les placer après et ce avec une alternance assez régulière. Il en va autrement pour les processus du deuxième couple : ici l'une des sources se trouve condensée au centre du récit alors que l'autre s'étend sur toute sa longueur avec, en outre, changement de la source regroupée lorsque l'on passe du rédacteur X au rédacteur Y' puisque X regroupe la source 2' et Y la source 1'.

Si l'on considère, d'une part, la régularité du premier couple de processus et si l'on rappelle, d'autre part, que la décomposition est alors la même que la solution unique pour les permutations X et Y (cf. chapitre II, paragraphe 2.2.1.) et que Y' ne diffère de Y que par une seule inversion (cf. chapitre II, paragraphe 2.2.2.), il y a tout lieu de préférer la première solution à la seconde. Ce choix sous-entend que les rédacteurs ont une attitude relativement stable vis-à-vis de leurs sources qui les conduit à insérer de préférence tel passage avant tel autre. Une telle hypothèse pourrait être qualifiée de "Hypothèse de l'insertion alternée"[5]. Est-ce une hypothèse véritablement nouvelle ? L'une de ses conséquences est de permettre l'identification de la solution à laquelle aurait aboutit une décomposition minimale unique par le simple calcul de la différence entre les rangs occupés par un même passage sur deux rédactions. Rappelons, en effet, qu'il y a décomposition minimale unique s'il existe ce chemin continu entre les inversions. Ainsi en était-il des permutations X et Y du paragraphe 2.1.3. du chapitre II :

Figure II.19

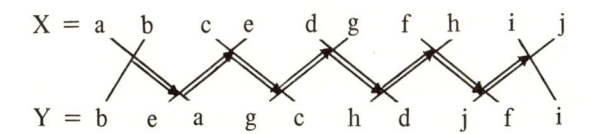

$$X = a \quad b \quad c \quad e \quad d \quad g \quad f \quad h \quad i \quad j$$
$$Y = b \quad e \quad a \quad g \quad c \quad h \quad d \quad j \quad f \quad i$$

Si l'on calcule sur cet exemple la différence : rang d'un objet sur X moins rang de cet objet sur Y, il est immédiat que les passages de la source 1 auront tous une différence négative et ceux de la source 2 une différence positive. En fait, une décomposition minimale unique en deux séquences implique une répartition des différences de rangs en deux classes. Condition nécessaire, elle n'est pas pour autant condition suffisante, puisqu'une répartition en deux classes peut se présenter sans qu'il y ait décomposition minimale. En un tel cas, la solution indiquée par la différence des rangs correspond à la solution qui aurait été celle d'une décomposition minimale unique. L'hypothèse de l'insertion alternée ne fait que traduire cette relation entre différence des rangs et décomposition unique.

5. Cette hypothèse de l'insertion alternée sera reprise au chapitre suivant lors de l'analyse des doublets (paragraphe 3.221) et justifiée par des arguments empruntés aux synoptiques eux-mêmes. (*Cf.* p. 83 et 85).

Continuons ainsi sur le même exemple, en remplaçant comme précédemment Y par Y', avec :
$$Y' = b\ e\ a\ c\ g\ h\ d\ j\ f\ i$$
et calculons la différence des rangs d'un même objet sur ces deux permutations :

Figure II.20

Passages	a	b	c	d	e	f	g	h	i	j
Rangs sur X	1	2	3	5	4	7	6	8	9	10
Rangs sur Y	3	1	4	7	2	9	5	6	10	8
Différences	-2	+1	-1	-2	+2	-2	+1	+2	-1	+2

Tous les passages de le première source ont une différence négative et ceux de la seconde une différence positive. Parmi les deux solutions de la décomposition, l'on retiendra donc celle pour laquelle les passages relèvent d'une même classe relativement à la différence des rangs. Sur l'exemple choisi, les différences sont de faible amplitude, car les processus d'insertion sont assez voisins l'un de l'autre et ne portent que sur deux sources. Il en va tout autrement pour les synoptiques où les différences entre rangs aboutissent à constituer plusieurs classes au sein desquelles, surtout pour les classes centrales, les passages sont presque totalement ordonnés.

Naturellement, rien n'interdit de supposer qu'un rédacteur procède tout autrement et regroupe ses emprunts à tel ou tel endroit de sa narration. A première vue, il semblerait même que les deux incises de Luc constituent une assez bonne illustration de ce procédé de composition. Il est toutefois assez généralement admis que ces incises lucaniennes relèvent de plusieurs sources et l'étude de leurs concordances d'ordre avec Matthieu confirmerait cette opinion. Or, si l'on considère la localisation de ces passages en Luc et Matthieu, tout se passe effectivement comme si Matthieu situait certains de ses emprunts de préférence au début de son évangile alors que Luc les plaçait beaucoup plus tardivement. Et de fait, c'est à partir de cette constatation d'un décalage entre les rangs des emprunts et de la régularité de ce décalage pour un nombre important de passages que nous avons été conduits à cette hypothèse de l'insertion alternée. Il s'est révélé, par la suite, que l'analyse de la répartition des doublets venait confirmer les regroupements effectués à partir de cette hypothèse.

Chapitre III

THEORIE DES REPETITIONS

1. LES DOUBLETS SYNOPTIQUES

Les rédactions de Matthieu et de Luc comportent un nombre relativement important de répétitions soit d'une même sentence soit d'un même épisode à deux, ou plus rarement trois, endroits différents d'un même évangile. Ce phénomène est nettement moins fréquent dans la rédaction de Marc. Ces répétitions, ou "doublets", ont parfois été interprétés comme le résultat de l'interférence de plusieurs sources distinctes mais comportant la mention d'un même événement. Cependant, à notre connaissance, les analyses qui en ont été faites portent uniquement sur le contenu de ces passages répétés sans que leur répartition au cours d'un récit ait été l'objet d'une étude systématique. Or, il se trouve que pour une bonne partie de ces doublets cette répartition est loin d'être quelconque. Elle suggère ainsi une extension de la théorie des insertions pour tenir compte de ces répétitions, dont il convient d'abord de préciser quelques particularités.

1.1. Typologie sommaire des doublets

1.1.1. Doublets simultanés

On entend sous ce qualificatif des répétitions qui se retrouvent sur deux ou trois recensions. Pour celles à trois témoins, fort peu nombreuses, la plupart des exégètes se refusent à les considérer comme de véritables doublets et n'en dressent parfois même pas le relevé synoptique. Ainsi en va-t-il pour les épisodes du "Baptême" et de la "Transfiguration" qui, tous deux et dans les trois recensions, relatent qu'une voix se fit entendre du ciel disant *"Celui-ci est mon fils, le bien aimé, en toi je me suis complu"*. Il en va pareillement de la formule (on dit aussi du refrain) *"Que celui qui a des oreilles pour entendre, entende !"* qui figure trois fois en Matthieu et en Marc et deux fois en Luc. Dans ces deux exemples, les expressions utilisées sont très voisines les unes des autres ou même identiques et ne prêtent pas à contestation. D'autres cas, par contre, sont d'une interprétation plus délicate en ce sens que tel passage évoque tel autre bien plus qu'il n'en est la répétition. Prenons les deux péricopes "Qui est le plus grand" et "Le devoir des chefs", situées respectivement en Marc 9 33-37 et 10 42-45 et sur lesquelles on relève les concordances suivantes avec les deux autres témoins.

Marc 9	Matthieu 23	Luc 9
35b *Si quelqu'un veut être premier il sera dernier de tous et serviteur de tous*	11 *Le plus grand de vous sera* *votre serviteur*	48c *(car le plus petit parmi vous tous celui-là est grand)*
10	**20**	**22**
43 *Or, il n'en est pas ainsi parmi vous mais qui voudra devenir grand parmi vous sera votre serviteur*	26 *Il n'en est pas ainsi parmi vous mais qui voudra devenir grand parmi vous sera votre serviteur*	26 *Or, vous n'agissez pas ainsi* *mais que le plus grand parmi vous devienne comme le plus jeune*
44 *et qui voudra parmi vous être premier sera esclave de tous*	27 *et qui voudra parmi vous être premier sera esclave*	*et celui qui gouverne comme celui qui sert*

Pour Marc et Matthieu, dont les versions sont littéralement proches, la répétition est nette. Pour Luc, il peut y avoir hésitation : il s'agit bien d'un thème semblable, mais exprimé différemment et que l'on retrouve encore en un autre de ses doublets : *"Car quiconque s'élève sera abaissé, et qui s'abaisse sera élevé"* (14 ^{11} = 18 ^{14}). Ce voisinage thématique est d'ailleurs accusé par Matthieu qui situe cette dernière sentence en 23 ^{12} en conclusion d'une envolée contre les pharisiens qui *"aiment la place d'honneur dans les dîners et les sièges d'honneur dans les synagogues"* et dont doivent se distinguer les disciples car *"le plus grand de vous sera votre serviteur"* [1].

Les doublets simultanés les plus assurés concernent des passages à deux témoins. Le voisinage lexical n'empêche cependant pas toute controverse. L'exemple le plus net en est la première et la deuxième multiplication des pains à propos desquelles les spécialistes se demandent s'il s'agit d'un même événement mentionné à deux reprises ou de la mention par Marc et Matthieu (puisque Luc ne relate que la première) de deux événements différents. Une analyse strictement ordinale ne peut prendre en considération une telle interprétation historique. Son seul but est de dévoiler, si elles existent, et d'interpréter dans le cadre d'un certain modèle, les caractéristiques des concordances d'ordre. Sur ce point précis, elle retiendra donc uniquement le fait qu'une multiplication des pains est mentionnée à deux reprises, et en termes voisins, sur plusieurs versets, par Marc et par Matthieu et que la deuxième mention termine toute une série d'épisodes de double recension qui semblent avoir été ignorés par Luc.

Moins contestés sont les doublets simultanés de Luc et de Matthieu. Prenons pour exemple la maxime suivante :

Matthieu 13	Marc 4	Luc 8
12	25	18b
Car celui qui a	*Car celui qui a*	*Car celui qui a*
Il lui sera donné	*Il lui sera donné*	*il lui sera donné*
et il sera dans		
l'abondance		
Mais celui qui n'a pas	*Et celui qui n'a pas*	*Et celui qui n'a pas*
même ce qu'il a	*même ce qu'il a*	*même ce qu'il pense avoir*
lui sera enlevé	*lui sera enlevé*	*lui sera enlevé*

1. Sur un thème voisin *"les derniers seront premiers"* on relèverait aussi Matthieu 19^{30} = Marc 10^{31} = Luc 13^{30} et Matthieu 20^{16}.

Matthieu 25

29
Car
à quiconque possède
il sera donné
et il sera dans
l'abondance
Mais à qui n'a rien
même ce qu'il a
lui sera enlevé

Luc 19

26
Car je vous dis :
à quiconque possède
il sera donné

Mais à qui n'a rien
même ce qu'il a
sera enlevé

De ces exemples, on retiendra deux caractéristiques principales de la répétition dans les synoptiques : tout d'abord, les passages qualifiés de doublets sont en général très courts (un ou deux versets, le plus fréquemment un fragment de verset) et, sauf rares exceptions, ils se rapportent à une maxime ; ensuite, les répétitions sont rarement identiques mot pour mot, dans bien des cas l'une des versions évoque l'autre sans la reprendre intégralement.

1.1.2. Contexte d'un doublet

Pour une analyse ordinale, l'existence d'un doublet ne prend de sens que par sa situation au sein des rédactions qui le mentionnent. Ces passages étant très courts, cette situation gagne à être précisée par l'environnement dont relève le doublet et que nous appellerons son contexte. Anticipant quelque peu sur les problèmes de segmentation des textes, on entendra par "contexte d'un doublet" les versets qui le précèdent ou qui le suivent et qui présentent des concordances entre deux recensions[2].

Ainsi, sur le doublet précédent sera-t-on conduit à distinguer trois contextes : deux pour la première mention en raison du parallélisme entre Marc et Luc et que Matthieu ne suit pas et un contexte pour la deuxième mention qui ne porte que sur des versets de la double recension Matthieu-Luc. La première mention du doublet en Matthieu relève d'une péricope de triple recension, "Les mystères du Royaume", au sein de laquelle Marc et Luc omettent tous deux ce seul verset. La première mention du doublet en Luc appartient à une péricope rapportée uniquement par Marc et Luc : "La révélation du

---

2. Ainsi défini, le contexte d'un doublet est une notion strictement ordinale et aucunement sémantique.

mystère". Pour sa deuxième mention, le doublet relève d'un contexte identique en Matthieu et Luc, la parabole des "Mines" et des "Talents" (on acceptera le parallélisme entre les versions qu'en donnent chacun de ces rédacteurs).
Ce jeu des contextes, indispensable à l'analyse ordinale des doublets synoptiques, serait dans le cas présent, schématisable de la manière suivante :

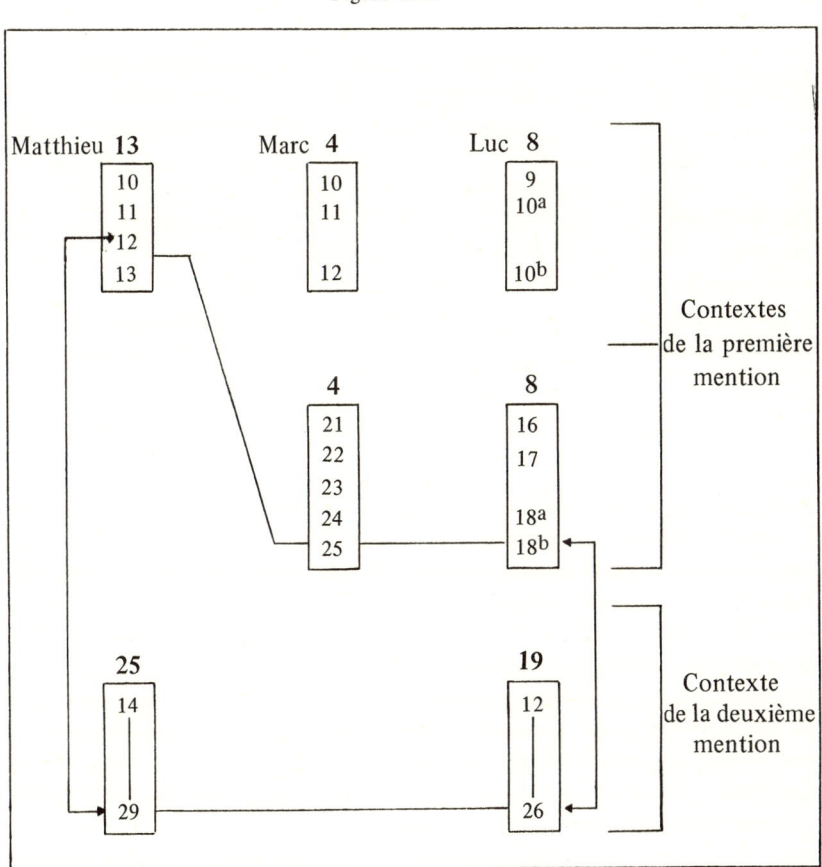

Figure III.1

1.1.3. Les doublets simples

Au premier abord, les doublets qualifiés de simples paraissent ne soulever aucun problème différent de ceux des doublets simultanés : il s'agit uniquement d'une répétition qui ne figure que sur une seule recension.

72 Théorie des répétitions

Prenons pour exemple un doublet de Luc comportant un parallèle avec Marc dans sa première mention et un parallèle avec Matthieu dans sa seconde :

Matthieu 12	Marc 9	Luc 9
	40 *Car qui n'est pas contre nous est pour nous*	50b *Car qui n'est pas contre vous est pour vous*
30 *Qui n'est pas avec moi est contre moi et qui n'amasse pas avec moi, dissipe*		**11** 23 *Qui n'est pas avec moi est contre moi et qui n'amasse pas avec moi, dissipe*

Bien que les deux versions de Luc ne soient pas identiques et que l'équivalence des significations soit contestable, ces deux sentences sont généralement considérées comme un doublet. Admettant cet accord des spécialistes, ce doublet pose deux problèmes lorsqu'on étudie les contextes dont ils relèvent : d'abord le regroupement des doublets en Luc, ensuite la présence d'un doublet de Matthieu au début du même contexte.
Le premier de ces problèmes sera très rapidement évoqué : sur les cinq versets de Luc 9 $^{46-50}$ on ne relève pas moins de quatre doublets. Une constellation comparable de trois doublets se trouve au chapitre 8 sur trois versets successifs : 16, 17 et 18. Les doublets sur deux versets successifs ou du moins proches l'un de l'autre sont presque la règle.
Pour présenter le deuxième de ces problèmes, considérons le contexte auquel appartient la deuxième mention avec son parallèle en Matthieu. Il s'agit d'une série de concordances regroupées sous le titre "Guérison d'un possédé, discussion sur Belzéboul". Ces passages sont aussi partiellement rapportés par Marc. Or, les premiers versets de Matthieu, qui sont relatifs à la guérison et dont Marc ne parle pas, font aussi l'objet d'un doublet. Pour ne s'en tenir

qu'aux concordances entre Matthieu et Luc, la répartition schématique des doublets serait la suivante :

Matthieu 9	Matthieu 12	Luc 2	Luc 9
32	22	14	
33 ←———————→ 23			
34	24	15	
	25	17	
	26	18	
	27	19	
	28	20	
		21	
	29	21	
		21	
	30 ——————————— 23 ←———————→ 50		

Sur cet exemple, une séquence de concordances portant sur neuf versets commence par un doublet et se termine par un doublet. Sans être la règle, ce phénomène est néanmoins assez fréquent pour qu'au cours de l'établissement des listes de concordances le doublet soit apparu comme l'indice à peu près assuré d'une rupture de concordance. Ce n'est pas le seul point à relever. L'étude des doublets au travers de leurs contextes offre la possibilité de dégager une autre de leurs caractéristiques assez inattendue.

1.2. La répartition des doublets

1.2.1. Enclenchements de doublets

L'exemple précédent avait été choisi, parmi quelques autres, en raison de la clarté avec laquelle il révélait la localisation des doublets aux extrémités d'une série de concordances. Tout en présentant cette même caractéristique, d'autres cas apparaîtraient comme moins frappants, soit que la série des concordances

74 *Théorie des répétitions*

ait une longueur moindre, soit qu'elle ne comporte qu'un seul doublet à son début ou à sa fin. Mais leur analyse permet alors de faire apparaître le mécanisme de l'enclenchement des doublets les uns par les autres et qui est le suivant :

Une séquence initiale de parallélismes comporte la première mention d'un doublet. Si l'on se reporte à sa deuxième mention, le contexte est constitué par une série de concordances qui comprennent à nouveau un autre doublet, et, à son tour, celui-ci renvoie à une suite de concordances qui contient encore un nouveau doublet, et ainsi de suite, les chaînes construites de la sorte pouvant être fort longues.

Une représentation très schématique de ce processus serait donnée par le diagramme ci-après dans lequel les doublets sont identifiés par les lettres a, b, c, d, et leurs première et deuxième mentions par les chiffres 1 et 2 :

Figure III.3

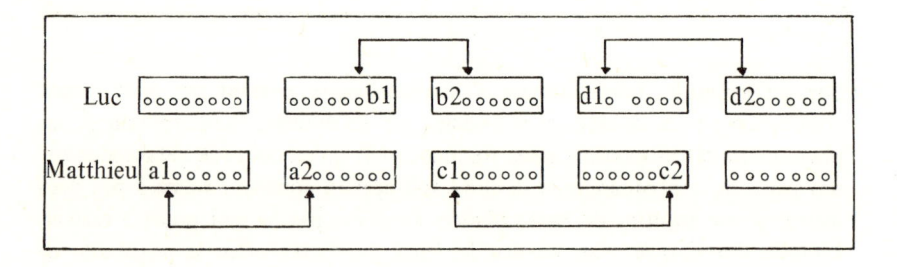

Sur ce schéma, les divers passages concordants ne sont pas nécessairement placés dans leur ordre de succession naturelle. Si, par exemple, Luc est choisi comme rangement témoin, le troisième passage de Matthieu peut fort bien être situé avant le premier ou après le dernier. Une illustration de ce mécanisme sera construite à partir des trois doublets de Luc 8 [16], [17], [18] dont les concordances avec Matthieu sont données à la page suivante :

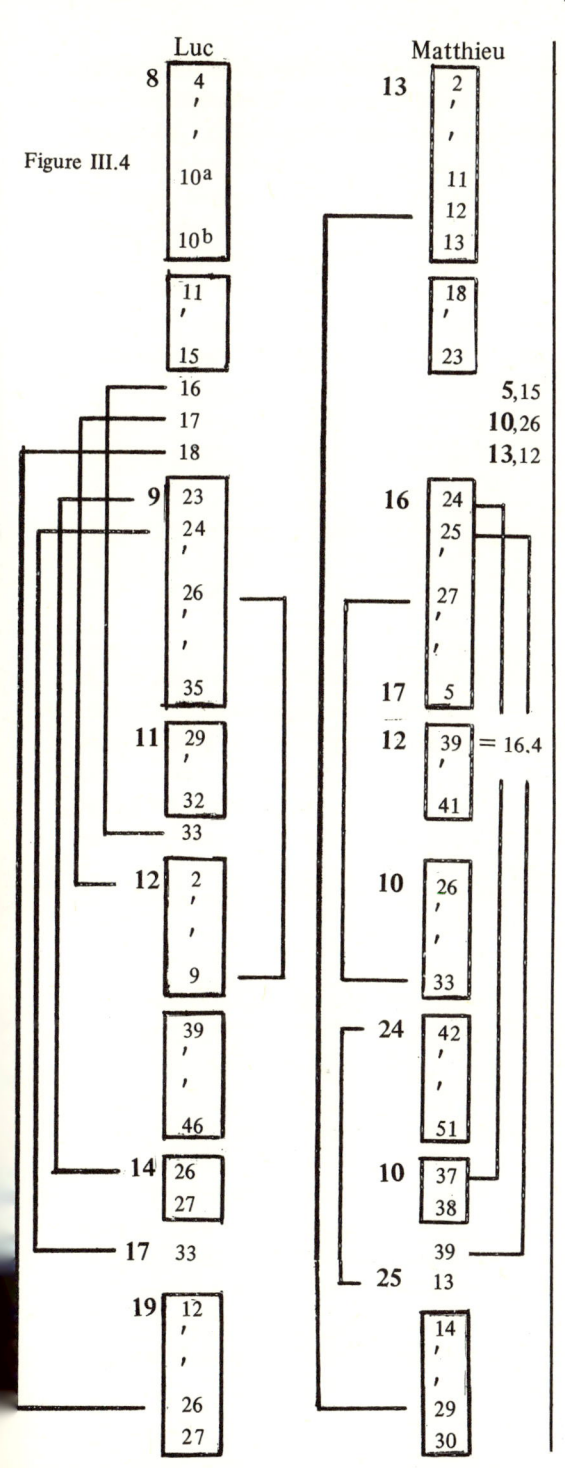

Les doublets synoptiques 75

Figure III.4

Luc	Matthieu		Thèmes
8 [4,,,10a,10b]	13 [2,,,11,12,13]		PARABOLE DU SEMEUR
			Car celui qui a...
[11,,15]	[18,,23]		EXPLICATION DU SEMEUR
16		5,15	*Logion sur la lampe*
17		10,26	*Il n'est rien de caché...*
18		13,12	*Car à celui qui a...*
9 [23,24,,26,,,35]	16 [24,25,,27,,,]		*Si quelqu'un veut venir à ma suite...*
			Qui voudra sauver son âme...
			De lui rougira le fils de l'homme...
			LA TRANSFIGURATION
	17 [5]		*Celui-ci est mon fils...*
11 [29,,32,33]	12 [39,,41]	= 16,4	LE SIGNE DE JONAS
			Logion sur la lampe
			Il n'est rien de caché...
12 [2,,,9]	10 [26,,,33]		*Je le renierai devant mon père...*
[39,,,46]	24 [42,,,51]		*Veillez donc...*
			LE MAITRE DE MAISON
			L'INTENDANT FIDELE
14 [26,27]	10 [37,38]		*Si quelqu'un vient à moi...*
17 33	25 39,13		*Qui voudra sauver son âme...*
19 [12,,,26,27]	[14,,,29,30]		MINES ET TALENTS
			Car à celui qui a...

Le procédé de construction de cette représentation schématique (où tous les doublets ne sont pas mentionnés), est des plus simples : le doublet de Luc, $8^{17} = 12^2$ a sa deuxième mention dans un contexte qui va de 12^2 à 12^9 et auquel correspond Matthieu 10^{26-33} et ce dernier verset a un doublet en 16^{27} (contesté par certains exégètes), et au sein de ce nouveau contexte figure un doublet simultané qui renvoie à son tour à une autre partie des synoptiques, etc. L'étude de cet exemple est reprise au chapitre III, paragraphe 1.2.2.

Dans certains cas, plus rares, les premières mentions de doublets simples mais relevant d'un même contexte sur deux témoins, renvoient par leurs deuxièmes mentions à un autre contexte qui est encore le même pour ces témoins, selon un schéma du type :

Figure III.5

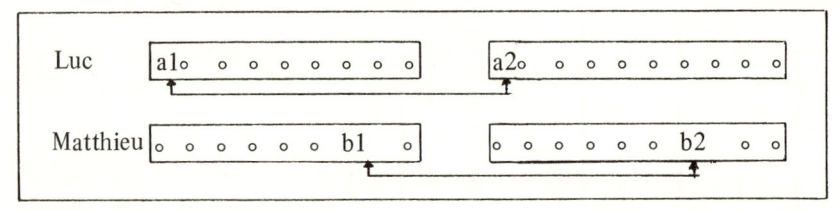

qui est exactement réalisé pour les deux paraboles "Questions sur la vie éternelle" et "Le jeune homme riche" lesquelles comprennent un doublet de Luc et un doublet de Matthieu sur un verset différent. Toutes deux présentent un texte parallèle de Marc, mais celui-ci n'effectue aucune répétition. Signalons au passage que la première de ces péricopes est située non loin du début de la "Grande Incise" de Luc et que la seconde est située peu après la fin de cette même incise.

Figure III.6

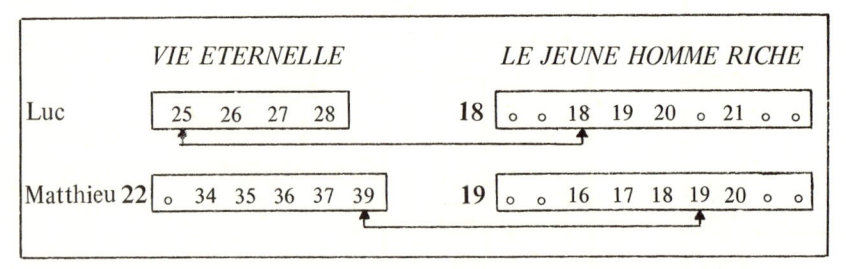

Certes, les doublets ne présentent pas tous cette caractéristique. Il en est dont les deux mentions sont de recension unique. Tel est celui de Matthieu : *"Miséricorde je veux, et non sacrifice"* ($9^{13b} = 12^{7a}$). Il en est aussi dont l'une des mentions appartient à une péricope à un seul témoin. Toutefois si la répétition d'une même sentence n'avait dépendu que de la seule liberté des rédacteurs, ces deux derniers cas devraient être largement majoritaires. Il y a, en effet, peu de chances pour que deux évangélistes aussi différents par leurs perspectives doctrinales que Luc et Matthieu aient simultanément choisi de répéter fréquemment des maximes relevant des mêmes contextes. Aussi, ces relations qui existent entre les doublets lorsqu'ils sont incorporés à leurs contextes paraissent-elles constituer l'un des traits pertinents des répétitions synoptiques en vue d'une analyse ordinale et pour leur interprétation en termes d'insertion de sources.

1.2.2. Doublets et inversions

L'on n'aura pas manqué de relever sur les deux exemples précédents que les enclenchements de doublets par l'intermédiaire de leurs contextes sont associés à des inversions. Si l'on ordonne les passages par rapport à l'un des rédacteurs – et Luc a toujours été pris comme rangement témoin – les passages parallèles de l'autre recension ne se trouvent plus dans leur ordre naturel. Cela est évident sur le dernier de ces exemples où les deux péricopes figurent en Luc et en Matthieu dans l'ordre inverse, ce qui nous amène à étudier de plus près la première succession d'enclenchements en restituant les passages de Matthieu dans leur ordre de rédaction. Pour simplifier la présentation des concordances, les contextes ne seront mentionnés que par les deux versets qui en marquent les extrémités. Deux contextes concordants seront réunis par un trait et les doublets seront simplement indiqués par un trait horizontal entre les contextes où figurent leurs deux mentions. Soit donc :

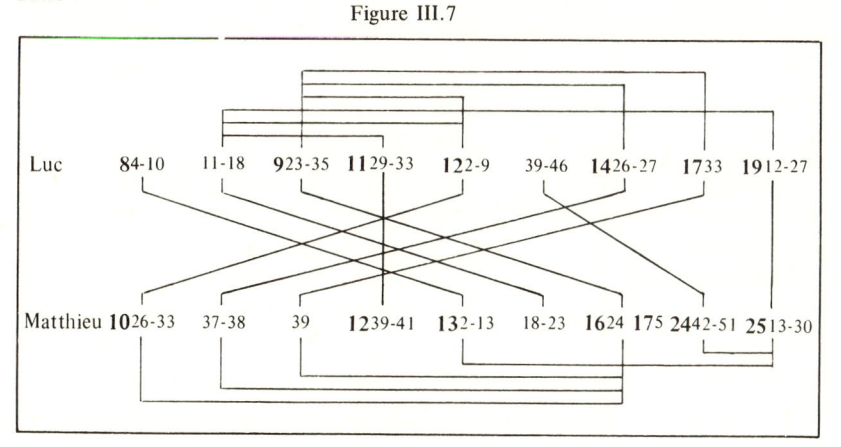

Figure III.7

Luc   8 4-10   11-18   9 23-35   11 29-33   12 2-9   39-46   14 26-27   17 33   19 12-27

Matthieu 10 26-33   37-38   39   12 39-41   13 2-13   18-23   16 24   17 5   24 42-51   25 13-30

Sur ce graphique linéaire, portant sur un exemple réel et non plus théorique, inversions et répétitions relèvent-elles d'une même interprétation ?

78 *Théorie des répétitions*

Pour commencer par les inversions, si on utilise le procédé décrit au chapitre II, paragraphe 2.1.3., on est obligé de constituer trois séquences, mais la décomposition comporte plusieurs solutions. Pour en simplifier l'exposé, attribuons à chacun des neuf passages une lettre de A à I en suivant l'ordre de Luc. Le graphique simplifié, équivalent au précédent, sera alors :

Figure III.8

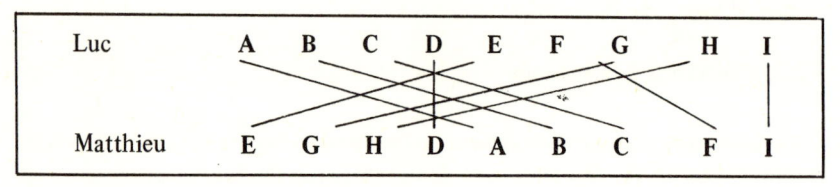

Luc	A	B	C	D	E	F	G	H	I
Matthieu	E	G	H	D	A	B	C	F	I

Les trois séquences ci-après constitueraient l'une des solutions :
$$S_1 = (A, B, C, F)$$
$$S_2 = (D, I)$$
$$S_3 = (E, G, H)$$
D'autres partitions en trois classes de passages totalement ordonnés correspondraient encore à des solutions d'une décomposition minimale. Citons entre autres :

(A, B, C, F, I) – (E, G, H) – (D)
(A, B, C) – (E, G, H, I) – (O, F)
(A, B, C) – (E, G, H) – (O, F I)

Pour sélectionner parmi ces diverses solutions celles dont les séquences correspondraient le plus vraisemblablement à des sources (en fonction des seuls critères d'ordre exposés dans le chapitre précédent), calculons les différences entre les rangs des passages :

Figure III.9

Passages	*A*	*B*	*C*	*D*	*E*	*F*	*G*	*H*	*I*
Rang Luc	1	2	3	4	5	6	7	8	9
Rang Matthieu	5	6	7	4	1	8	2	3	9
Différences	–4	–4	–4	0	–2 4		5	5	0

Les résultats subdivisent les passages en trois classes : différences négatives, nulles et positives. En fonction des remarques du chapitre II, paragraphe

2.2.3., ces classes doivent être les mêmes que celles que l'on aurait obtenues si la décomposition minimale n'avait comporté qu'une solution. Remarquons en passant que pour avoir une décomposition unique, il suffirait que le passage I présentât une inversion avec les passages H ou F. Nous retiendrons donc comme solution les trois séquences S_1, S_2 et S_3 mentionnées ci-dessus. La première regroupe les passages dont les différences sont négatives, la seconde les passages de différence nulle et la troisième les passages de différences positives.

Ce choix étant effectué, la répartition des doublets présente-t-elle une caractéristique particulière ? La réponse est à peu près évidente. Le graphique de concordances entre Luc et Matthieu nous montre que les inversions et les répétitions sont très étroitement associées entre elles du seul fait que *les deux mentions d'un doublet n'appartiennent jamais à la même séquence.*

Par exemple, le passage B de Luc, soit 9 $^{23-35}$, qui relève de S_1 contient la première mention de trois doublets :

"Si quelqu'un veut venir à ma suite",   dont la deuxième mention est en 14$^{26-27}$, soit le passage G, qui relève de S_3

"Qui voudra sauver son âme...",   dont la deuxième mention est en 17^{33} soit le passage H, encore en S_3

"De lui rougira le fils de l'homme",   doublet contesté en Luc mais parallèle à un doublet de Matthieu, dont la deuxième mention est en 12$^{2-9}$ soit le passage E qui relève toujours de S_3

Des remarques identiques s'imposent pour les autres doublets de Luc et les doublets de Matthieu. Ainsi, pour ces neuf passages des synoptiques, dont il convient de souligner qu'ils n'ont aucunement été sélectionnés dans ce but, lorsque la première mention d'un doublet appartient à une séquence, sa deuxième mention appartient toujours et sans exception à une autre des séquences définies à partir de la différence des rangs entre passages.

Cette liaison des inversions et des répétitions suggère une même interprétation des unes et des autres en termes d'insertion de sources, non plus disjointes comme précédemment, mais comportant entre elles des passages parallèles. Pour mieux comprendre cette liaison, il devient nécessaire d'analyser les mécanismes susceptibles d'engendrer un doublet en procédant à une extension de la théorie des insertions.

2. GENESE THEORIQUE DES DOUBLETS

2.1. Insertions et répétitions

2.1.1. Sources non disjointes

La théorie de l'insertion de deux sources était construite à partir de deux hypothèses : respect de l'ordre des sources et sources disjointes. Pour tenir compte des répétitions, il convient d'abandonner la deuxième de ces hypothèses en admettant l'éventualité que deux sources distinctes puissent mentionner un même épisode. Comme on l'avait déjà indiqué au début du chapitre précédent, admettre que divers témoignages, même fragmentaires, comportent quelques parallélismes entre eux, est historiquement plus admissible que de supposer qu'ils ne se recoupent jamais. L'abandon de l'hypothèse 2 lève donc une hypothèque qui grevait lourdement la théorie des insertions en lui interdisant de constituer un modèle intuitivement fidèle de l'élaboration des rédactions synoptiques.

Seule continuera d'être admise la première hypothèse selon laquelle les rédacteurs ne modifient pas l'ordre de leurs sources. De plus, et très schématiquement, lorsque deux sources distinctes mentionnent un même épisode, ces deux mentions, si elles sont retenues par le rédacteur, donneront naissance à un doublet, la localisation des deux versions de ce doublet étant alors fonction du processus d'insertion adopté par le rédacteur.

Cette conception a une conséquence théorique importante : un doublet n'est, formellement, rien d'autre que la localisation d'un même objet à deux places différentes d'un certain rangement. Celui-ci est alors une permutation avec répétition et non pas une permutation au sens strict. Il conviendrait donc de modifier le cadre théorique présenté jusqu'ici de manière à le rendre totalement adéquat à ces répétitions. Comme il se trouve que le nombre des doublets demeure faible relativement au nombre total des passages de chacune des rédactions, il suffira de procéder, non pas à un bouleversement total, mais à une simple adaptation[3]. Celle-ci consistera à admettre que la répétition est un

---

3. En outre, comme on le verra à l'issue de la deuxième partie, les procédés adoptés pour segmenter les textes incorporent en général les doublets aux nouvelles unités définies pour l'analyse des trois recensions synoptiques.

phénomène secondaire venant se surajouter à un phénomène fondamental et qui, dans le cas présent, loin de le perturber, en permet au contraire une étude plus précise.

Comme précédemment, seul le cas le plus simple de deux sources sera envisagé ici, puisque les autres peuvent en dériver par combinaison de sources deux à deux. En fait, l'essentiel est de faire apparaître quelle est l'utilité d'un doublet pour la détection des sources et comment sa présence permet de justifier le choix de l'une des solutions d'une décomposition en séquences. La démarche suivie sera à nouveau celle du chapitre II : supposant connues les sources et leurs parallélismes, quelles seront alors les conséquences de tel ou tel processus d'insertion pour la répartition des doublets au sein des rédactions finales.

2.1.2. Naissance d'un doublet

Supposons, tout d'abord, que les deux sources ne comportent qu'un seul passage parallèle. Soit à nouveau dix événements, étiquetés de a à j, et deux sources qui auraient en commun le passage f et constituées comme ci-après :

Figure III.10

Evénements	a b c d e f g h i j
Source 1	a————c———d——————f———————————i
Source 2	b——————————e——f'——g———h———————j

Supposons, ensuite que les processus d'insertion de deux rédacteurs soient les suivants :

Figure III.11

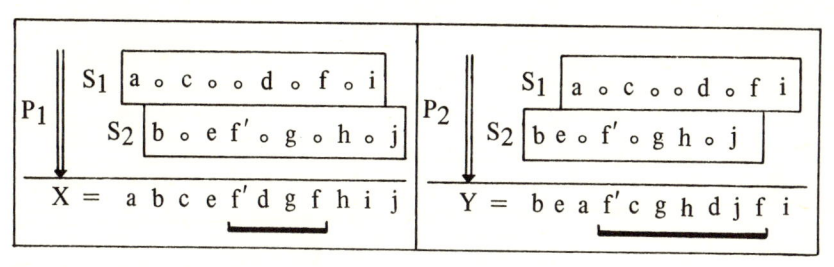

P_1 : S_1 [a ∘ c ∘∘ d ∘ f ∘ i] / S_2 [b ∘ e f' ∘ g ∘ h ∘ j]
X = a b c e f' d g f h i j

P_2 : S_1 [a ∘ c ∘∘ d ∘ f i] / S_2 [b e ∘ f' ∘ g h ∘ j]
Y = b e a f' c g h d j f i

L'existence d'un passage parallèle entre les sources engendre un doublet en chacune des rédactions et l'on constate que l'intervalle (nombre de passages intermédiaires) entre les deux mentions, dépend du processus d'insertion. Selon l'image adoptée lors de la présentation du mécanisme d'insertion. Selon l'image adoptée lors de la présentation du mécanisme des insertions (chapitre II, paragraphe 1.2.), en faisant coulisser l'une des éventuellement jusqu'à le rendre nul pour l'un ou l'autre des processus d'insertion. En ce cas, au lieu d'un doublet simultané, comme dans l'exemple ci-dessus, on aboutira à un doublet simple, en supposant évidemment que les passages f et f' sont confondus en un seul passage lorsque leur intervalle est nul. La théorie des répétitions, simple dans son principe, se contentera de développer quelques-unes des lois de ce jeu de réglettes.

2.2. Les traits dominants d'un doublet

2.2.1. Doublet simultané

Envisageons concurremment deux paires de processus d'insertion : (P_1, P_2) déjà mentionnés au paragraphe précédent et (P_3, P_4) différent l'un de l'autre de P_1, et de P_2.

Figure III.12

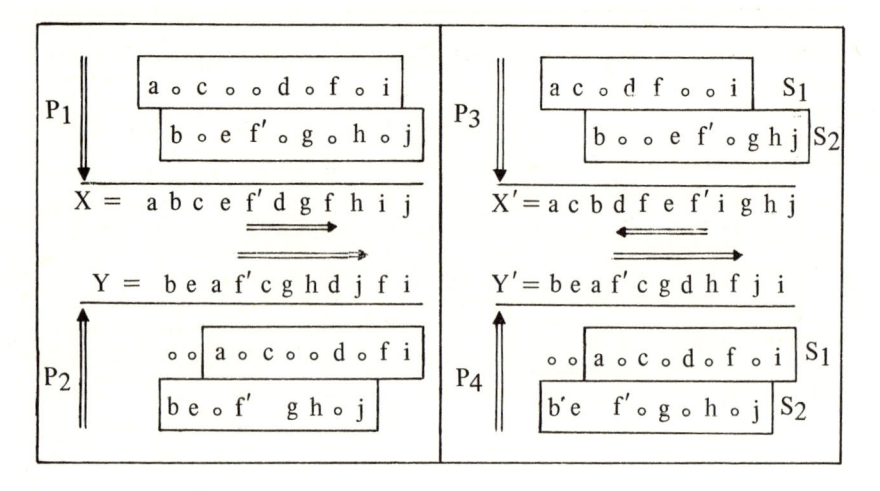

Genèse théorique des doublets 83

Pour comparer les rédactions qui en résultent, associons à chacun de ces couples leur représentation par un graphique cartésien.

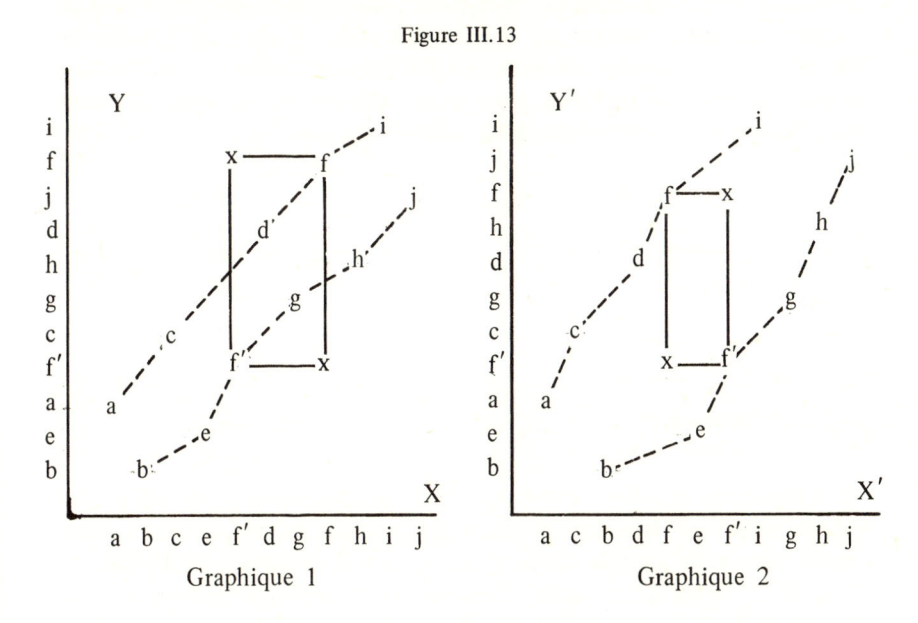

Figure III.13

Graphique 1   Graphique 2

Les points représentatifs d'un doublet simultané sont au nombre de quatre, chacun d'eux correspondant à l'un des couples de coordonnées : (f, f), (f', f'), (f, f') et (f', f). Les deux premiers de ces points, (f, f) et (f', f') sont respectivement associés, sur l'un et l'autre graphique, à la première et à la deuxième des sources et ils sont situés sur les lignes associées à ces sources. Par contre les deux autres points occupent des positions différentes qui sont fonction des processus d'insertion dont ils résultent : Sur le graphique 1, ils sont extérieurs à la zone du plan comprise entre ces lignes associées aux sources, alors que sur le graphique 2, ils sont intérieurs à cette zone.

En quoi cette localisation différente renseigne-t-elle sur les mécanismes d'insertion et, d'une manière plus générale, que conclure de la présence d'un doublet ?

Si le doublet résulte effectivement de l'insertion de deux sources distinctes et comportant la mention d'un même épisode, son existence confirme l'hypothèse sous-jacente à toute la théorie de la décomposition et d'après laquelle les rédacteurs adoptent une attitude relativement stable vis-à-vis de leurs sources, attitude qui les conduit à insérer tel passage avant tel autre (*cf.* chapitre II, paragraphe 2.2.3.). Le doublet va, en effet, jouer, avant toute décomposition en séquences, un premier rôle de repérage pour les types d'insertion adoptés par les rédacteurs. Sur l'exemple précédent, trois des rédactions adoptent le même ordre dans la mention des deux versions du doublet, à savoir : f' suivi de f. Seule, la rédaction X', résultante du processus P_3, adopte l'ordre inverse. Si l'on revient au jeu des réglettes, nous nous trouvons en présence de deux situations A et B, schématiquement représentées par :

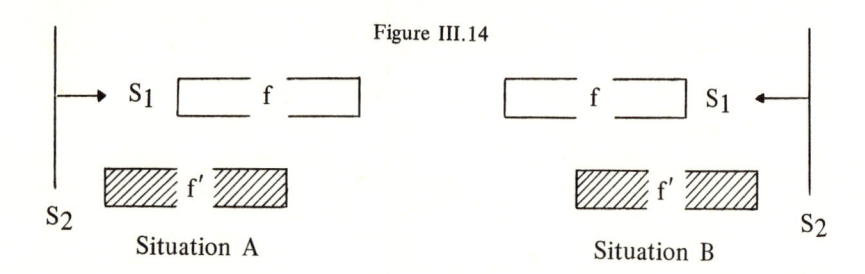

Figure III.14

Situation A   Situation B

A la première situation A correspondent les rédactions X, Y, et Y' qui toutes trois ont tendance à placer les passages de la première source après ceux de la seconde, ce dont témoignent les situations respectives de f et de f' prises pour repère. Dans la situation B, qui correspond à la rédaction X', les passages de la première source sont placés *avant* ceux de la seconde, toujours en fonction des mêmes points repère.

Toutefois, si l'on considère les rédactions X et Y, il existe des différences entre elles qui résultent de processus d'insertion distincts. Cette distinction se traduit par l'intervalle séparant les deux mentions du doublet. Pour X cet intervalle comprend deux passages, alors que pour Y il comprend cinq passages. En ce cas affirmer que le rédacteur de X présente une tendance à placer les passages de la première source avant ceux de la seconde n'est vrai que relativement au processus d'insertion adopté par le rédacteur de Y. Il en va tout autrement dans la situation B dont relève la rédaction X'. Ici l'on peut affirmer que c'est d'une manière absolue que le rédacteur de X' place les passages de la première source avant ceux de la seconde.

Or, si l'on revient aux représentations graphiques des processus d'insertion, le graphique 1 correspond à deux processus qui relèvent l'un et l'autre de la situation A alors que le graphique 2 correspond à un processus qui relève de la situation A et un processus qui relève de la situation B. Ainsi donc, la localisation des points de coordonnées (f,f') et (f', f) apporte-t-elle avant toute décomposition en séquences, des renseignements sur les processus d'insertion adoptés par les rédacteurs.

Outre son rôle de repérage, le doublet joue encore un rôle de critère entre les diverses solutions d'une décomposition. Prenons les rédactions X et Y sur lesquelles nous considérerons temporairement comme distincts les passages f et f'. Leur représentation par un graphique linéaire fait aussitôt apparaître que la décomposition minimale comportera deux solutions :

Figure III.15

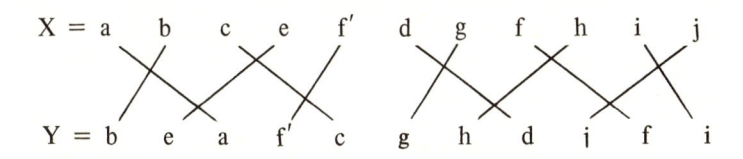

$$X = a \quad b \quad c \quad e \quad f' \quad d \quad g \quad f \quad h \quad i \quad j$$
$$Y = b \quad e \quad a \quad f' \quad c \quad g \quad h \quad d \quad j \quad f \quad i$$

La première solution correspond naturellement aux deux sources initialement choisies avec les séquences :

$$S_1 = (a, c, d, f, i)$$
$$S_2 = (b, e, f', g, h, j)$$

et la seconde solution propose pour séquences :

(a, c, g, h, j)   et   :(b, e, f', d, f, i).

Si l'on adopte cette dernière solution les deux passages parallèles appartiennent à la même séquence et le doublet ne résulte plus d'une interférence de sources. Or, si l'on tient à associer répétitions et inversions, cette deuxième solution ne peut être retenue car elle rend bien compte des inversions mais non pas de la répétition. Seule la première solution où les deux mentions du doublet appartiennent à deux séquences différentes, rend simultanément compte des inversions et de la répétition. Ainsi, supposer que les rédacteurs ont une certaine attitude envers leurs sources et supposer que le doublet résulte d'un parallélisme entre ces sources conduit à choisir la même solution d'une décomposition minimale qui en comporte plusieurs

2.2 2. Doublet simple

Un doublet simple ne figure qu'en une seule des rédactions synoptiques. Si cette répétition unique résulte toujours de l'interférence de deux sources trois hypothèses peuvent être avancées pour rendre compte de son absence au sein d'une autre recension : ou bien l'un des rédacteurs n'a disposé que d'une seule source réunissant déjà les autres épisodes que l'auteur du doublet a connus par l'intermédiaire de deux sources ; ou bien l'un des rédacteurs supprime purement et simplement une répétition qu'il juge inopportune (élimination) ; ou bien l'un des rédacteurs opère une "condensation" en un seul texte des deux versions parallèles du même épisode.

La première de ces hypothèses apparaît souvent dans la littérature synoptique où l'on trouve mentionnés un "proto-Luc", un "ur-Marcus", "Matthieu grec antérieur à 'notre' Matthieu", etc. et qui tous entrent dans des schémas de filiation du type ci-contre :

Figure III.16

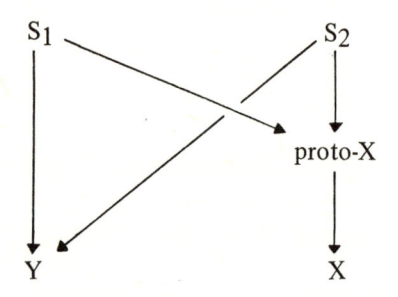

Si les recensions actuelles résultent d'une telle filiation, le problème est simplement déplacé du niveau X au niveau proto-X. Pourquoi cette source intermédiaire supprime-t-elle ou condense-t-elle les passages parallèles des sources 1 et 2 ? Il est évidemment hors de propos de dévoiler les intentions secrètes de rédacteurs hypothétiques mais seulement de retenir que seules subsistent les deux dernières hypothèses. Dans l'hypothèse d'une élimination, le doublet simple est une forme tronquée de doublet simultané ; dans l'hypothèse d'une condensation, nous avons, sous certaines conditions, la possibilité de déceler un type très particulier de doublet.

Commençons par le cas de l'*élimination* pure et simple en reprenant les processus d'insertion P_3 et P_4 et en supposant que le rédacteur de X ne conserve que le seul passage f de la première source. Seule la rédaction Y continue de présenter un doublet. Le graphique cartésien associé à ce doublet simple sera le suivant :

Genèse théorique des doublets 87

Figure III.17

Graphique 3

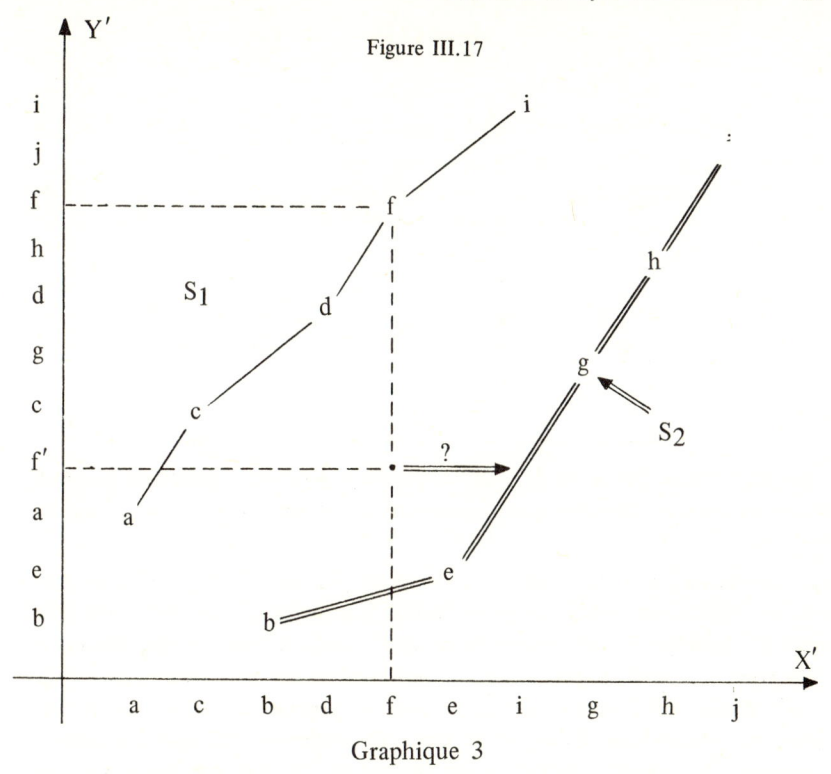

Deux points seulement, au lieu de quatre précédemment, représentent le doublet et l'un de ces deux est intérieur à la zone délimitée par les lignes associées aux séquences. Ce point, de coordonnées (f, f'), permet, à la seule lecture du graphique, de supposer que la deuxième séquence doit correspondre à une source contenant un passage parallèle f' situé entre les passages e et g, supposition qui est indiquée par une flèche surmontée d'un point d'interrogation.

En effet, il convient de remarquer que dans le cas d'un doublet simultané, sur ses quatre points représentatifs, deux seulement se trouvent situés sur les lignes associées aux séquences et ces deux points seront toujours diamétralement opposés. Dans le cas de doublet synoptiques, ceux-ci relèvent fréquemment de contextes composés d'une série de versets.

Lorsque l'une des recensions présente un doublet simple, l'autre recension, à l'une des mentions du doublet, présente une omission. Graphiquement, celle-ci se traduit par un saut dans la succession des versets concordants comme sur le schéma ci-contre et le doublet s'intercale normalement à cette place vide. De ce fait, il n'y a aucune ambiguïté sur l'existence d'un passage parallèle au sein de la deuxième source. Un exemple de ce type est donné

Figure III.18

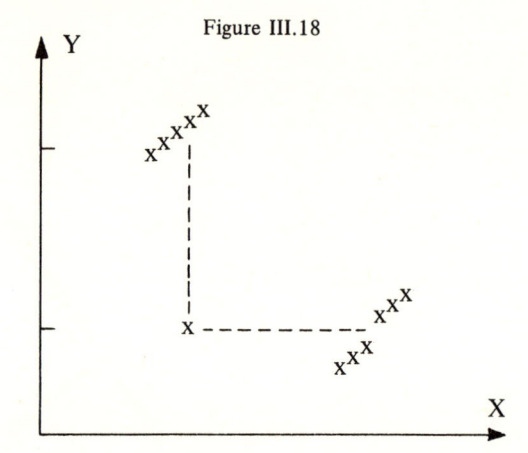

dans la première partie de ce chapitre avec les doublets simples de Luc et de Matthieu au sein des péricopes "Questions sur la vie éternelle" et "Le jeune homme riche".

La "condensation", telle que la conçoivent certains exégètes [4], est une activité strictement littéraire qui consiste à associer en un seul texte deux versions différentes d'un même événement. Dans le cadre d'une théorie de l'insertion, on peut supposer que la condensation sur des passages parallèles f et f' résulte de la proximité de ces deux passages au cours de certains processus d'insertion. Envisageons donc un processus tel que les passages parallèles des deux sources soient successifs et que les deux versions, désormais situées côte à côte à l'issue du processus, soient condensées en un passage unique F :

Figure III.19

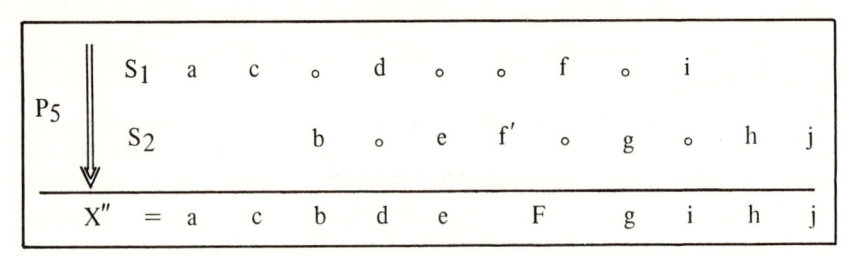

P_5	S_1	a	c	o	d	o	o	f	o	i		
	S_2		b	o	e	f'	o	g	o	h	j	
	X'' =	a	c	b	d	e	F	g	i	h	j	

Si l'on construit à nouveau le graphique cartésien associé aux rédactions X" et Y', les deux points représentatifs du doublet, toujours présent en Y', se trouveront cette fois-ci sur la même perpendiculaire sur l'axe des X :

4. *Cf.* L. Vaganay, *Le Problème synoptique*, p. 124.

Figure III.20

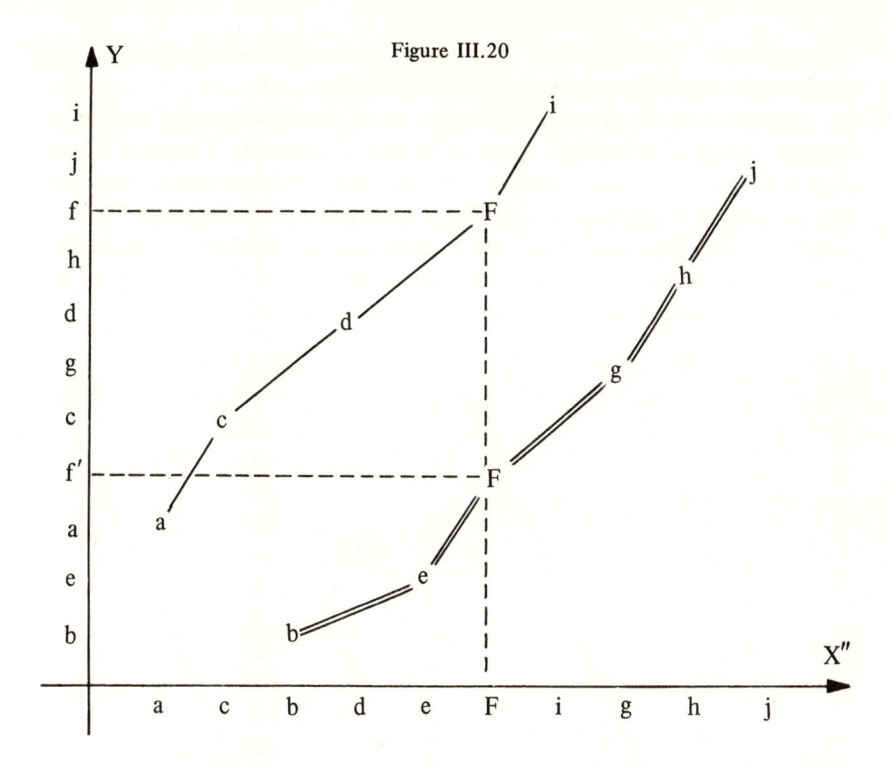

Ce mécanisme d'insertion, qui aboutit à une sorte de condensation, suggère que le parallélisme des passages joue, pour le rédacteur X", le rôle d'un point de repère qui lui permet de situer l'une de ses sources par rapport à l'autre. En effet, en l'absence de chronologie précise, la relation d'un même épisode par deux sources distinctes conduit à placer avant lui tous les épisodes qui le précèdent dans l'une et dans l'autre, et après lui tous ceux qui le suivent.

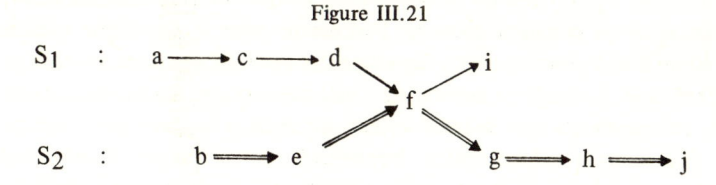

Figure III.21

S_1 : a ⟶ c ⟶ d ↘ ↗ i
                    f
S_2 : b ⟹ e ↗ ↘ g ⟹ h ⟹ j

D'un tel doublet l'on dira qu'il est le "pivot" ou la "charnière" de l'insertion de deux sources pour le rédacteur X". Mais alors, se demandera-t-on, pourquoi le rédacteur Y ne l'utilise-t-il pas de la même manière pour assurer son insertion ? L'étude, même sommaire, du cas de plusieurs doublets permet d'apporter une réponse plausible à cette question. Toutefois, avant que de l'entreprendre, systématisons ces remarques sur l'élimination et la condensation envisagées du seul point de vue ordinal.

Le mécanisme des processus d'insertion et le rôle de charnière attribué à certains passages suffiraient donc à rendre compte de l'absence d'une répétition au sein d'une rédaction. Il n'en faut pas pour autant éliminer l'éventualité de la suppression délibérée d'une répétition de la part de l'un des rédacteurs. On retiendra donc deux catégories de doublets simples : les *doublets d'élimination* et les *doublets charnières* que distinguent les graphiques cartésiens dont la configuration schématique est la suivante :

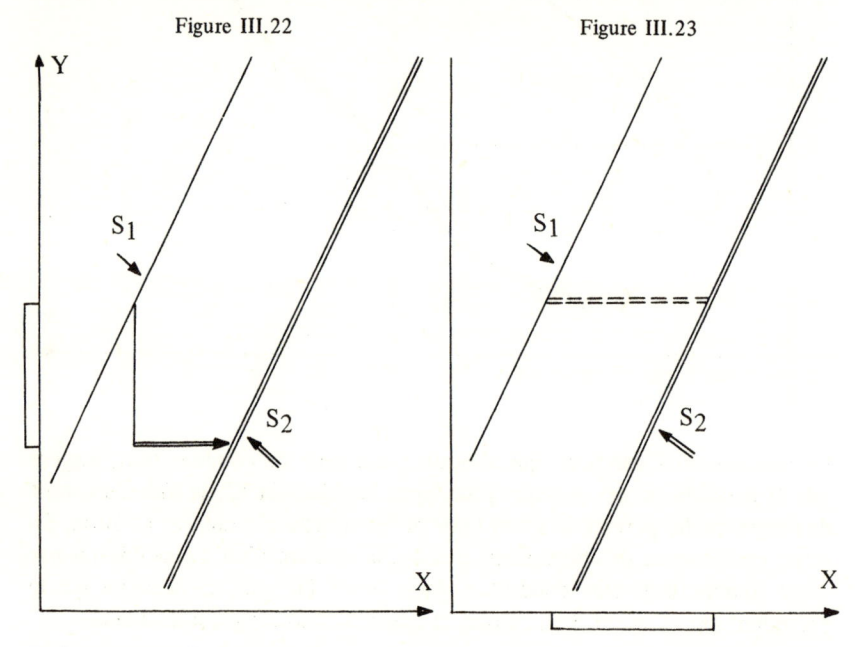

Figure III.22   Figure III.23

Si l'on retient l'hypothèse de la suppression volontaire d'un doublet pour l'un des rédacteurs, il convient aussi de l'admettre pour le deuxième rédacteur. Cette suppression consiste soit à regrouper les versions des deux sources en un seul texte, soit à choisir la version de l'une des sources. En un cas comme en l'autre, on supposera que le texte retenu est situé à la place qu'il occupe en l'une des sources. Avec cette hypothèse, sous l'angle d'une analyse strictement ordinale, tout se passe comme si les rédacteurs procédaient uniquement au choix de l'une des deux versions que leur offrent leurs sources[5]. Au cas où l'un et l'autre choisissent la version de la même source,

---

5. L. Vaganay dresse, par exemple, une liste de doublets simultanément "évités" par Luc et Matthieu (*Le Problème synoptique*, p. 127).

aucun problème n'est soulevé puisque toute trace de l'existence de passages parallèles disparaît. Par contre, si les rédacteurs procèdent à des choix opposés, il n'y aura apparemment pas de doublet, étant donné que tous deux ont éliminé la répétition, mais ces choix contraires se traduiront sur la représentation graphique par la présence de ce que l'on appellera un "point aberrant", en ce sens qu'il n'est situé sur aucune des lignes associées aux séquences. Selon les processus d'insertion, un tel point aberrant peut être aussi bien intérieur qu'extérieur. Prenons pour seul exemple un point aberrant extérieur en reprenant les processus d'insertion P_1 et P_2 déjà décrits :

Figure III.24

$P_1 \Downarrow$	S_1 a . c . . d . f . i S_2 b . e f' . g . h . j	$P_2 \Downarrow$	S_1 . . a . c . . d . f i S_2 b e . f' . g h . j
	X = a b c e f' d g f h i j		Y = b e a f' c g h d j f i

Supposons maintenant que X choisisse la version f' de la source 2 et que Y choisisse la version f de la source 1, le point représentatif de cette sélection sera un point aberrant extérieur :

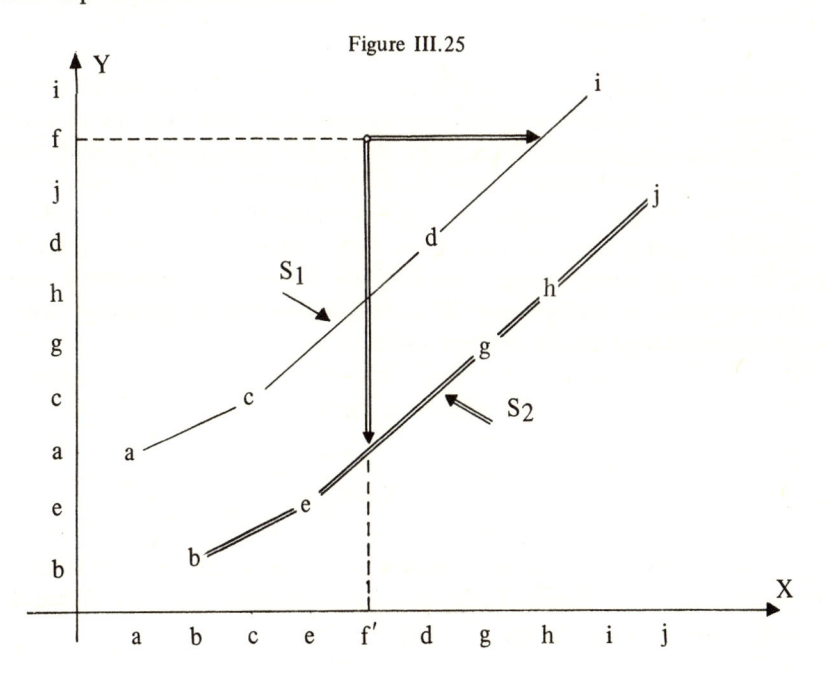

Figure III.25

Si ce point est effectivement le témoin de passages parallèles entre les sources, ceux-ci demanderaient à être localisés entre d et i pour la première source, et entre e et g pour la seconde du seul fait que les points associés aux séquences doivent être diamétralement opposés.

Pour plus de commodité, un point aberrant de cette sorte sera désormais appelé un "quasi-doublet". Il s'en faut évidemment de beaucoup que tous les points aberrants que l'on trouvera dans les représentations cartésiennes des concordances synoptiques soient des quasi-doublets. Les exégètes reconnaissent, en effet, l'existence de ce que l'on appelle un "logion voyageur", c'est-à-dire d'une parole du Christ qui n'aurait pas préalablement appartenu à un contexte plus large et que chaque rédacteur aurait insérée à l'endroit qu'il estimait le plus opportun. Les concordances d'ordre n'offrent aucun critère de discrimination entre ces deux interprétations. Il n'en était pas moins utile de mentionner l'éventualité des quasi-doublets, quitte à recourir aux moyens habituels de la critique littéraire pour essayer de décider si tel point aberrant doit être considéré comme un logion voyageur ou comme un quasi-doublet.

2.3. Association de plusieurs répétitions

2.3.1. Double charnière

L'analyse ordinale de la condensation avait conduit à supposer que la présence d'un parallélisme entre les sources pouvait servir aux utilisateurs de ces témoignages comme d'un point de repère quasi chronologique pour construire un récit unique à partir de ces documents dont on suppose qu'ils respectent l'ordre. Lorsque les sources contiennent plusieurs passages parallèles, rien n'oblige des rédacteurs différents à utiliser comme charnière d'insertion un même passage. Soit donc deux sources comparables à celles utilisées jusqu'ici, mais comportant cette fois deux passages parallèles : f et f' comme précédemment, et en outre h et h' :

$$S_1 = a\ c\ d\ \underline{h}'\ \underline{f}\ i$$

$$S_2 = b\ e\ \underline{f}'\ g\ \underline{h}\ j$$

Supposons, de plus, qu'un rédacteur X prenne pour charnière d'insertion le parallélisme sur les passages f et f', alors qu'un deuxième rédacteur Y choisit *h* et *h'*, selon les deux schémas :

Genèse théorique des doublets 93

Figure III.26

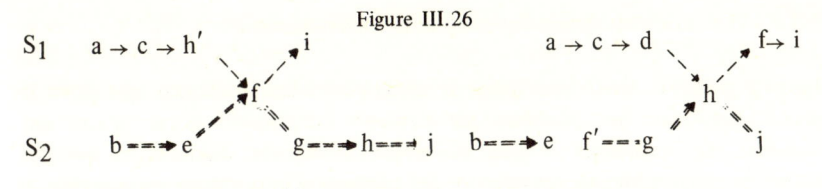

S_1 a → c → h′ ⋯ i   a → c → d ⋯ f → i
                 f   h
S_2 b ⇢ e ⋯ g ⇢ h ⇢ j   b ⇢ e f′ ⋯ g   j

Charnière de X   Charnière de Y

L'un et l'autre seront conduits à effectuer un doublet sur le passage qu'ils ne prennent pas pour charnière. Soit donc deux processus d'insertion :

Figure III.27

P_6	S_1	a c ∘ d h′ ∘ ∘ f ∘ i	P_7	S_1	∘ ∘ a ∘ c ∘ d h′ ∘ f ∘ i
	S_2	∘ ∘ b ∘ ∘ e f′ ∘ g ∘ h j		S_2	b e ∘ f′ ∘ g ∘ ∘ h ∘ j
	X =	a c b d h′ e F g i h j		Y =	b e a f′ c g d H f j i

Construisons la représentation cartésienne de ces deux processus d'insertion. Elle fait aussitôt apparaître les deux doublets charnières respectivement utilisés par X et par Y :

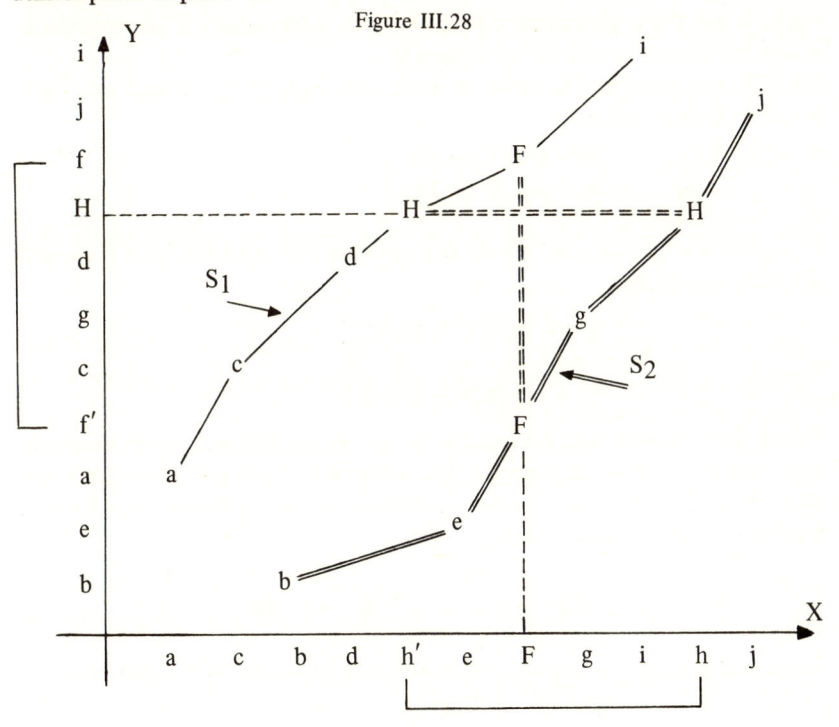

Figure III.28

2.3.2. Les doublets synoptiques et leurs enclenchements

Jusqu'à présent, aussi bien pour la description des insertions que pour la genèse théorique des doublets, les éléments constitutifs d'une source ont toujours été considérés comme des objets arbitraires, distincts les uns des autres et susceptibles de représenter des passages d'importance comparable. Il s'agissait, évidemment, d'une simplification qui avait pour but d'analyser successivement quelques-unes des caractéristiques des inversions et des répétitions. Ce morcellement analytique doit maintenant être abandonné, au moins partiellement, pour rendre compte de ce phénomène particulier décrit au paragraphe 1.2.1. du chapitre **III** l'enclenchement des doublets.

En effet, dans la grande majorité des cas, les passages qui sont l'objet d'une répétition ne sont pas comparables aux autres dont ils diffèrent par au moins deux aspects; d'une part, ils sont généralement très courts, d'autre part, ils ne sont pas isolés mais relèvent d'un ensemble de versets globalement concordants qui a été qualifié de "contexte" (*cf. supra,* chapitre **III**, paragraphe 1.1.2.), et ils ne se distinguent des autres éléments de ce contexte que par le seul fait de se trouver mentionnés ailleurs. Une telle situation doit aussi être prise en considération. Ne serait-ce que d'une manière très schématique, il est donc nécessaire d'étudier les caractéristiques d'une répétition lorsqu'elle est restituée dans son contexte.

Pour ce faire, prenons l'exemple de deux sources S_1 et S_2, comprenant l'une et l'autre quatre passages :

$$S_1 = (M, N, O, P)$$
$$S_2 = (Q, R, S, T)$$

et supposons que les résultats de deux processus d'insertion P_8 et P_9 soient les deux rédactions :

$$X = M N Q R O S P T$$
$$Y = Q M R N S O T P$$

Distinguons, en une deuxième étape, au sein de ces passages, les éléments qui sont parallèles entre les sources. En convenant d'indiquer les passages en regroupant leurs éléments entre parenthèses et en soulignant les éléments parallèles, supposons que l'on ait :

$$\begin{array}{ccccccc} & M & & N & & O & & P \\ S_1 = & (\underline{a}, \ b), & & (\ c\ ), & & (\underline{d}, \ e, \ \underline{f}), & & (\ g\ ) \end{array}$$

$$\begin{array}{ccccccc} S_2 = & (\underline{d}', h, \underline{a}'), & (\ i\ ), & (\ j\ ), & (\underline{f}', k) \\ & Q & R & S & T \end{array}$$

Genèse théorique des doublets 95

Lorsque l'on distingue ainsi les éléments au sein des passages, le détail des processus d'insertion serait alors le suivant :

Figure III.29

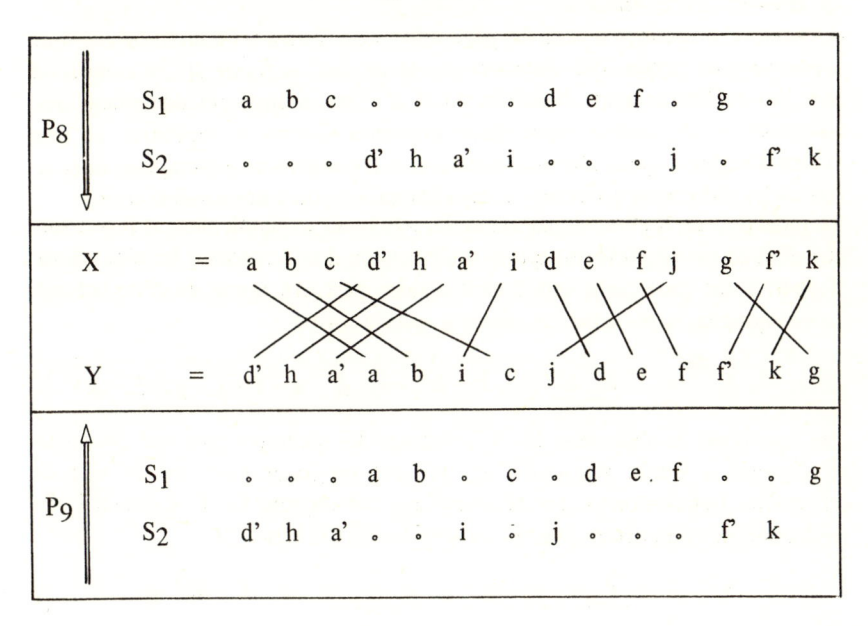

P$_8$	S$_1$	a	b	c	∘	∘	∘	∘	d	e	f	∘	g	∘	∘
	S$_2$	∘	∘	∘	d'	h	a'	i	∘	∘	∘	j	∘	f'	k

| X | = | a b c d' h a' i d e f j g f' k |
| Y | = | d' h a' a b i c j d e f f' k g |

P$_9$	S$_1$	∘	∘	∘	a	b	∘	c	∘	d	e	f	∘	∘	g
	S$_2$	d'	h	a'	∘	∘	i	∘	j	∘	∘	∘	f'	k

Si l'on prend alors X comme rangement-témoin et que l'on réordonne Y en fonction de X, les concordances entre les deux rédactions offrent un schéma comparable à celui de la figure III.3 (*cf. supra,* paragraphe 1.2.1.), en faisant réapparaître le phénomène de l'enclenchement des doublets :

Figure III.30

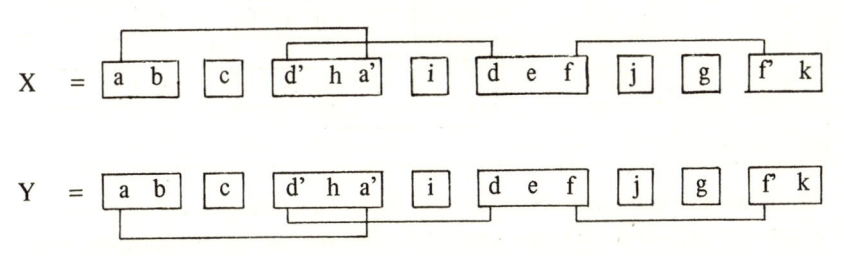

X = | a b | c | d' h a' | i | d e f | j | g | f' k |

Y = | a b | c | d' h a' | i | d e f | j | g | f' k |

Par construction même, il ne peut en être autrement : lorsque les passages d'une source sont insérés à ceux d'une autre source, les concordances entre passages subsistent de toute évidence au niveau de leurs éléments quels qu'ils soient. Dès lors, le phénomène de l'enclenchement s'explique naturellement puisqu'il n'est que la simple traduction du parallélisme de certains éléments. Si donc des rédactions sont construites par insertion de divers documents, il en résulte obligatoirement un processus d'enclenchements pour les épisodes qu'elles ont en commun.

L'exemple précédent a ceci de particulier que toutes les concordances sont conservées au niveau des éléments et, de ce fait, la figure III.30 comprend tous les enclenchements possibles. Mais il a été indiqué précédemment que lorsqu'un même thème figure dans plusieurs sources sa répétition au lieu d'être maintenue peut être soit éliminée, soit condensée. Envisageons donc le cas où les rédacteurs procèdent à des éliminations ou à des condensations.

Le rédacteur de X élimine, par exemple, purement et simplement la répétition sur d', d en ne mentionnant que la seule version d et il conserve les répétitions a et a' d'une part, ainsi que f et f' d'autre part. Au terme de cette activité rédactionnelle, sa rédaction se présente sous la forme :

$$X' = \underline{a \quad b \quad c \quad h \quad a'} \quad i \quad d \quad e \quad \underline{f \quad j \quad g \quad f'} \quad k$$

De son côté, le rédacteur de Y condense les passages que son processus d'insertion a rendu successifs, et qui ont pu jouer pour lui un rôle de charnière. Des versions a et a', il retient a et des versions f et f', il retient f'. Sa rédaction ne comportera plus qu'un seul doublet et sera :

$$Y' = \underline{d' h \quad a \quad b} \quad i \quad c \quad j \quad \underline{d \quad e \quad f'} \quad k \quad g$$

En disposant, comme précédemment, ces concordances en fonction de X' pris comme rangement-témoin, celles-ci se disposent de la manière suivante :

Figure III.31

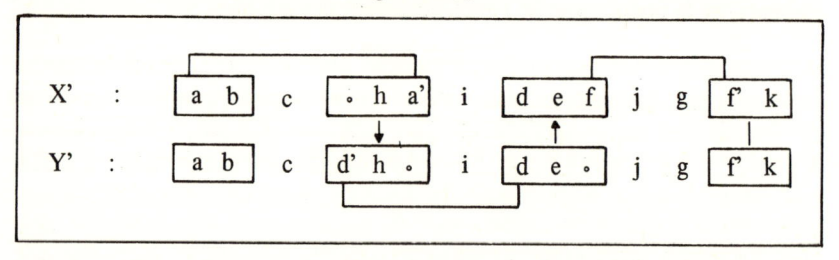

Sur ce dernier graphique, la répartition des enclenchements est alors en tout point comparable à celle qui peut être observée sur les synoptiques. Ainsi donc, ce phénomène de l'enclenchement des doublets par leurs contextes qui, initialement, n'était qu'un simple constat empirique se trouve-t-il maintenant reconstruit théoriquement et en quelque sorte "expliqué" par son intégration à la théorie des insertions et des répétitions.

Sur cet exemple, et selon une démarche constamment suivie lors de la construction des processus théoriques, les passages et leurs éléments ont été indiqués initialement dès la présentation des sources. Au cours de l'étude des synoptiques, la démarche sera naturellement inverse. Les passages seront délimités à la fin du relevé systématique des concordances d'ordre entre les recensions ; l'on s'efforcera ensuite de détecter quels sous-ensembles de ces passages sont totalement ordonnés et, parmi les diverses solutions possibles, laquelle est la plus satisfaisante. Pour effectuer ce choix, le critère de la différence des rangs sera d'un recours pratique et commode, mais maintenant il peut, à son tour, être soumis à une vérification. La répartition des mentions des doublets va, en effet, jouer ce rôle de deuxième critère. Si les doublets synoptiques résultent effectivement de l'insertion de sources distinctes mais comportant des passages parallèles, alors chacune de leurs mentions a été empruntée à une source différente. Si donc les sources sont bien détectées par le critère de la différence des rangs, les deux mentions d'un doublet devront être localisées dans deux séquences distinctes. En outre, mais il ne s'agit que d'un corollaire, l'analyse des contextes devra aussi faire apparaître le phénomène de l'enclenchement.

2.3.3. Inversions et doublets

En prenant à chaque fois appui sur des exemples fragmentaires empruntés aux synoptiques eux-mêmes, les différentes pièces du mécanisme de la construction d'un récit viennent d'être successivement décrites au cours de ces trois premiers chapitres. Au terme de cette édification du modèle, sans doute serait-il opportun de donner une vue d'ensemble de leur agencement et de leur articulation.

Le cadre général et la structure principale sont donc fournis par la théorie ordinale des permutations et, d'une manière plus spécifique, par ces sous-ensembles particuliers que sont les treillis ou fuseaux de permutations. Pour les cas où les permutations ne comportent pas le même nombre d'objets, une correspondance entre fuseaux permet de passer à un fuseau plus restreint sans avoir à sortir de cette structure. Ce cadre mathématique, où sont déjà définies distance et relation d'intermédiaire, demeure encore très général et demande à être adapté pour traiter valablement des questions qui se posent à propos des synoptiques, et notamment des trois suivantes :

a) détecter l'influence éventuelle d'une rédaction sur les autres ;
b) retrouver les pôles d'un fuseau ;
c) interpréter l'existence des doublets.

La réponse à la première question ne soulève guère de difficulté. Elle consiste en la simple transposition d'un procédé utilisé en ecdotique et dont les correspondants ordinaux sont ou bien la relation d'intermédiaire ou bien le coefficient de corrélation partielle, tous deux parfaitement définis sur un ensemble de permutations. La recherche des pôles d'un fuseau, qui n'est autre que la détection des sources, nécessite une élaboration plus poussée à laquelle est consacrée la seconde partie du chapitre II. Partant d'un principe d'économie, la solution proposée consiste à rechercher les séquences d'une décomposition minimale unique en passant par l'intermédiaire d'un regroupement des passages par le critère de la différence des rangs.

A ce niveau d'avancement, le modèle permet d'une part de vérifier des hypothèses de filiation et d'autre part de reconstruire, selon une procédure systématique, d'éventuelles sources présynoptiques. Par contre, il est encore inapte à rendre compte des répétitions dont l'existence au sein des synoptiques risque de détruire son utilité théorique puisque ces répétitions engendrent des permutations avec objets identiques. Or, ce phénomène parasite, loin de détruire la validité du modèle, va, tout au contraire, servir à en illustrer la valeur explicative en contraignant sur ce point précis à une analyse plus minutieuse des relations entre les synoptiques.

L'étude des doublets révèle tout d'abord que ceux-ci sont rarement isolés mais qu'en règle générale ils se trouvent intégrés à des contextes plus larges. Comme les relations d'ordre entre les synoptiques seront étudiées au niveau d'unités de ce dernier type, les doublets cessent d'être des éléments perturbateurs pour devenir porteurs d'une information supplémentaire car, dans le cadre d'une théorie de l'insertion, leur répartition est soumise à des règles et il devient possible de vérifier s'ils s'y conforment ou non. Cette même étude des doublets synoptiques révèle ensuite le phénomène, tout d'abord inattendu, de l'enclenchement. La recherche de la raison de ce phénomène en fait apparaître le caractère nécessaire lorsque les doublets sont engendrés par insertion de sources distinctes. Dès lors, la seule présence de ces enclenchements sur les synoptiques suffirait à justifier une interprétation en termes de documentation multiple.

Les inversions existant entre les synoptiques nous ont conduit à en rechercher une explication logique au travers du mécanisme des processus d'insertion de plusieurs sources. Ce mécanisme repose sur la seule hypothèse du respect de l'ordre des sources par leurs utilisateurs dont la liberté se retrouve lors du choix d'un processus d'insertion. Or, lorsque les sources ont des passages communs, leur insertion engendre des doublets. Dès lors, ceux-ci cessent d'être un phénomène aberrant ou individuel mais ils s'insèrent dans la théorie générale qui leur donne un statut logique et qu'ils vont à leur tour contribuer à confirmer en se répartissant, au sein des synoptiques, aux endroits où il est logique qu'ils se trouvent : le phénomène de l'enclenchement en est l'une des preuves les plus claires sans pour autant être la seule. Mais, pour être détecté, ce phénomène a nécessité le recours à la notion du contexte, c'est-à-dire à une certaine manière de procéder à la segmentation des textes synoptiques. Jusqu'ici, celle-ci n'a pas été précisée. Il devient maintenant nécessaire d'en fixer les règles pour associer à la cohérence du cadre théorique la stabilité des unités auxquelles il doit s'appliquer.

DEUXIEME PARTIE

SEGMENTATION DES TEXTES

Construire un modèle d'analyse des concordances d'ordre est loin d'être suffisant, encore doit-il s'appliquer aussi exactement que possible au matériel auquel il est destiné. Or, l'une des notions primitives sur laquelle repose la théorie de l'insertion est celle d'objet parfaitement identifiable et qui entre comme élément distingué d'une permutation qui en comporte plusieurs. Il est donc nécessaire de disposer de segments de textes délimités avec suffisamment de précision pour que ces unités littéraires soient assimilables aux objets d'une permutation. En fonction de quels critères cette segmentation devra-t-elle être opérée ? Les unités décelées dans les anciens manuscrits par la critique textuelle ou celles proposées par les exégètes sont-elles directement utilisables ? Est-il, au contraire, nécessaire d'élaborer de nouveaux critères de découpage qui seraient directement fonction du modèle d'analyse ? En d'autres termes, le modèle doit-il engendrer une technique de la segmentation et concourir ainsi à la constitution de son objet ?
A ces questions, l'on ne saurait répondre sans avoir soigneusement étudié les principales unités déjà existantes et leur adéquation au but poursuivi. Ce rapide tour d'horizon historique et critique procédera des unités les plus anciennes vers les plus récentes et, par une meilleure connaissance des textes synoptiques, il permettra de déceler les caractéristiques de leur correspondance et de préciser les conditions de leur segmentation.

Chapitre IV

LES UNITES NEO-TESTAMENTAIRES

1. **REGARDS SUR LE PASSE**

Que ce soit une bible, une édition du Nouveau Testament, une synopse, un lectionnaire ou simplement un missel, tous ces ouvrages présentent au commun des fidèles comme aux spécialistes un évangile fragmenté en passages fréquemment précédés d'un titre et indiciés par un système de numérotation. Ce découpage, sa disposition typographique varient selon les conceptions de l'éditeur et le public auquel il s'adresse. Dans telle bible, les chapitres seuls seront bien isolés et précédés d'un sommaire ; dans telle édition du Nouveau Testament, seules seront mises en évidence de petites unités thématiques ; dans une synopse, les fragments mis en parallèle, désignés par un titre et un numéro, seront localisés par chapitre et versets ; dans un lectionnaire ou un missel, l'évangile du jour sera localisé de la même manière.
Chapitres d'une bible, péricopes d'un lectionnaire ou d'une synopse, versets qui délimitent une péricope dans un chapitre, sont les trois segmentations utilisées à notre époque. Elles ont leur histoire et, contrairement à une opinion assez courante, ces unités aujourd'hui familières, ne se retrouvent pas sous cette forme dans les premiers témoignages écrits du nouveau testament qui nous offrent, en revanche, d'autres formes de segmentation.

1.1. De quelques manuscrits

Les plus célèbres et les plus complets des anciens manuscrits sont connus sous la dénomination de "codex". Ce terme désigne des feuillets de parchemin pliés et reliés ensemble, invention peut-être chrétienne, à tout le moins largement utilisée par les premiers chrétiens pour remplacer les antiques rouleaux d'un maniement malaisé [1]. Les plus anciens de ces codices sont écrits en majuscules, d'un type dit "oncial". Ils sont de ce fait souvent appelés les grands onciaux. Parmi eux, citons notamment : le *Sinaiticus* (catalogué S ou 01 dans la numérotation de Grégory) ; l'*Alexandrinus* (A ou 02) ; le *Vaticanus* (B ou 03) ; l'*Ephraêmi rescriptus* (palimpseste : C ou 04 ; enfin le mystérieux codex que Théodore de Bèze donna à Cambridge après l'avoir récupéré à Lyon : *codex Bezae Cantae Cantabrigensis* (D ou 05).

Ces textes, écrits en grec, sont en général datés des 4e et 5e siècles. Des versions voisines se retrouvent sur des fragments de papyrus de la fin du 2e et du 3e siècles, tels que ceux de la collection Chester Beatty (désignés par les symboles P^{45}, P^{46}, etc.), ou ceux de la collection Bodmer, par exemple P^{66} qui contient quatorze chapitres de l'évangile de Jean.

L'Occident chrétien, durant tout le Moyen Age, eut uniquement recours à diverses versions latines et principalement à la traduction de saint Jérôme. Celle-ci finit par s'imposer sous l'appellation de "Vulgate" et devint, après quelques remaniements, le texte officiel de l'Eglise romaine au concile de Trente en 1592 (Bible sixto-Clémentine).

Le recours aux manuscrits grecs, et, d'une manière plus générale, à l'ensemble des versions connues de la Bible, date de la Renaissance. A cette époque sont publiées et des bibles polyglottes et des éditions grecques du Nouveau Testament. La première impression du Nouveau Testament en grec est celle de la polyglotte d'Alcala (ou de Complute), éditée sous la direction du cardinal Ximénès. Mais sa parution ayant été retardée jusqu'en 1520, le Nouveau Testament grec d'Erasme est le premier à être publié à Bâle en 1516. Parmi les différentes éditions qui se succèdent, celle de Robert Estienne (1540) est considérée comme la meilleure et son texte sera repris un siècle plus tard par la polyglotte de Londres (1657).

Le contact direct avec ces anciens manuscrits grecs n'est évidemment guère aisé, mais des reproductions fidèles de ces textes existent. Elles sont publiées soit par leurs éditeurs[2], soit comme documents de travail, soit dans les dictionnaires spécialisés en illustration de leur analyse [3]. Il arrive même à ces manuscrits de servir de motif décoratif : photogravure sur la couverture de l'édition de la bible de Jérusalem par le Club du Livre, photocopie d'un fragment du *Sinaiticus* sur la synopse de Deiss, etc. Un coup d'oeil même rapide sur ces documents permet de constater que leur mise en page diffère profondément de celle qui nous est coutumière. En effet non seulement le

1. *Cf. D.E.B.*, col. 327.
2. Une liste des éditions figure en *D.E.B.*, col. 1 122.
3. D.B. accompagne de photographie sa présentation des grands onciaux.

texte n'est jamais subdivisé en versets, mais la ponctuation est pratiquement inexistante, les mots ne sont pas séparés les uns des autres et les alinéas sont très rares. Néanmoins des césures sont marquées, mais de types différents selon les manuscrits.

1.2. Les anciens découpages

1.2.1. La stichométrie

Mots non séparés, absence de ponctuation entraînaient parfois des interprétations diverses d'un même passage. Richard Simon en donne pour exemple les deux traductions auxquelles se prête une même phrase de Luc selon la place choisie pour la virgule sur le texte grec. Soit : "Je vous dis aujourd'hui, que vous serez avec moi en paradis"(23 43), soit : "Je vous dis que vous serez avec moi aujourd'hui en paradis" (4). Aussi la critique textuelle, dans son effort de reconstitution des textes originaux, releva-t-elle les différentes marques portées sur les manuscrits et qui étaient susceptibles de correspondre à une ponctuation.

L'une d'entre elle, *le stichos,* figurant notamment sur les codices Bezae et Claromontanus, suscita de longues controverses quant à son rôle et sa signification.

En 1689, Richard Simon mentionne déjà un débat à ce propos entre un dénommé Crojus et Casaubon, bibliothécaire de Henri IV et il affirme, en suivant Casaubon, le rôle non sémantique du stichos. Le débat n'en est pas pour autant clos puisqu'aujourd'hui B. Botte doit encore affirmer dans le **Dictionnaire de la Bible**, "La stichométrie n'a rien à voir avec une division du texte suivant le sens comme on continue de la répéter dans certains manuels. Il s'agit tout simplement d'une mesure toute matérielle pour fixer le salaire du copiste et le prix du livre. Le stichos est la ligne type, équivalent à la longueur normale d'un alexandrin" (5). Et l'on retrouve ici la conclusion de R. Simon, prononcée quelques trois siècles plus tôt "En comptant les versets (*stichos* = *versus*), on découvrait combien de lignes il y avait dans un volume" (6).

Le *stichos* (*versus* en latin), est donc à considérer comme une simple marque

---

4. R. Simon, *Histoire critique du texte du Nouveau Testament,* p. 420 et 421.
5. *D.B.S.,* t. V, col. 823.
6. *Cf.* note 4.

de contrôle, liée à un certain état de la production à un moment donné, qui, outre son but financier (salaire du scribe et prix du livre), permet aussi un contrôle des omissions. On disposait, en effet, de relevés stichométriques pour tous les livres bibliques, sortes de catalogues de référence mentionnant le nombre de *stichoi* pour chacun d'eux. Il suffisait donc de compter ce nombre pour savoir aussitôt si le scribe n'en avait pas oublié. Le plus ancien de ces relevés semble être celui que le **codex Claromontanus** comporte avant l'épître aux Hébreux [7].

1.2.2. La colométrie

"Je ne nie point qu'il n'y ait une autre sorte de versets qui étaient réglés selon le sens ou les sentences", poursuit R. Simon repris par B. Botte : "La disposition colométrique — per cola et commata — est au contraire une disposition suivant le sens qui groupe en courtes lignes les mots qui doivent être unis dans la lecture. Le **codex Bezae** est l'un des plus anciens manuscrits en colométrie". Le texte y est subdivisé en sorte de strophes, distinguées par des alinéas et commençant par une ligne plus longue dont l'initiale déborde sur la marge. Cette disposition ne se retrouve ni dans l'**Alexandrinus**, ni dans le **Vaticanus** alors qu'on la rencontre sur certains papyrus. C'est ainsi que V. Martin signale la coïncidence des césures de Bodmer 2 (P^{66}), et de celles du codex Bezae [8]. De même Jean Duplacy [9] mentionne une publication de O. Stegmuller qui relève, pour leurs passages communs, l'identité des coupures entre le **codex Bezae** et le papyrus P^{63} dans le "texte de Jean est divisé en petites sections qu'introduit le mot ermenia".

1.2.3. Chapitres et paragraphes

"Outre les petites sections, que saint Jérôme appelle cola et commata, on voit sur ces manuscrits la distinction de grandes sections sous le titre de capitula" écrit encore R. Simon dans son deuxième ouvrage de critique textuelle [10]. Ici, une certaine prudence s'impose car le mot de chapitre (*capitula* en latin et *kephalaion* en grec), désigne des segmentations différentes. Afin de les distinguer, certains proposent, pour ces anciens manuscrits grecs, les termes de chapitres (ou *kephalaia*), et de paragraphes, les premiers étant en moins grand nombre que les seconds. Ainsi pour les

---

7. *D.B.*, article "Claromontanus".
8. V. Martin, *Le papyrus Bodmer II, évangile de Jean.*
9. J. Duplacy, *Où en est la critique textuelle du Nouveau Testament ?* p. 10.
10. R. Simon, *Histoire critique des versions du Nouveau Testament,* p. 124.

manuscrits **Alexandrinus** et **Vaticanus** les résultats de ces deux types de sectionnements sont-ils les suivants [11] :

	Matthieu	Marc	Luc	Jean	
Chapitres	68	48	83	18	Alexandrinus
Paragraphes	170	62	152	80	Vaticanus

Ces deux segmentations sont indépendantes l'une de l'autre et il faut se garder de considérer les paragraphes comme des subdivisions de chapitre, car les coupures ne sont pas marquées aux mêmes endroits. Soit à titre d'exemple leur répartition dans les trois premiers chapitres de Marc : la première colonne du tableau ci-après donne le repérage en fonction des chapitres et versets actuels, la seconde mentionne les coupures du **Vaticanus** (B) et la troisième celles des chapitres, ou *képhalaia* (K) :

C	v	B	K
1	01	1	–
1	09	2	–
1	12	3	–
1	14	4	–
1	21	5	–
1	23	–	1
1	29	5	2
1	32	–	3
1	35	7	–

C	v	B	K
1	38	8	–
1	40	–	4
2	01	9	–
2	03	–	5
2	13	10	6
2	15	11	–
2	18	12	–
2	23	13	–
3	01	14	7

De ce relevé partiel il ressort que :
a) Très fréquemment, les coupures de B et de K ne coïncident pas. Aussi, quoique B comporte plus d'unités que K, ne peut-on dire que la division selon B soit plus "fine" au sens mathématique que la division selon K ;
b) Les coupures selon K ne correspondent pas à celles de nos chapitres actuels et ne correspondraient pas davantage à celles des anciens chapitres latins de saint Jérôme ;
c) Dans la désignation et la numérotation des *képhalaia*, la première section n'est jamais numérotée. La numérotation porte sur les césures plutôt que sur les chapitres ;

11. *D.B.*, t. II, col. 559. Par ailleurs plusieurs relevés nous ont été communiqués par M. G. Th. GUILBAUD.

d) A l'exclusion du premier, les *kephalaia* comportaient des titres (*titloi* ou *tituli*) qui les résumaient d'une manière sommaire. Ainsi pour Matthieu : n° 1 "des Mages" ; n° 2 "des enfants occis", etc. Ces *titloi* étaient soit placés en début de sections, soit regroupés en tête de l'évangile dont ils constituaient une sorte de table des matières. Au travers des manuscrits du Moyen Age et des premières bibles imprimées, cet usage s'est conservé jusqu'à nos jours.

1.2.4. Lectures et segmentations

Cette rapide revue des divers découpages des textes évangéliques serait incomplète si l'on ne mentionnait ceux qui dépendent de leur lecture journalière. Pour les lectures monastiques, il s'agit des "leçons" (*anagnosmata*) et pour les lectures spécifiquement liturgiques des "péricopes". Ces fragments journaliers étaient soit regroupés dans des ouvrages spéciaux : les "lectionnaires", soit mentionnés dans une table placée au commencement ou à la fin des évangiles et dénommée "synaxaire" (*synaxarion*). Les systèmes de repérage de la péricope ; les indications de ses limites dans le synaxaire, ont varié selon les époques :

— L'Evangéliaire de Saint Sauveur d'Aix, qui remonte au XIe siècle, a recours aux sections ammoniennes et mentionne les premiers et les derniers mots :
> "*Invigilia natali dni scdm MATTEUM. CAP III. cum esse desponsata mat ihu. Usque donec peperu filium suu primo genitum : & uocavit nomen eius yhm*"[12].

— La Sainte Bible, dans la traduction de Lefevre d'Etaples (1534) utilise la subdivision saint chérienne des chapitres (**cf.** chapitre IV, paragraphe 2.2.1.) en mentionnant toujours les premiers et les derniers mots de la péricope :

> "*Le premier dimenche de Ladvent*
> *Evangile; Matthieu XXI a ---+ Et*
> *quant ils furent près de hierusalem. Jusques;*
> *et quant il fut entre. feuillet IX*

— De nos jours, les synaxaires font usage de la subdivision des chapitres en versets et mentionnent uniquement le titre donné à la péricope, ainsi dans

---
12. CAP III *(Capitulus 3)* désigne la troisième section ammonienne et non pas le chapitre III.

une édition de poche des quatre évangiles qui se termine par un synaxaire des dimanches et fêtes (13) :

"*Avent*
1° Dimanche – Le Royaume de Dieu approche :

Lc 21 25-33"

Une dernière segmentation resterait encore à mentionner : celle qui est liée à la lecture psalmodiée de l'évangile. Certains manuscrits comportent une marque spéciale, le *rhesis,* qui indique l'endroit où le chantre doit marquer un temps d'arrêt, ce que relève R. Simon "ils portent certaines marques en forme de croix dans tous les endroits où la sentence finit et où le lecteur fait une petite pause" (14).

Ainsi la liste des anciennes segmentations est-elle en définitive assez longue : stichométrie, colométrie, chapitres et paragraphes, péricopes et leçons, *rhemata,* et n'ont pas encore été étudiées les sections ammoniennes ! Ces subdivisions ont peu de point commun entre elles. Pour accroître encore cette complexité, les anciennes versions latines s'inspirent de certaines d'entre elles mais en les modifiant. Il en irait ainsi pour les chapitres de Jérôme et encore ne sont-ils que l'une des étapes qui conduisent à la segmentation contemporaine par chapitres et versets.

---

13. *Les Quatre Evangiles*, Paris, Editions du Cerf, 1966. p. 275.
14. R. Simon, *Histoire critique du texte du Nouveau Testament*, p. 422.

2. GENESE DE LA SEGMENTATION MODERNE

Pour mieux comprendre le message, ou pour trancher entre des interprétations divergentes, l'exégèse des évangiles soit confronte les divers témoignages de la vie et du message du Christ, soit situe dans leur contexte les mots et les thèmes objets de gloses et de controverses. Premiers en date, les "canons" d'Eusèbe traduisent ce désir de confrontation entre narrations parallèles ; plus tardives, les "concordances", sorte de dictionnaire biblique, dressent les listes de tous les contextes d'un mot. Les premiers isolent des fragments synoptiquement comparables et aboutissent à une segmentation autonome. Les secondes ne nécessitent initialement qu'un système de repérage par simple subdivision des chapitres préexistants, mais en devenant plus précise cette délimitation aboutira à la segmentation par versets.

2.1. Sections ammoniennes et Canons d'Eusèbe

2.1.1. Historique sommaire

Les origines de l'oeuvre d'Eusèbe de Césarée sont obscures. Dans une lettre à Carpianus, que reproduisent quelques bibles, Eusèbe déclare continuer le travail d'Ammonius : "Eusebi' Carpiano fratri in dño salute; Ammonius qui das Alexādrinus magno studio atqz industria unũ nobis pro quatuor evangeliis dereliquit..." [15]. Malgré ce témoignage, repris par Jérôme, le **Dictionnaire de la Bible** propose dans l'article consacré à Eusèbe[16] une interprétation différente de celle soutenue dans l'article sur Ammonius[17]. Il semble admis que, vers 220, Ammonius aurait subdivisé l'ensemble des quatre évangiles en plus de mille sections et qu'il en aurait établi les concordances en prenant Matthieu pour référence. Au siècle suivant, Eusèbe, ou bien aurait repris les sections ammoniennes en améliorant la présentation des concordances, ou bien aurait effectué une nouvelle délimitation des sections. Selon la thèse retenue, celles-ci seront qualifiées de sections ammoniennes ou pseudo-ammoniennes.

Cette segmentation est attestée sur l'un des plus anciens manuscrits, le **Sinaiticus**, pour lequel, d'après B. Botte [18] : "les sections auraient été indiquées avant que le manuscrit sortît du scriptorium". Leur transmission et

---

15. Bible latine, Venise, 1519
16. *D.B.*, t. II, col. 2 051.
17. *D.B.*, t. I, col. 493.
18. *D.B.S.*, t. V, col. 825.

leur diffusion dans la chrétienneté occidentale furent assurée par Jérôme vers 384. Sa traduction latine de la bible, qui devait devenir la Vulgate, comportait les canons d'Eusèbe et les sections ammoniennes et dans sa lettre au pape Damase, Jérôme en conseillait l'utilisation pour une meilleure connaissance de l'évangile : "Igitur hec praesens canones quoqz quos eusebius cesariensis episcopus alexandrimum secutus Ammonium in decem numeros ordinavit sicut in greco habeni expressimus..."

Durant le Moyen Age, rares sont les manuscrits à enluminures qui n'utilisent pas les canons d'Eusèbe comme motif décoratif sur le thème de portiques à trois ou quatre colonnes entre lesquelles sont reportés les numéros des sections parallèles [19]. A la Renaissance, par contre, rares sont les bibles imprimées qui les mentionnent et bien que le Nouveau Testament y soit toujours précédé de la lettre de Jérôme à Damase. Les seules exceptions rencontrées ont été celle d'une bible latine imprimée à Venise en 1519 et celle d'une bible imprimée à Lyon la même année chez J. Sacon. En règle générale, sections et canons d'Eusèbe ne sont plus mentionnés que sur les instruments de travail que sont les bibles polyglottes [20]. Cette désaffection témoigne sans doute, à une époque de vives controverses, d'un déplacement du centre d'intérêt vers une autre forme de recherche des correspondances pour laquelle les contextes d'un mot prennent plus d'importance que les parallélismes des passages.

2.1.2. Sections et canons

Toute recherche des concordances nécessite la délimitation au sein de chaque évangile des unités qui seront considérées comme parallèles. Parmi les divers découpages proposés, la segmentation d'Eusèbe est l'une de celles qui comporte le plus grand nombre de sections : 335 pour Matthieu, 234 pour Marc, 342 pour Luc et 232 pour Jean. Parmi les découpages contemporains et en prenant Marc pour terme de comparaison, la concordance de Léon-Dufour le subdivise en 163 parties [21], la synopse de Benoît et Boismard en 121 péricopes, celle de Deiss en 117, etc. Si l'on exclut le récit de la Passion, Marc est subdivisé en 158 sections ammoniennes et la segmentation proposée dans cet ouvrage le subdivise en 201 blocs.

Selon les auteurs les unités de la segmentation ammonienne ont reçu des appellations diverses : sections, péricopes, *kephalaia,* parfois aussi *arithmoi* en raison de leur mode de désignation par un numéro. Ces unités ne tiennent

---

19. *Cf.* par exemple l'Evangéliaire de Saint Sauveur, Aix-en-Provence, bibliothèque Méjanes.
20. Ainsi de la Polyglotte de Londres de 1657.
21. X. Léon-Dufour, *Concordance des Evangiles synoptiques.*

aucun compte des autres modes de segmentation telles que le chapitre ancien ou le paragraphe dont les césures ne coïncident pas toujours avec celles des sections ammoniennes. Chacun des évangiles ayant été découpé en fragments désignés par des numéros, les parallélismes entre eux sont exprimés par l'intermédiaire de 10 tables de concordances dont chacune constitue ce que l'on appelle un "canon" que Jérôme décrit de la sorte : "In canone primo concordant quattuor : Mattheus : Marcus : Lucas : Johannes. In secundo tres Mattheus : Marcus : Lucas. In tertio tres : Mattheus Marcus Johannes..." et le dixième et dernier canon relève les passages de recension unique.

Sur l'Evangéliaire de Saint Sauveur d'Aix, numéro de la section et numéro du canon figurent dans les marges du manuscrit ainsi que les numéros des sections parallèles dans les autres évangiles. Cette numérotation est en outre utilisée comme système de repérage puisque les références du synaxaire sont exprimées par le numéro des sections et non par celui des chapitres. Sur la bible de 1519, seuls sont portés dans les marges les numéros de la section et du canon. Pour rechercher les parallèles dans les autres évangiles, il convient donc de se reporter aux canons placés en tête du Nouveau Testament. Par ailleurs, les sections ammoniennes ne servent plus de système de repérage, celui-ci étant désormais établi sur un autre type de subdivision.

Stables, immuables même durant plus d'un millénaire, tels furent les canons d'Eusèbe de Césarée et il n'est pas abusif de les considérer comme ayant été la première des synopses. Elle était certes d'un maniement moins aisé que les synopses contemporaines puisqu'elle ne présentait pas les textes parallèles côte à côte. Mais ceci était sans doute un défaut mineur à une époque où ces textes étaient presque entièrement mémorisés. Par contre, son format réduit en facilitait la diffusion à l'âge des manuscrits. Ce système précis de comparaisons fut remis en cause au 13e siècle par le monumental travail collectif d'établissement des concordances verbales réalisé sous la direction de Hugues de Saint-Cher. De cette recherche des contextes est issue une nouvelle subdivision des évangiles dont le découpage et la numérotation par versets au 16e siècle sont l'accomplissement.

2.2. Les listes de concordances

2.2.1. Concordances verbales et repérage

Si de tous temps les auteurs ecclésiastiques se sont référés à l'Ecriture, le premier travail systématique de recherche des références scripturaires ne date que du 13e siècle; il est l'oeuvre d'un moine de l'ordre de Saint Dominique, ultérieurement cardinal : Hugues de Saint-Cher, qui était animé par le désir

de "commenter la bible en indiquant le sens de chaque mot" (22).
Pour réaliser ce but, Hugues, qui réside alors au couvent de Saint-Jacob à Paris, dresse la liste des verbes et des substantifs attestés dans la Bible et constitue une équipe de cinq cents frères dominicains pour rechercher tous les contextes de l'Ancien et du Nouveau Testament où figurent ces mots (23).
L'exécution de cette tâche nécessite un système de repérage efficace, commode et direct. Or, en 1226 une nouvelle édition de la Vulgate, dite bible parisienne (24), vient de proposer un nouveau découpage en chapitres dû à Etienne Langton, chancelier de l'université de Paris et "cette division nouvelle remplace avantageusement les anciens systèmes si variés et si compliqués" (25), Hugues la prend pour cadre de référence et en assure peut-être ainsi la survie jusqu'à nos jours puisque, en dépit de ses imperfections, elle demeure à quelques remaniements près celle des bibles contemporaines. Toutefois le chapitre est une unité trop vaste. Pour éviter des recherches trop longues, il faut localiser les références d'une manière plus précise. Hugues n'en crée pas pour autant une nouvelle segmentation plus fine que le chapitre. Il se contente d'un simple repérage par une subdivision du chapitre en sept parties égales indiquées dans les marges du texte par des lettres de A à G. Ainsi, une référence telle que : "Mt 16 d" indique-t-elle qu'il convient de se reporter à la quatrième partie du chapitre 16 de Matthieu comprise entre les lettres D et E.
Vers 1230 les concordances sont terminées et publiées sous le titre de "concordances de Saint Jacob". Au siècle suivant, Conrad de Halberstadt les modifie légèrement en proposant vers 1310 une subdivision des chapitres courts en quatre parties seulement et en ne conservant les sept parties que pour les chapitres longs. Complétées par la mention d'un fragment du contexte (*Concordantiae anglicanae,* 1250), puis par les mots indéclinables à la suite de controverses entre Rome et Byzance (*Stoikovik,* 1435), les concordances de Saint Jacob connaissent un succès durable. Leur première édition imprimée est de 1470 (26). Au siècle suivant, elles sont reprises par F. Arola qui publie à Lyon en 1551 les "concordances dites de Saint Jacob". Après l'établissement du texte officiel de la Vulgate, une révision en est effectuée par Luc de Bruges pour les adapter à cette version de la Bible différente de celle utilisée à l'origine (27). Publiée sous le patronage de Sixte-Quint et de Clément VIII, une édition parisienne de 1656 comprend un

22. *D.B.* article "Concordances", t. II, col. 893-905.
23. Dans "Avertissement au Lecteur", Concordance de 1656. (St Jacob = St Jacques).
24. L'influence de cette bible parisienne sur les éditions ultérieures, manuscrites ou imprimées, est soulignée par dom Quentin, *Essais de critique textuelle,* p. 16-20.
25. *D.B.* article "Chapitre", t. II, col. 564.
26. *D.B.,* t. V, col. 2 404.
27. *Cf.* bibliographie, rubrique "Concordances verbales".

hommage officiel et pontifical au travail de Hugues. Une réédition de cette concordance est encore effectuée en 1837. Outre ces concordances latines, toutes dérivées de celle de Hugues, seront ensuite publiées à partir de la Renaissance des concordances grecques ou gréco-latines mais qui utiliseront un autre système de repérage qui sera d'ailleurs adopté par les concordances latines. En 1551, l'édition de F. Arola donne les références en utilisant la subdivision littérale. Ainsi pour le mot "Farina", qui comprend douze références, trouve-t-on pour la première d'entre elles :

Gen. 40 c : Tria canistra farina

et en 1656, l'édition sixto-clémentine donne pour le même mot la référence en ayant recours aux versets :

Gen. 40 16 : quod tria canistra farina ha.

2.2.2. Les concordances marginales

Si les concordances verbales font l'objet de volumineux ouvrages où les mots sont répartis dans l'ordre alphabétique, d'un tout autre caractère sont les concordances dites marginales. Incorporées d'abord au Nouveau Testament, ultérieurement à la totalité de la Bible, leur dénomination tient à leur situation dans les marges du texte où se trouvaient autrefois les numéros des sections ammoniennes. Renvoyant à telle partie du Nouveau ou de l'Ancien Testament, elles remplissent un office équivalent et il est quelques bibles qui utilisent simultanément les deux systèmes de renvois.

L'apparition de ce type de concordance est assez tardive. La première bible à les utiliser, et uniquement pour les évangiles, est imprimée à Nuremberg en 1478. Des concordances du Nouveau Testament vers l'ensemble de la Bible paraissent en 1489 et la première bible dont les concordances marginales concernent aussi bien l'Ancien que le Nouveau Testament est publiée à Bâle en 1491.

Ici encore, il convient de disposer d'un système de repérage et renvoi commode. Hormis les sections ammoniennes, dont elles marquent le déclin, rien n'est alors plus adéquat que le système littéral de Hugues de Saint-Cher. De fait, toutes les bibles à concordances verbales, et elles sont en majorité, comporteront ces subdivisions alors que très rares seront celles à mentionner encore les sections ammoniennes [28].

Ce procédé de localisation, rendu courant par la diffusion des bibles imprimées, sera encore utilisé pour compléter par des renvois sommaires les lexiques des mots hébreux, chaldéens, grecs et latins par lesquels se terminaient alors la plupart des bibles. Robert Estienne l'utilisera encore pour l'index des "choses et des phrases de l'Ancien et du Nouveau Testament" qu'il rajoute au lexique de sa bible latine de 1539.

---

28. Parmi ces exceptions, la bible de Venise et la bible de Lyon de 1519.

2.2.3. La segmentation en versets

Le même Robert Estienne est considéré comme l'auteur de la segmentation actuelle en versets numérotés. Toutefois l'idée de segmenter un chapitre de la Bible en petites unités désignées par un numéro remonte à Jacques Lefevre qui, le premier en 1509, avait numéroté les psaumes de David [29]. Une vingtaine d'années après, Santès Pagnino a recours à la même formule lors de sa traduction de la bible hébraïque [30]. Ces deux premiers essais semblent n'avoir eu aucune répercussion et la segmentation en versets ne s'impose qu'après la quatrième édition du Nouveau Testament grec de Robert Estienne en 1551, édition dans laquelle les versets sont indiqués dans les marges du texte.

Certes, le nouveau découpage n'élimine pas immédiatement le précédent et ne s'impose pas sans difficultés. Rapidement adoptée par les réformés, la segmentation stéphanienne est mise en question du côté catholique. La première édition de "concordances" comportant simultanément subdivisions littérales et nouveaux versets date de 1555. Sept ans plus tard, en 1562, Jean Benoit, théologien parisien publie une concordance qui n'utilise que les anciennes subdivisions littérales et en 1563, René Benoit édite à Paris une bible qui ne comporte toujours que ces subdivisions et néglige les versets de Robert Estienne. Vers la fin du siècle, lorsque le concile de Trente décide de la publication d'un texte officiel unique de la Vulgate, la première version du texte est confiée au pape Sixte-Quint qui se charge de son édition définitive. Celui-ci conserve la division et la numérotation par versets mais adopte une segmentation différente de celle de R. Estienne. Toutefois cette réaction est de courte durée [31]. En 1592, Clément VIII reprend l'oeuvre de son prédécesseur et rétablit la segmentation stéphanienne. Dès lors, intégrée au texte officiel de l'Eglise romaine et acceptée auparavant par les protestants, celle-ci s'instaure définitivement et demeure inchangée jusqu'à notre époque en dépit de certaines imperfections.

L'une des conséquences de cette dissection des chapitres en versets numérotés est de rendre plus précises la localisation des références tant verbales que marginales, et sans doute était-ce le but poursuivi par R. Estienne qui, dès 1555, publiait une concordance à propos de laquelle le **Dictionnaire de la Bible** écrit : "une autre innovation consista à indiquer les concordances au

---

29. *Liber Psalmorum Davidis,* Paris, réédition de 1642.
30. Réédité en 1609 par A. Montanus à Anvers.
31. Décidée en 1546, la première version de la nouvelle bible officielle de l'Eglise romaine est soumise au pape en 1589. Profondément remaniée par Sixte-Quint, l'édition paraît peu avant sa mort en 1590. La congrégation des cardinaux en arrête aussitôt la vente, détruit tous les exemplaires – il n'en subsiste que 43 – et décide d'une nouvelle édition publiée sous l'autorité de Clément VIII en 1592.

moyen de versets qu'il avait imaginé depuis peu. Il conserva en même temps les lettres a, b, c, d, pour l'avantage de ceux qui ne possédaient pas la Bible à versets numérotés" [32]. Et de fait, dans l'édition de 1551, les versets ne sont pas incorporés aux textes et figurent uniquement dans les marges où ils remplacent les subdivisions littérales.

Leur insertion dans le texte, due à Théodore de Bèze en 1565, va contribuer à modifier le rôle du verset : initialement simple repérage, il en vient à désigner une unité d'un nouveau type, ce dont témoigne la disposition typographique. En effet, dans toutes les bibles où les indications des subdivisions sont placées dans les marges, le texte d'un chapitre est pratiquement continu et ne comporte que de rares alinéas. Au contraire, lorsque le numéro du verset est incorporé au texte, fréquentes sont les bibles où l'on se reporte à la ligne pour chaque verset. Le chapitre apparaît alors comme une succession de strophes. Ainsi en est-il de la bible française de Genève de 1578 et d'une bible sixto-clémentine de 1682.

Cette évolution découle sans doute de la manière dont le verset est constitué. Si le mot "verset" dérive du mot latin *versus*, lui-même traduction du grec *stichos*, la division stéphanienne est sans rapport avec la stichométrie décrite ci-dessus au paragraphe 1.1.1. et se rapproche plutôt de la colométrie (1.1.2.), car le nouveau verset est une petite unité sémantique. De longueur variable, il est composé en général de deux à trois propositions et peut acquérir une relative autonomie au sein d'un contexte plus large. Il peut même conduire à modifier les anciennes limites de ce contexte, ce qui se produisit sur un point mineur mais très précis : l'incorporation du "prologue" au premier chapitre de l'évangile de Luc. Pour les bibles antérieures à 1550,[33] ce prologue est extérieur à l'évangile proprement dit. Il est toujours mentionné, mais son statut, de par la disposition typographique, est celui d'un texte de présentation au même titre que le prologue de saint Jérôme. Le chapitre premier de Luc est toujours fixé à la phrase : "Du temps de Hérode, roi de Judée". Or, R. Estienne délimite quatre versets dans le prologue et les incorpore au chapitre I. Les bibles ultérieures suivent la même voie, mais non sans certaines hésitations que révèlent les mises en page : prologue et commencement de l'évangile sont séparés par un grand alinéa, ou soulignés

---

32. *D.B.*, article "Corcordances", t. II, col. 897. De même que les canons d'Eusèbe et le repérage saint-chérien figurent tous deux sur la bible de Venise de 1519, de même le repérage saint-chérien et subdivisions sthéphaniennes se retrouvent-elles sur une bible sixto-clémentine de 1647 où ils sont simultanément utilisés pour les concordances marginales.
33. Cette incorporation est déjà effectuée par le même Robert Estienne dès 1539 dans sa bible latine et cette disposition se retrouve dans la célèbre édition, dite "o mirificam", du nouveau testament grec.

Genèse de la segmentation moderne 117

par des majuscules différentes, etc. Ces distinctions se rencontrent encore aujourd'hui mais certaines bibles les suppriment totalement et, par exemple, la bible sixto-clémentine de 1682.

Tel est, sommairement esquissé, l'historique de la segmentation[34]. par chapitres et versets qui a fini par s'imposer comme système unique de repérage et dont les principales étapes seront résumées dans le tableau ci-après :

Tableau IV.1

Recherche des	Parallélismes (synopses)	Contextes (concordances)
3e	Eusèbe de Césarée sections et canons numérotation	
13e		E. Langton : chapitres H. de Saint-Cher : subdivisions littérales concordances verbales
15e	concordances marginales (références littérales)	
16e		R. Estienne : versets numérotation
	concordances marginales (références numériques)	
19e-20e	synopses contemporaines	
Numérotation	continue	par intercalation

---

34. Les ouvrages cités au cours de cette section sont mentionnés, ainsi que quelques autres, à la bibliographie sous les rubriques "Bibles anciennes et Concordances verbales". Une quarantaine de bibles, nouveaux testaments ou concordances, permettent de retrouver les traces de cette évolution au cours des deux premiers siècles de l'imprimerie.

3. PROBLEMATIQUE DE LA SEGMENTATION

Sous des dénominations diverses et avec des césures différentes, les types d'unités aujourd'hui courantes, chapitres, péricopes et versets, sont attestés à toutes les époques : chapitres modernes et anciens *Kephalaia* péricopes dominicales et *anagnosmata* des lectionnaires, péricopes synoptiques et sections ammoniennes, versets et divisions *per cola et commata*. L'un de ces modes de segmentation repondrait-il aux exigences d'une analyse ordinale en offrant des unités étroitement comparables entre deux ou trois recensions ? La réponse est négative, mais elle sera justifiée en analysant à chacun de ces trois niveaux de segmentation le jeu des parallélismes entre les synoptiques.

3.1. Les correspondances synoptiques

Mettre en relation deux narrations par l'intermédiaire de leurs parallélismes sémantiques revient à établir une correspondance entre deux ensembles. Dans la pratique, comment ces ensembles sont-ils constitués ? Si une narration est considérée comme une succession d'unités élémentaires qui seraient les propositions (éventuellement les versets), la correspondance est, en général, décrite au niveau de sections, au sens large. Ces sections ne sont autres que des classes d'équivalence d'unités élémentaires successives et regroupées selon un critère donné. De ce fait, la correspondance est définie entre deux ensembles-quotients. Si X et Y désignent des classes de deux recensions, ces classes seront dites en correspondance synoptique si et seulement si il existe au moins une unité élémentaire x de X et une unité y de Y telle que y soit un parallèle de x. Selon le critère de regroupement adopté, les classes seront évidemment différentes et de même leur correspondance et ceci en dépit du fait que les parallélismes entre unités élémentaires demeurent invariants. Il y aura donc autant de correspondances que de segmentations.

3.1.1. Les anciens chapitres

L'analyse des relations entre deux *kephalaia* de Luc et de Matthieu permet de commencer par les sections les plus larges parmi les plus anciennes. L'un et l'autre de ces anciens chapitres sont des collections de sentences offrant de nombreux parallélismes. Dans les anciens manuscrits ces recueils de *logia* constituaient une seule section : *kephalaion* 17 en Luc et *kephalaion* 5 en Matthieu. Ultérieurement, la section de Luc est devenue une partie de l'actuel chapitre 6 (versets 20 à 49). A l'opposé celle de Matthieu s'est trouvée

répartie sur trois chapitres (5, 6 et 7). Néanmoins, et en dépit de ce regroupement pour Luc et de cette répartition pour Matthieu, ces deux sections des évangiles conservent toujours individualité et autonomie dont témoignent les titres qui leur sont généralement attribués : *"Discours inaugural"* pour Luc et *"Sermon sur la montagne"* pour Matthieu.
Le "Discours" commence après que Jésus, ayant passé la nuit sur une montagne à prier, eût choisi ses disciples"... *et il descendit du mont en bas et se tint es champs et il avait grant tourbe de ses disciples et grant multitude de toute iudée et de hiérusalem... grant vertu issoit de luy et sanoit toute langueur et il esleva ses yeulx a ses disciples et disoit Vous poures estes beneis car le royaulme de dieu est vostre"* [35]. Le "Sermon" présente aussi quelque analogie en son début avec le "discours". Il y est aussi question de montagne, de disciples, de foules et les premières paroles développent les mêmes thèmes : *"Lors monta iesus en la montaigne quant il vit les tourbes et comme il seist ses disciples vindre à luy et ouvrit la bouche et les enseigna disant les poures d'esprits sont bien heureux : car à eulx est le royaulme de paradis"* [36].
Et les comparaisons pourraient se poursuivre de la sorte, mais ce travail ne tient pas lieu de synopse. Aussi, en raison de la longueur de ces sections, les parallélismes seront-ils uniquement étudiés par l'intermédiaire des numéros des versets concordants, répartis sur quatre colonnes de la façon suivante :

1e colonne :   verset de Luc, dans leur ordre de succession naturel
2e colonne :   versets parallèles du chapitre 5 de Matthieu
3e colonne :   versets parallèles du chapitre 7 de Matthieu
4e colonne :   versets de Matthieu extérieurs au "Sermon"
5e colonne :   thème général du parallélisme
Symboles :   triangle = adjonction de Matthieu
              flèche vers le haut = l'ordre de Matthieu est inverse de Luc
              flèche vers le bas = même ordre en Matthieu et Luc

---

35. D'après une bible française, publiée à Lyon, 1521.
36. *Ibid.*

Les unités néo-testamentaires

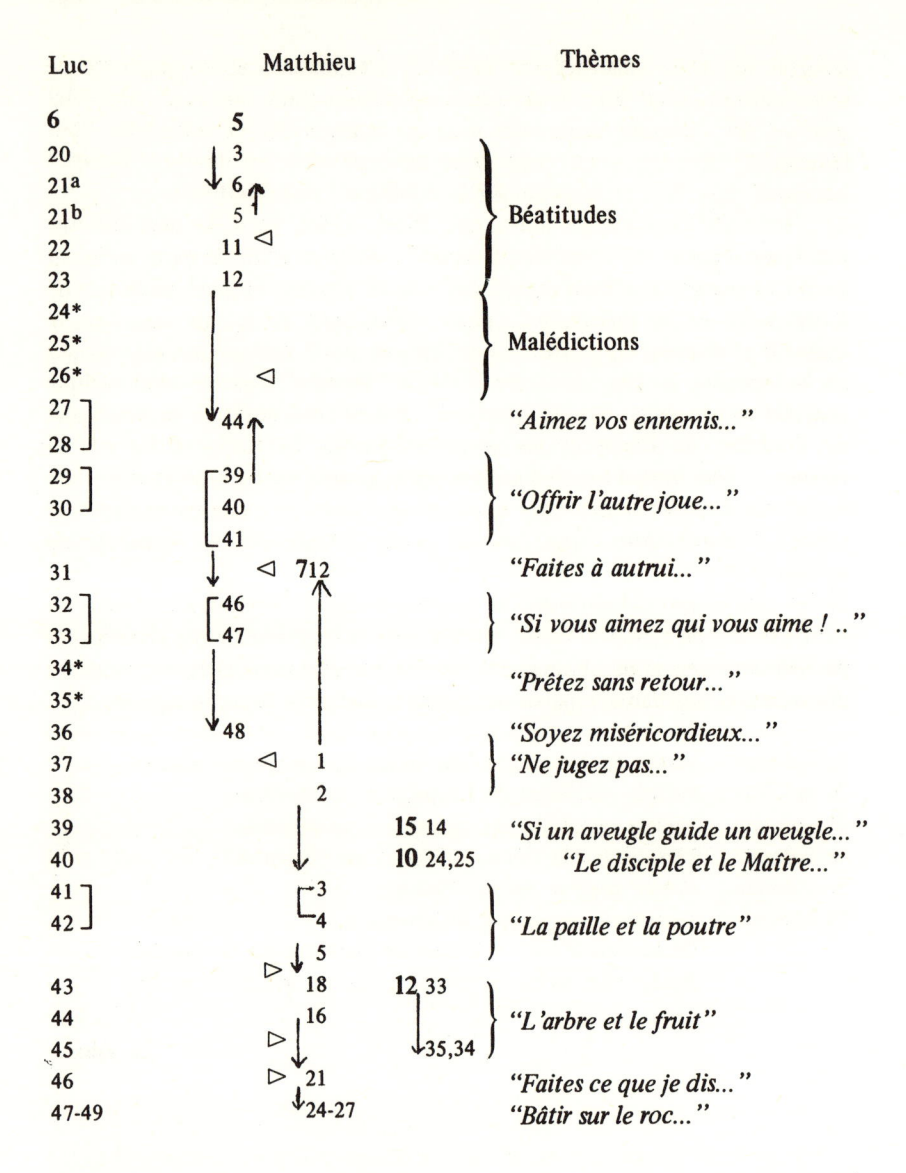

Luc	Matthieu		Thèmes
6	**5**		
20	3		
21a	6		
21b	5		} Béatitudes
22	11		
23	12		
24*			
25*			} Malédictions
26*			
27]	44		"*Aimez vos ennemis...*"
28]			
29]	39		
30]	40		} "*Offrir l'autre joue...*"
	41		
31		7 12	"*Faites à autrui...*"
32]	46		} "*Si vous aimez qui vous aime !..*"
33]	47		
34*			"*Prêtez sans retour...*"
35*			
36	48		"*Soyez miséricordieux...*"
37		1	} "*Ne jugez pas...*"
38		2	
39		**15** 14	"*Si un aveugle guide un aveugle...*"
40		**10** 24,25	"*Le disciple et le Maître...*"
41]	3		} "*La paille et la poutre*"
42]	4		
	5		
43	18	**12** 33	} "*L'arbre et le fruit*"
44	16		
45		35,34	
46	21		"*Faites ce que je dis...*"
47-49	24-27		"*Bâtir sur le roc...*"

Que ressort-il de cette comparaison en prenant ici le verset comme unité élémentaire dans l'établissement des parallélisme ?

A *Correspondance de Luc vers Matthieu*

— Sur les 30 versets du "Discours", 5 seulement n'ont aucun parallèle en Matthieu : les "Malédictions" et le logion "Prêtez sans retour". La quasi-totalité du texte de Luc se retrouve donc en Matthieu.

- 4 versets de Luc ont des parallèles en Matthieu, mais à l'extérieur du "Sermon" (et parmi ces versets de Matthieu l'un d'entre eux redouble un verset du "Sermon" : 12 ^{33} = 7 ^{18}). La correspondance de Luc vers Matthieu déborde donc le cadre du "Sermon" en conduisant à partir du "Discours" vers des sections autres que le "Sermon".
- En définitive, 21 versets de Luc ont leurs parallèles dans le "Sermon" où ils se trouvent localisés soit au début soit à la fin. Pour l'ensemble, Matthieu adopte approximativement le même ordre que Luc, mais il existe néanmoins quelques inversions.

B. *Correspondance de Matthieu vers Luc*

Du seul fait que le "Sermon" est subdivisé en 111 versets alors que le "Discours" n'en comprend que 29, les caractéristiques de la correspondance réciproque différeront notablement. Le tableau précédent ne permet pas de les analyser en détail, mais on retiendra cependant que pour les 111 versets de Matthieu :

- 21 se retrouvent dans le "Discours" ;
- 35 n'ont aucun parallèle en Luc ;
- 55 ont leurs parallèles situés dans la rédaction lucanienne en des endroits autres que le "Discours".

C. *Le jeu des parallélismes*

Considérons tout d'abord la localisation en Luc de ce dernier groupe de 55 versets. Tous ces parallèles sont des morceaux plus ou moins importants des *kephalaia* 38, 41, 46, 55 et 58. Mais le mécanisme de la correspondance étant ici de plus d'intérêt que sa description exacte, négligeons les détails un peu fastidieux des divers *kephalaia* pour ne prendre en considération qu'une section assez grossière de l'évangile de Luc désignée aujourd'hui sous le nom de "Section péréenne" ou encore de "Grande Incise".

Cette vaste section comprend tous les parallèles. Ainsi en est-il du "Pater" (11 $^{2-4}$), du regroupement sur "La providence du père" (12 $^{21-31}$), et de même pour diverses sentences "Demandez" (11 $^{9-13}$), "Le sel" (14 ^{34}), "La lampe" (8 ^{16} = 11 ^{33}), "Servir deux maîtres" (16 ^{13}), etc.

Au sein de cette même section péréenne, vers laquelle renvoie donc le "Sermon" de Matthieu, se trouvent évidemment d'autres passages de Luc qui ont à leur tour un parallèle en Matthieu : "Controverse sur Belzéboul", "Parler ouvertement et sans crainte", "L'intendant fidèle", etc. A nouveau, quelle serait la localisation de ces passages en Matthieu ?

Il n'en est aucune de systématique : les passage parallèles sont répartis sur l'ensemble de la rédaction matthéenne. Et ceci est l'une des caractéristiques de la correspondance synoptique que l'on schématiserait de la manière

122 *Les unités néo-testamentaires*

suivante : sur un des évangiles est découpée une certaine section A (par exemple le *kephalaion* de Luc). Cette section regroupe des unités élémentaires (sur l'exemple choisi, des versets), ces unités ont leurs parallèles dans une section I d'un autre évangile, et parfois dans plusieurs sections de cet autre évangile. La correspondance réciproque à partir de la section I renvoie partiellement vers l'unité initiale A et partiellement vers d'autres sections (le "Sermon" conduit au "discours" mais aussi vers la "Grande Incise"). Et ainsi de suite, de telle sorte que passant d'une section de l'un des évangiles à une section d'un autre évangile, le jeu des parallélismes conduit à parcourir la quasi-totalité des évangiles.

Sur l'exemple choisi, le jeu des parallélismes établi à partir du "Discours" sera représenté par le diagramme de la page suivante, diagramme qui systématise assez bien cette première caractéristique de la correspondance synoptique consistant en une dissémination des concordances sur l'ensemble de l'évangile.

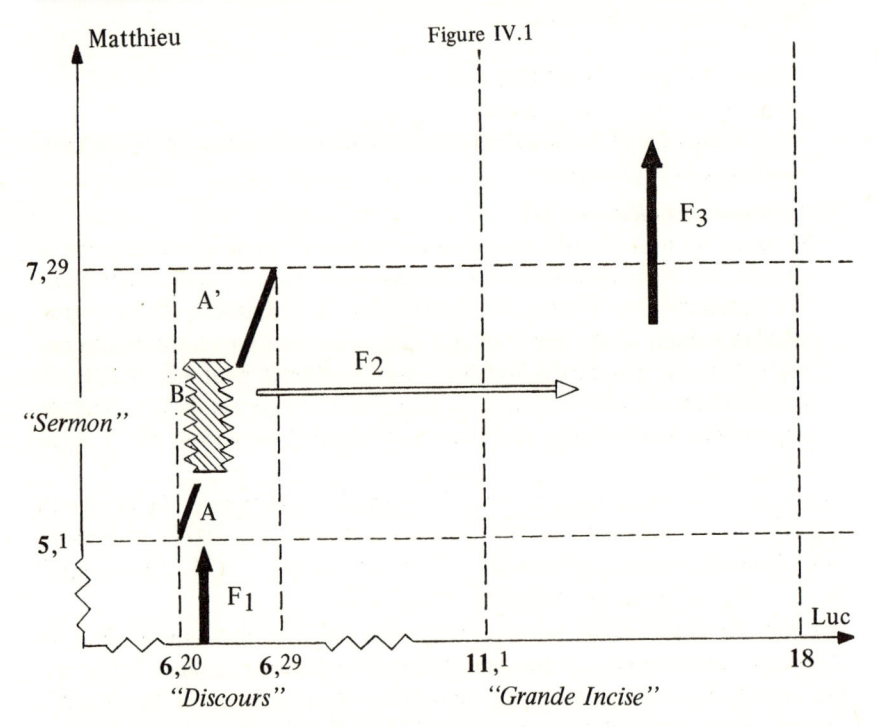

Figure IV.1

Horizontalement, l'évangile de Luc, verticalement, celui de Matthieu.
Repérage des unités par chapitres et versets.
Flèches noires F_1 et F_3 : correspondances de Luc vers Matthieu.
Flèche blanche F_2 : correspondance de Matthieu vers Luc.
Lignes pleines A et A' : parties du "Discours" appartenant au "Sermon".
Zone hachurée B : passages du "Sermon" localisés par Luc dans la "Grande Incise".

3.1.2. Les chapitres modernes

Le même phénomène se constatera si, en place des anciens *kephalaia*, le chapitre moderne tel qu'il est issu du découpage d'E. Langton au 13e siècle est pris comme section. Comme le *kephalaion*, sa longueur est des plus variable. Le chapitre 3 de Matthieu est le plus court avec 17 versets seulement, alors que le premier chapitre de Luc est le plus long avec 80 versets. La comparaison des différentes césures marquées par les chapitres, les *kephalaia*, et les paragraphes avaient déjà permis de relever que les coupures étaient rarement communes (**cf.** : paragraphe 4.123). La comparaison de deux synoptiques, dans une de leurs parties où la succession des épisodes est à peu près identique, conduira à la même constatation, comme en témoignent les deux exemples suivants :

Figure IV.2

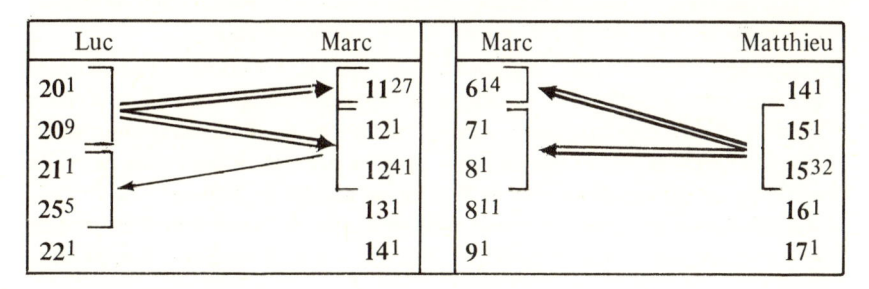

Luc	Marc	Marc	Matthieu
20^1	11^{27}	6^{14}	14^1
20^9	12^1	7^1	15^1
21^1	12^{41}	8^1	15^{32}
25^5	13^1	8^{11}	16^1
22^1	14^1	9^1	17^1

Ce découpage des chapitres est réalisé de telle sorte que, pour le chapitre 20 de Luc, les passages parallèles en Marc sont répartis sur les chapitres 11 et 12. De même le chapitre 12 de Marc renverrait au chapitre 21 de Luc, lequel renverrait à son tour au chapitre 14 de Marc. Constatations identiques entre Matthieu et Marc et dans un exemple comme dans l'autre, le jeu de la correspondance synoptique conduit à l'élargissement des sections initiales. Encore convient-il de souligner qu'il s'agit ici d'une partie privilégiée de l'évangile puisque les trois recensions suivent un ordre à peu près identique. Pour les autres parties, les diverses concordances issues d'un même chapitre dans l'une des rédactions renvoient généralement à plus de deux chapitres de l'une quelconque des deux autres recensions. Il suffit pour s'en convaincre de se reporter au graphique n° 1 des concordances synoptiques, graphique donné en annexe hors-texte : le cas est particulièrement net entre Matthieu et Luc, mais avec une complication moindre il en est de même entre Marc et Matthieu comme entre Luc et Marc.

Deux chapitres feraient exception : ceux que chaque rédacteur consacre au récit de la Passion (Matthieu 26 et 27, Marc 14 et 15, Luc 22 et 23).

Pourtant, même pour cette section très particulière des synoptiques – et qui est exclue de l'analyse ordinale – le chapitre ne saurait être pris pour unité pour l'établissement de la correspondance synoptique, ne serait-ce qu'en raison de ses deux autres caractéristiques : les inversions de Luc par rapport à l'ordre commun de Matthieu et Marc et la présence d'épisodes à un seul témoin fort nombreux dans chaque rédaction.

3.1.3. Fermeture d'une correspondance

Sans doute était-il prévisible que le chapitre ancien ou moderne conduirait par la jeu des parallélismes aux extensions des unités initialement choisies. Mais les exemples précédents n'ont été choisis qu'afin de mieux préciser les conditions imposées à une segmentation à vocation uniquement comparative. La première et la plus importante de ces conditions réside dans ce que le mathématicien appelle "la fermeture" d'une correspondance.

Le principe en est simple : supposons que l'on sache associer d'une manière ou d'une autre les éléments de deux ensembles quelconques E et F, à certains éléments de E correspondent certains éléments de F et réciproquement. Désignons par des lettres les éléments de E et par des chiffres ceux de F. En commençant par un élément A de E, il lui est associé un élément 1 de F ; puis à cet élément 1 est associé A d'une part, mais aussi B ; à son tour B est associé avec 1 ainsi qu'avec 2 et 3, qui à leur tour, etc. selon le schéma ci-contre où la

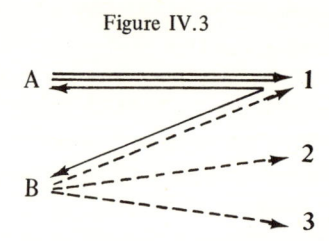

Figure IV.3

succession des correspondances entre les éléments de E et de F est indiquée par une flèche double pour la première de A vers 1, une flèche simple pour la seconde de 1 vers A et B et des flèches en pointillé pour la troisième de B vers 1, 2 et 3. La correspondance sera dite "fermée" lorsque, à partir d'un certain nombre de ces allers et retours entre éléments de E et éléments de F, l'on retrouve toujours les mêmes éléments.

Dans le cas particulier des synoptiques, les ensembles sont constitués par les recensions, les éléments ne sont autres que les sections ou classes d'équivalence d'unités élémentaires et les correspondances entre éléments sont établies à partir des parallélismes entre les unités élémentaires.

Si l'on désire que les sections soient assimilables aux objets d'une permutation, la condition première qu'elles doivent remplir est de ne renvoyer qu'à elles-mêmes. En effet, il n'est légitime de parler de permutation pour deux ensembles ordonnés d'objets que dans le seul cas où la correspondance définie entre eux est une correspondance bi-univoque, terme à terme, entre objets identiques ne se distinguant que par leur rang dans l'ordre total auquel ils appartiennent. Aussi est-il indispensable que si une unité de Luc est considérée comme parallèle d'une unité de Marc ou de Matthieu, ces fragments parallèles soient découpés de telle sorte qu'ils ne renvoient qu'à l'unité initiale de Luc.

S'il en était autrement, l'on passerait du cadre précis des correspondances terme à terme à celui des correspondances quelconques. L'étude de leur fermeture ne manquerait certainement pas d'intérêt. A partir de la péricope, par exemple, cette recherche permettrait de déceler pour lesquelles d'entre elles la correspondance se referme rapidement et pour quelles autres, au contraire, il est nécessaire de procéder à une extension assez importante de l'unité initiale pour aboutir à un sous-ensemble fermé. Pour prendre deux exemples extrêmes, les péricopes regroupées autour de la "transfiguration" s'opposeraient à celles du "discours eschatologique". Une telle analyse permettrait d'isoler des sortes de conglomérats d'épisodes ou de sentences réunis entre eux d'une certaine manière dont il conviendrait d'élucider la signification. Non moins intéressante serait la comparaison sous cet angle des divers découpages synoptiques et la détermination de ceux qui aboutissent aux mêmes conglomérats.

Cette analyse systématique de la fermeture de la correspondance synoptique sortirait du cadre du présent travail. Seules seront donc recherchées ici quelles sont les unités qui ne renvoient qu'à elles-mêmes. Le chapitre ancien ou moderne s'est révélé une unité trop vaste ou trop composite, ce qui n'a pas lieu de surprendre. Une unité au contenu thématique plus précis vérifierait-elle ce critère de fermeture ?

3.2. Parallélismes entre péricopes

A l'origine, le terme de "péricope" désigne uniquement un morceau de l'évangile découpé et isolé en vue de sa lecture quotidienne ou dominicale [37]: cette péricope se retrouve dans les lectionnaires ou est indiquée dans

---

37. *Cf. D.E.B.*, article "Péricope", col. 1415-1416.

les synaxaires. Ce fragment de texte, dont la longueur est assez variable, développe un thème unique, une même idée centrale proposée à la méditation ou point de départ de la cathéchèse. Les paraboles en sont une illustration très claire mais on en trouverait une liste plus complète dans les récents lectionnaires publiés à l'usage des fidèles catholiques [38] ainsi que dans le synaxaire de la Sainte Bible de Lebèvre d'Etaples [39], ou dans celui du *Novum Testamentum* d'après Simon de Colines [40].

Cependant, de par son étymologie (*péri-cope* = passage découpé), le terme en est venu à désigner toute segmentation d'un évangile. Les sections ammoniènnes avaient été déjà appelées péricopes par certains auteurs [41] et il en est de même pour les unités rencontrées dans les synopses contemporaines [42]. La péricope prise en ce dernier sens, bien que destinée à la comparaison intersynoptique, reste toujours assez étroitement dépendante du contenu sémantique des passages dont elle sert à analyser les concordances et les discordances. La notion d'unité thématique n'est pas abandonnée et elle reste même le critère principal de la segmentation. Pourtant, si un même thème se trouve mentionné par deux ou trois témoins, il n'en résulte pas pour autant que les deux ou trois péricopes qui développent ce thème soient comparables sous tous les rapports, et ceci pour deux raisons principales :

1) Tout d'abord, si une péricope synoptique tient compte des autres évangiles, sa délimitation sur l'un d'eux est effectuée en fonction de l'orientation générale de cet évangile et aussi de la conception qu'un analyste se fait de cette orientation. Il en résulte que le nombre de péricopes varie d'une synopse à l'autre et que leurs césures ne sont pas nécessairement placées aux mêmes endroits. D'autre part, et principalement en cas de doublet, deux auteurs différents ne rapprocheront pas les mêmes péricopes, ce dont le thème de "l'arbre et le fruit" fournira un exemple étudié au paragraphe 3.2.3. du chapitre **IV**.

2) Indépendamment de ces variations qui, à elles seules, font que la péricope n'est pas une unité stable et invariante, on relève dans le développement de péricopes considérées comme parallèles deux autres particularités de la correspondance synoptique : soit des absences de concordances, lorsque l'une des recensions est plus complète qu'une autre, soit des inversions entre passages parallèles. Or ces inversions et ces omissions constituent des ruptures de la concordance ordinale et doivent donc être prises en considération dans la segmentation des textes.

---

38. *Lectionnaire de semaine*, Biblica, 1966.
39. *La Sainte Bible*, Anvers, 1534.
40. *Novum Testamentum*, apud S. Colineum, Paris 1543.
41. R. Simon, *Histoire critique du texte du Nouveau Testament* p. 246.
42. *Cf.* les "tables des péricopes" des synopses contemporaines.

Ces constatations générales étant faites, il reste à les justifier par quelques exemples qui seront successivement empruntés aux sections ammoniennes, aux péricopes synoptiques et aux péricopes liturgiques.

3.2.1. Péricopes ammoniennes

Il existe certes des péricopes échappant aux critiques précédentes. Rares pour les épisodes à trois témoins, elles sont quelque peu plus nombreuses pour ceux à deux témoins. Comme illustration de ces derniers textes, ne résistons pas au plaisir de citer l'envolée célèbre, commune à Luc et Matthieu, de l'apostrophe à Jérusalem. Ce court fragment (trois versets en Matthieu et deux en Luc), est l'une des sections ammoniennes qui, dans les canons d'Eusèbe porte les numéros *241* pour Matthieu et *175* pour Luc. Elle figure sans aucune modification quant à ses limites dans les synopses de Deiss et de Benoit et Boismard.

L'APOSTROPHE A JERUSALEM

n° 241   Matthieu 23
37
Jérusalem, Jérusalem toi qui tues
les prophètes et lapides
ceux qui t'ont été envoyés,
que de fois j'ai voulu
réunir tes enfants
comme une poule réunit
ses poussins sous ses ailes
et vous n'avez pas voulu

38
Voici, votre maison est laissée
déserte

39
Je vous (le) dis, en effet,
Vous ne me verrez plus
désormais
jusqu'à ce que vous disiez
Béni celui qui vient
au nom du Seigneur

n° 175   Luc 13
34
Jérusalem, Jérusalem toi qui tues
les prophètes et lapides
ceux qui t'ont été envoyés,
que de fois j'ai voulu
réunir tes enfants
comme une poule réunit
ses poussins sous ses ailes
et vous n'avez pas voulu

35
Voici, votre maison vous est
laissée

Or, je vous (le) dis,
vous ne me verrez plus

jusqu'à ce que vienne... où vous
direz : Béni celui qui vient
au nom du Seigneur

128 *Les unités néo-testamentaires*

Aucune hésitation pour ce fragment : ce passage de la double recension constitue bien une unité identique en chacune des rédactions. Mais il s'agit d'un texte très court et des difficultés apparaîtront avec des fragments plus longs. Ainsi en est-il pour un épisode de la triple recension, où pourtant les trois versions sont fort voisines l'une de l'autre : "le commencement des douleurs". Dans les canons d'Eusèbe, cet épisode correspond à la 243e section de Matthieu, à la 138e de Marc et à la 249e de Luc :

COMMENCEMENT DES DOULEURS

n° 213	n° 138	n° 249
Matthieu 24	Marc 13	Luc 21
4	5	8 = 1723
Et ayant pris la parole	*Et Jésus se mit à leur*	*Or,*
Jésus leur dit :	*dire :*	*il dit :*
Voyez que personne ne	*voyez que personne ne*	*Voyez que personne ne*
vous égare	*vous égare*	*vous égare*
5 = 2423 = 2426	6 = 1321	
Car beaucoup viendront	*Car beaucoup viendront*	*car beaucoup viendront*
en mon nom disant :	*en mon nom disant*	*en mon nom disant*
C'est moi	*C'est moi*	*C'est moi*
qui suis le Christ		
et ils égareront	*et ils égareront*	
beaucoup	*beaucoup*	
		et : le temps est proche
		ne vous mettez pas à leur
		suite
6	7	9
Or vous aurez à entendre	*Or quand vous entendrez*	*Or quand vous entendrez*
(...) de guerres et de	*(...) de guerre et de*	*(...) de guerre et de*
bruits de guerre	*bruits de guerre*	*bouleversements*
Voyez		
ne vous troublez pas	*ne vous troublez pas*	*ne soyez pas terrifiés*
car il faut que cela	*car il faut que cela*	*car il faut que cela*
arrive	*arrive*	*arrive d'abord*
mais ce n'est pas encore	*mais ce n'est pas encore*	*mais ce n'est pas sitôt*
la fin	*la fin*	*la fin*
		alors il leur disait :

| n° 213 | n° 138 | n° 249 |
| Matthieu 24 | Marc 13 | Luc 21 |

7	8	10
Car se lèvera nation	*Car se lèvera nation*	*se lèvera nation*
contre nation et royaume	*contre nation et royaume*	*contre nation et royaume*
contre royaume	*contre royaume*	*contre royaume*
		11
et il y aura	*il y aura*	*Il y aura*
des famines		
et des tremblements de	*des tremblements de*	*de grands tremblements*
terre en divers lieux	*terre en divers lieux*	*de terre et, en divers lieux*
	il y aura des famines	*fléaux et famines*
		Il y aura des phénomènes
		effrayants et de grands
		signes du ciel

8		
Or, tout cela (sera le)	*Cela (sera le)*	
Commencement des	*commencement des*	
douleurs	*douleurs*	
de l'enfantement	*de l'enfantement*	

(traduction L. Deiss)

Ces trois versions d'un fragment du "Discours eschatologique", sont encore globalement voisines les unes des autres. A des nuances stylistiques près, Matthieu et Marc se suivent de très près et seul Luc, en certains endroits, fait cavalier seul. Il omet, par exemple, la proposition *"et ils égareront beaucoup"*, mentionnée par Matthieu et Marc, et il la remplace par *"Le temps est proche, ne vous mettez pas à leur suite"*, omise à son tour par les deux premiers synoptiques. Ces menues divergences constituent la deuxième des caractéristiques de la concordance synoptique : au sein d'une certaine unité, concordant tant par le thème général que par ses expressions littéraires, l'une des recensions est moins complète que telle autre. Il se produit ainsi une rupture de la concordance par ce que l'on appellera une "omission". Ce terme doit être pris exclusivement dans un sens descriptif et relationnel : c'est uniquement par rapport à une version plus complète que l'on parlera d'omission dans l'une des recensions. Ces omissions qui sont peut-être négligeables dans le corps d'une péricope et pour une analyse assez grossière, le sont moins lorsqu'elles surviennent à la fin de cette péricope. Et tel est bien le cas pour le *"Commencement des douleurs"*. Car, comment déterminer avec précision les bornes de cette section ?

Sur cet exemple, le texte à trois témoins se termine à la phrase : *"Il y aura des tremblements de terre en divers lieux, il y aura des famines"*. A la suite de quoi Matthieu et Marc concluent par : *"Cela sera le commencement des douleurs de l'enfantement"*, que ne mentionne pas Luc qui poursuit par : *"Il y aura des phénomènes effrayants et de grands signes dans le ciel"*. Si l'on tient à disposer d'un critère exact de rupture de concordance, ces deux dernières phrases devront être isolées du contexte sémantique global dont elles relèvent. Ainsi, et même en sélectionnant l'un des rares cas où les péricopes à trois témoins sont très voisines les unes des autres, la section ammonienne ne peut être acceptée telle quelle et doit être subdivisée en fragments. Ce morcellement serait-il évité en recourant aux produits d'une exégèse plus récente que nous livrent les synopses contemporaines ?

3.2.2. Péricopes synoptiques

Le troisième exemple sera constitué par une série de versets dont certains sont communs à Matthieu et Luc : Matthieu 23 13-36 et Luc 11 37-54. Pour Matthieu, la synopse de Benoit et Boismard regroupe ces versets sous un même titre : "Sept malédictions aux scribes" (n° 288), alors que celle de Deiss les subdivise en deux péricopes, la première (n° 261), sous un titre identique, pour les versets 13 à 33, et la seconde (n° 262), intitulée "Le châtiment est proche", pour les versets 34 à 36. Les versets de Luc sont réunis en une seule péricope qui a les numéros 202 en Benoit et Boismard et 185 en Deiss, avec pour titre "Malheur aux pharisiens et aux légistes".

Il importe tout d'abord de relever que les péricopes diffèrent selon les analystes qui les constituent et les délimitent. Or, à l'heure actuelle, les parallélismes entre textes font l'objet de rares contestations et, s'il subsiste encore quelques divergences, celles-ci concernent des points mineurs. Il n'existe ainsi aucune raison de privilégier une synopse de préférence à une autre. Les unités qu'elles proposent ne peuvent servir que de point de départ pour le relevé des parallélismes entre unités élémentaires mais elles ne peuvent être acceptées en tant que regroupement final sans une analyse critique préalable, et tout particulièrement sur cet exemple.

En effet, les parallélismes étudiés au niveau des versets offrent simultanément ici les trois caractéristiques de la correspondance synoptique : renvois à d'autres péricopes, blocs de versets sans parallèles dans l'autre recension et enfin inversions entre versets concordants. La longueur de ce passage déconseillant une citation **in extenso**, ces trois particularités seront présentées dans le graphique linéaire ci-après :

Figure IV.4

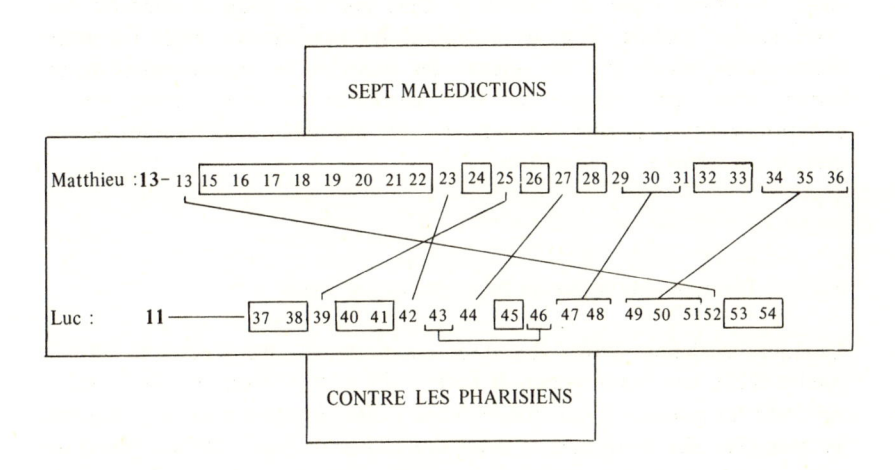

```
                    ┌─────────────────────┐
                    │  SEPT MALEDICTIONS  │
                    └─────────────────────┘
Matthieu :13- 13 │15 16 17 18 19 20 21 22│23│24│25│26│27│28│29 30 31│32 33│34 35 36

Luc :       11 ──────│37 38│39│40 41│42 43 44│45│46│47 48│49 50 51 52│53 54│
                    ┌─────────────────────┐
                    │ CONTRE LES PHARISIENS│
                    └─────────────────────┘
```

1) *Renvoi à d'autres péricopes :* Les versets 43 et 46 de Luc ont leurs parallèles en Matthieu 23 [7-6] où ils appartiennent à la péricope "Discours contre les pharisiens" qui est partiellement rapportée par Marc 12 [37-40], et par Luc (20 [45-47]), qui localise donc en deux endroits de sa narration cette diatribes contre les pharisiens, aux chapitres 11 et 20, avec de plus un doublet : 11 [43] = 20 [46], entre ces deux discours que Matthieu réunit en un texte unique.

2) *Versets sans parallèles :* Sur le graphique précédent, les versets n'ayant aucun parallèle sont entourés d'un rectangle. On en relève 13 sur les 23 versets de la péricope matthéenne et 7 sur les 18 de la péricope lucanienne. Ces deux péricopes n'ont donc en commun qu'une dizaine de versets.

3) *Inversions :* En dernier lieu, ces versets communs aux deux recensions ne figurent pas dans le même ordre en l'une et l'autre. Le graphique linéaire ci-dessus permet de relever 6 inversions dont 5 sont d'ailleurs engendrées par le verset introductif de Matthieu placé au contraire par Luc en conclusion de

sa propre diatribe : "Malheur à vous, légistes, parce que vous avez enlevé la clef de la science ! Vous-mêmes n'êtes pas entrés et ceux qui voulaient entrer vous les en avez empêchés".
Ainsi, et en dépit des parallélismes partiels qui permettent de rapprocher ces deux péricopes l'une de l'autre, il n'est guère possible d'admettre leur concordance globale. Tout en acceptant les parallélismes entre les unités élémentaires relevés par les auteurs des synopses, le regroupement de ces unités devra tenir compte des trois particularités de la correspondance synoptique entre ces péricopes pour essayer d'éliminer aussi bien les renvois que les omissions et les inversions.

3.2.3. Péricopes liturgiques et péricopes synoptiques

Quelques anciennes bibles françaises comportaient des synaxaires, ainsi la Sainte Bible dans la traduction de Lefèvre d'Etaples (Anvers 1534). De même en 1542 fut publié à Lyon, chez Etienne Dolet, un lectionnaire des "Espitres et Evangiles des cinquante et deux dimanches de l'an". De nos jours, des lectionnaires de semaine à l'usage des fidèles catholiques font leur apparition et des synaxaires pour les évangiles des dimanches terminent certaines éditions des quatre évangiles. A partir de deux de ces ouvrages récents, l'un et l'autre de 1966, ont été relevées quelques correspondances entre cinq péricopes liturgiques découpées dans les évangiles de Luc et de Matthieu [43].

(A) = Luc 17 20-37 :   *Le jour du Fils de l'homme*
(B) = Matthieu 24 15-35 :   *Ruine de Jérusalem et fin des temps*
(C) = Matthieu 24 36-44 :   *Veillez pour ne pas être surpris*
(D) = Luc 12 35-40 :   *Les serviteurs vigilants*
(E) = Luc 21 25-33 :   *Le royaume de dieu approche*

Le recours à une synopse permet de relever les concordances entre versets et d'établir ainsi le jeu global des concordances entre ces péricopes liturgiques.

---

43. *Les Quatre évangiles, op. cit.; Lectionnaire de semaine à l'usage des fidèles,* Biblica, 1966.

Ces concordances seront représentées par un schéma dans lequel une péricope est représentée par un rectangle comprenant dans un ovale les versets concordants :

Figure IV.5

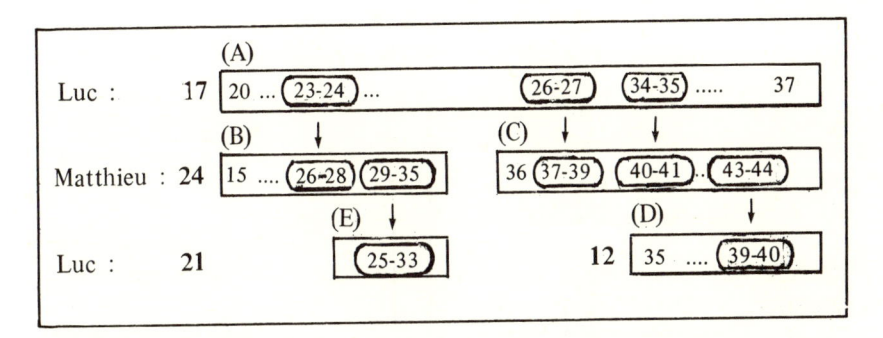

```
            (A)
Luc :    17  [ 20 ...(23-24)...        (26-27) (34-35) .....  37 ]
            (B)         ↓              (C) ↓      ↓
Matthieu : 24 [ 15 ....(26-28)(29-35)   36 (37-39) (40-41)..(43-44) ]
                    (E) ↓                     (D) ↓
Luc :    21         [ (25-33) ]       12  [ 35 ....(39-40) ]
```

En prenant la péricope A de Luc comme élément de départ, le jeu de la correspondance synoptique entre les cinq péricopes liturgiques se résumerait par le diagramme :

Figure IV.6

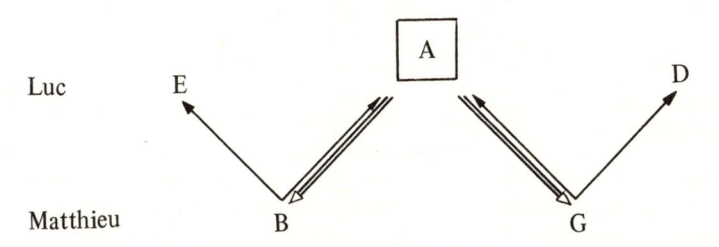

```
                      A
 Luc      E                       D
           ↖  ↗           ↖  ↗
             ↘  ↙           ↘  ↙
 Matthieu   B                    G
```

La péricope liturgique n'étant pas découpée dans une perspective synoptique, il n'y a rien de surprenant à ce que la correspondance ne se referme pas entre deux sections de ce type ainsi que le fait apparaître le précédent diagramme. Mais la correspondance ne se refermera pas davantage si l'on considère les péricopes synoptiques distinguées au sein de ces mêmes péricopes liturgiques. En effet, la synopse de Deiss ainsi que celle de Benoit et Boismard subdivisent en trois la péricope E de Luc, en six la péricope B de Matthieu, en deux sa péricope C, il n'y a que la péricope A de Luc "Le jour du fils de l'homme" qui n'est pas subdivisée. Les concordances entre ces diverses péricopes synoptiques seront étudiées par l'intermédiaire d'une représentation schématique que donne le tableau ci-après :

134 Les unités néo-testamentaires

	Matthieu	Luc	
	24	21	11

LA GRANDE TRIBULATION — Matthieu 15, 16, 17, 18, ↓, 19, 20, 21, ↓, 22 ; Luc 21: 20, 21a, ↓, 21b, 22, ↓, 23, ↓, 24

FAUX MESSIES — Matthieu 23, 24, 25 ; Luc 11: 20 :

LE JOUR DU FILS DE L'HOMME — Matthieu 26, 27, 28 ; Luc 11: 23, 24

LA PAROUSIE — Matthieu 29, 30, 31 ; Luc 21: 25, 26, 27

PARABOLE DU FIGUIER — Matthieu ↓, 32, ↓, 33 ; Luc 21: 28, 29, 30, 31

DE LA LOI — Matthieu 34, 35, 36 ; Luc 21: 32, 33

LE JOUR DU FILS DE L'HOMME (Luc 11) ↓

L'ENSEIGNEMENT DU DELUGE — Matthieu 37, 38, 39, ↓ ; Luc 11: 26, ↓, 27, 28 29 30, 31

Matthieu 40, 41 ; Luc 11: 34, 35, 37a, 37b

↓ —12—

LE MAITRE DE MAISON — Matthieu 42, 43, 44 ; Luc 21: 35, 39, 40

SERVITEURS VIGILANTS

Commentaires

La péricope de Luc "Le jour du Fils de l'homme" comprend 15 versets dont les parallèles en Matthieu se répartissent de la manière suivante :

— 3 d'entre eux seulement se trouvent réunis dans une péricope de même titre, à savoir les deux premiers (avec un parallèle dans "Les faux messies"), et le dernier.
— 4 autres, subdivisés en deux groupes (26-27 et 34-35), ont leurs parallèles dans "L'enseignement du déluge".
— Le verset 31 de Luc a son parallèle dans "La grande tribulation", péricope qui se retrouve au chapitre 21 de Luc. En ce chapitre et aussitôt après elle suivant les trois péricopes intercalées par Matthieu entre "Le jour du Fils de l'homme" et "L'enseignement du déluge".
— 8 versets de Luc n'ont pas de parallèle direct avec Matthieu, mais deux d'entre eux sont des doublets :

$$\text{Luc } 17^{25} = 9^{22} = \text{Matthieu } 16^{21}$$
$$\text{Luc } 17^{33} = 9^{24} = \text{Matthieu } 16^{25}$$

situés dans les péricopes "Annonce de la Passion" et "Exigences du renoncement".

Ainsi donc, que ce soit au niveau des péricopes liturgiques ou à celui plus détaillé des péricopes synoptiques, l'analyse même grossière des parallélismes oblige à rejeter l'un et l'autre de ces deux types de segmentaion essentiellement en raison de l'absence de la fermeture de la correspondance, mais aussi, et bien que cela n'ait pas été étudié sur ces exemples, en raison des omissions comme des inversions.

3.2.4. Le problème des doublets

Les doublets, signalés à plusieurs reprises dans les exemples précédents, viennent encore compliquer la correspondance synoptique. Le doublet est un parallélisme interne, propre à une même recension qui contient deux versions d'un même passage. Dès lors, laquelle de ces deux versions choisir pour la considérer comme parallèle au passage d'une autre recension développant le même thème ?
Le doublet de Matthieu "L'arbre et son fruit" fournit un très bon exemple des solutions diverses adoptées à ce propos par les auteurs des synopses. En commençant par un graphique linéaire, les concordances entre les trois

versions de ce thème commun à Luc et Matthieu se répartissent de la manière suivante :

(M 1) –	Matthieu	7	15	16ª	16ᵇ	17-1		19	20
(L) –	Luc	6	43	44ª	44ᵇ	44ᶜ	45ª	45ᵇ	46
(M 2) –	Matthieu	12	33ª 33ᵇ		34ª	34ᵇ		35	

Benoit et Boismard

Deiss

Dans la synopse de Benoit et Boismard, M 1 et L sont réunis sous le même titre "L'arbre jugé à ses fruits" et M 2 fait l'objet de la péricope "A bon arbre, bon fruit" (n° 119). Dans la synopse de Deiss, on relève trois péricopes distinctes par la numérotation, mais deux d'entre elles portent le même titre "L'arbre et son fruit", attribué à M 2 (n° 108) et à L (n° 97) et cette fois-ci M 1 est distinguée par son intitulé "Les faux prophètes" (n° 58). La présentation synoptique de ces textes permet de se rendre compte des raisons qui ont pu conduire à des regroupements différents de ces fragments de l'évangile à propos desquels on pourrait avancer l'hypothèse d'une condensation chez Luc des deux versions de Matthieu (cf. *supra*, chapitre III, paragraphe 2.2.2., et *infra*, chapitre IX, paragraphe 1.3.5.).

BENOIT ET BOISMARD

A BON ARBRE...   L'ARBRE JUGE A SES FRUITS

Matthieu 12	Luc 6	Matthieu 7	Matthieu 3
33	43	18	
Ou rendez l'arbre beau et son fruit sera beau ou rendez l'arbre pourri et son fruit sera pourri	Il n'est pas d'arbre beau produisant des fruits pourris ni, non plus, d'arbre pourri produisant des fruits beaux	Un arbre bon ne peut porter des fruits mauvais ni un arbre pourri produire des fruits beaux	

Matthieu 12	Luc 6	Matthieu 7	Matthieu 3
	44	16	
car, c'est à partir du fruit qu'on connaît l'arbre	Car chaque arbre se connaît à son propre fruit. Car sur des épines on ne cueille pas des figues ni sur la ronce on ne vendange du raisin	c'est à leurs fruits que vous les reconnaîtrez. Cueille-t-on sur des épines des raisins ou sur des chardons des figues ?	
35 L'homme bon du bon trésor de son coeur tire de bonnes choses et l'homme mauvais, du mauvais trésor tire de mauvaises choses	45 L'homme bon du bon trésor de son coeur profère le bon et le mauvais du mauvais (trésor) profère le mauvais		
34b Car de la surabondance du coeur parle sa bouche	Car de la surabondance du coeur parle sa bouche		
		19 Tout arbre ne faisant pas de fruit bon est coupé et jeté au feu	10b Donc, tout arbre ne faisant pas de fruit bon est coupé et jeté au feu

L'ARBRE ET SON FRUIT *FAUX PROPHETES* *JEAN BAPTISTE*

DEISS

Il serait facile de multiplier ces quelques exemples. A eux seuls ils suffisent à rejeter le type de segmentation désignée par le terme de péricope, que celle-ci soit ammonienne, liturgique ou synoptique. La raison principale de l'inadéquation de ce découpage au but poursuivi ici réside dans le fait que, même pour les synopses contemporaines, la délimitation des sections a pour but de permettre au croyant, par la comparaison de passages semblables situés dans leur contexte, d'acquérir une meilleure connaissance des livres qui sont à la source de sa foi : "la lecture approfondie d'un seul évangile, écrit le R. P. Deiss, et sa compréhension exigent une lecture simultanée des autres". Ainsi, malgré sa vocation comparative, la péricope synoptique contemporaine reste-t-elle une unité de type sémantique, dotée d'une signification globale que résume son titre avec plus ou moins de précision. Même si la comparaison synoptique intervient dans la détermination des césures, la recherche d'une certaine unité de sens, fonction de l'intuition individuelle ou de tendances d'école, conduit à des délimitations pour lesquelles les parallèles avec les autres témoins ne jouent pas le rôle principal. D'où ces renvois à d'autres péricopes, les absences de concordances et les inversions à l'intérieur des péricopes rapprochées. Ces caractéristiques de la correspondance synoptique, qui pour nous sont des défauts, conduisent à rechercher d'autres unités et, éventuellement, à les construire.

3.3. Parallélismes entre versets

3.3.1. Importance des versets

On serait naturellement enclin à supposer que chapitres et péricopes sont des sections trop vastes pour vérifier toutes les conditions requises d'une segmentation uniquement comparative et que le verset, de longueur moindre, échapperait aux critiques formulées contre les autres unités. Il n'en est rien. Cela tient-il à la rapidité avec laquelle Robert Estienne procéda à cette segmentation qu'il effectua, dit-on, au cours d'un voyage à cheval de Paris à Lyon pour sa quatrième édition du Nouveau Testament grec (Genève 1551) ? Toujours est-il que, malgré leur temporaire remise en cause par Sixte V en 1590, les versets se sont maintenus jusqu'à nos jours et qu'il convient donc d'analyser aussi ce type de découpage.

Les versets sont constitués de fragments de textes très courts développant une même idée centrale en deux ou trois propositions syntaxiquement simples. Ainsi des versets ci-après :

Matthieu 6^{21}
    "Car là où est ton trésor, là aussi sera ton coeur".

Marc 4 25
> *"Car celui qui a, il lui sera donné*
> *et celui qui n'a pas*
> *même ce qu'il a lui sera enlevé".*

Luc 9 25
> *"Car que sert à un homme d'avoir gagné le monde entier*
> *mais de s'être perdu lui-même*
> *ou d'avoir subi du dommage ?"*

Comme toutes les unités découpées dans l'Ancien ou le Nouveau Testament, la longueur des versets est assez variable et il arrive parfois que la césure entre deux versets ne coïncide pas avec la fin d'une phrase. Ainsi en est-il de ces versets empruntés à Matthieu :

Matthieu 23
> 34 *"C'est pourquoi voici :*
> *Moi je vous envoie des prophètes et des sages et des scribes.*
> *Vous en tuerez et en cruxifierez*
> *et vous en flagellerez dans vos synagogues*
> *et persécuterez de ville en ville,*
> 35 *de sorte que retombe sur vous tout le sang juste*
> *répandu sur la terre depuis le sang d'Abel le juste*
> *jusqu'au sang de Zacharie, fils de Barachie*
> *que vous avez assassiné entre le sanctuaire et l'autel.*
> 36 *Amen, je vous dis :*
> *tout celà retombera sur cette génération".*

D'après les relevés de Mgr de Solages sur un texte grec [44], les versets 34 et 35, pour lesquels la césure coupe une phrase, comprennent l'un et l'autre 31 mots alors que le verset 36 en comporte seulement dix. La différence va donc ici du simple au triple et il est quelques versets plus longs et d'autres plus courts. Cette inégalité de longueur n'est pas sans conséquence dans l'établissement des parallélismes. Selon leur longueur, les versets comprendront un plus ou moins grand nombre de propositions, unités élémentaires relativement autonomes et qui pourront soit faire défaut en l'une des recensions, soit avoir leurs parallèles en plusieurs versets, soit éventuellement être inversées entre elles.

---

44. Mgr B. de Solages, *Synopse Grecque des évangiles.*

3.3.2. Omissions dans les versets

Un verset de Marc fournira un premier exemple où les omissions s'allient à une répartition des parallèles en des chapitres différents de Matthieu :

Matthieu 18	Marc 9	Luc 9
		48 *Et il leur dit :*
5 - - - - - - - - - - - - -	37 -
Et quiconque *accueillera un tel* *petit enfant* *à cause de mon nom* *c'est moi* *qu'il accueille*	*Et quiconque* *accueillera un de ces* *petits enfants* *à cause de mon nom* *c'est moi* *qu'il accueille*	*quiconque* *accueillera* *ce petit enfant* *à cause de mon nom* *c'est moi* *qu'il accueille*
- -
10 40 *qui vous accueille* *m'accueille*		
- -
et qui m'accueille	*et quiconque* *m'accueille*	*et quiconque* *m'accueillera*
- -
	ce n'est pas moi *qu'il accueille*	
- -
accueille celui qui *m'a envoyé*	*mais celui qui* *m'a envoyé*	*accueille celui qui* *m'a envoyé*
		- - - - - - - - - - - - - - -
		car le plus petit *parmi vous tous* *celui-là est grand*

Ainsi donc, au seul verset 9^{37} de Marc, correspondent : en Matthieu, deux versets fort éloignés l'un de l'autre puisque l'un se trouve au chapitre 18 et l'autre au chapitre 10 ; et en Luc, un seul verset mais qui, d'une part, ne comprend pas la proposition "ce n'est pas moi qu'il accueille" et qui, d'autre part, se termine par "car le plus petit parmi vous tous, celui-là est grand" qui ne figure à cet endroit ni en Matthieu ni en Marc. Si l'on tient à respecter au plus près ces concordances fragmentaires, il convient donc de subdiviser les versets eux-mêmes en sous-versets selon la répartition indiqués par les lignes en pointillé. D'une manière schématique, on représenterait alors la concordance de la manière suivante :

Figure IV.7

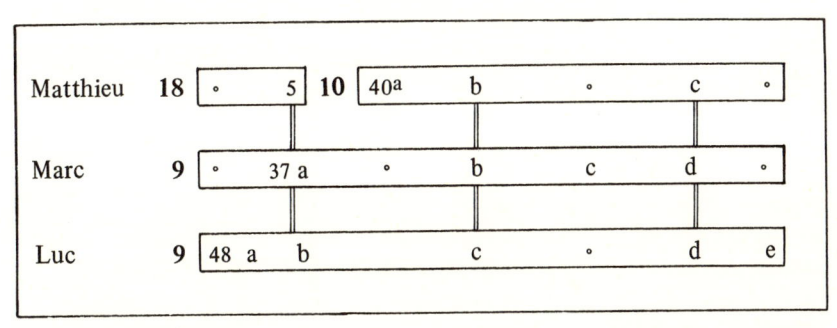

```
Matthieu  18 | °    5 | 10 | 40a     b       °      c      °
Marc       9 | °   37 a      °      b      c      d      °
Luc        9 | 48 a     b           c      °      d      e
```

Les parallélismes internes que sont les doublets conduisent aussi à une subdivision du verset comme en témoigne le doublet suivant de Luc sur le thème "Tout sera dévoilé" :

Matthieu 10	Luc 12	Luc 8	Marc 4
26. - - - - - - - - 2		17	22
Ne les craignez donc pas			
car rien n'est voilé qui ne sera dévoilé	*Rien n'est voilé qui ne sera dévoilé*		
et caché	*et caché*	*Car rien n'est caché*	*Car rien n'est caché*
		qui ne devienne	*sinon pour qu'il soit*
		manifesté ni en cachette	*manifesté ni n'est arrivé en cachette*
qui ne sera connu	*qui ne sera connu*	*qui ne sera connu*	
		et ne vienne	*mais pour qu'il vienne*
		manifeste	*manifeste*

142 *Les unités néo-testamentaires*

En traduisant cette correspondance d'une manière schématique selon le même modèle que précédemment, on obtiendrait :

Figure IV.8

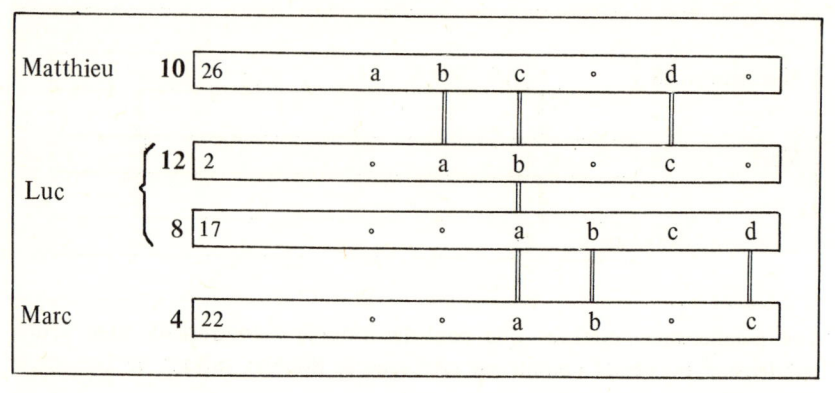

```
Matthieu   10 | 26      a    b    c    °    d    °

Luc       ⎧ 12 | 2       °    a    b    °    c    °
          ⎩  8 | 17      °    °    a    b    c    d

Marc       4 | 22       °    °    a    b    °    c
```

Dans ce dernier exemple, le morcellement des versets en sous-versets résulte des omissions qui apparaissent en comparant les recensions les unes aux autres. Mais il est aussi des cas où cette subdivision est rendue nécessaire par le seul fait que la segmentation en versets diffère entre les recensions dont les textes sont pourtant très voisins.

3.3.3. Comparaisons des césures et inversions

Ainsi prenons une partie de la péricope "De quel droit agis-tu ainsi", commune aux trois évangiles, mais pour notre propos il suffit de considérer le parallélisme entre Matthieu et Luc :

Matthieu 21	Luc 20
25	4
Le baptême de Jean	*Le baptême de Jean*
d'où était-il	*était-il*
Du ciel ou des hommes ?	*du ciel ou des hommes ?*
	5
Mais eux raisonnaient	*Mais eux calculaient*
en eux-mêmes, disant :	*par devers eux, disant :*
Si nous disons :	*Si nous disons :*
du Ciel,	*du Ciel*
il nous dira :	*il dira*
Pourquoi donc n'avez-vous	*Pourquoi n'avez-vous*
pas cru en lui ?	*pas cru en lui ?*

Ici le texte de Matthieu correspond presque mot pour mot à celui de Luc et néanmoins à un seul verset de Matthieu correspondent deux versets en Luc. Il arrive aussi parfois que césures différentes et omissions se présentent simultanément comme dans la "Troisième annonce de la Passion".

TROISIEME ANNONCE DE LA PASSION

Matthieu 20	Marc 10	Luc 28
17.	32.	
Or,	*Or, ils étaient en route*	
montant à Jérusalem	*montant à Jérusalem*	
	et Jésus marchait devant	
	eux, et ils étaient	
	saisis de frayeur	
	et ceux qui suivaient	
	avaient peur	
		31.
Jésus prit	*et ayant pris de nouveau*	*Or, ayant pris*
les douze auprès de	*les douze auprès (...)*	*les douze auprès de*
lui		*lui*
il leur dit :	*il se mit à leur dire*	*il leur dit*
	ce qui allait lui arriver	
18.	35.	
Voici, nous montons à	*Voici, nous montons à*	*Voici, nous montons*
Jérusalem	*Jérusalem*	*à Jérusalem*
et le fils de l'homme	*et le fils de l'homme*	
sera livré	*sera livré*	
		et sera accompli tout
		ce qui a été écrit
		par les prophètes
		au sujet du fils de
		l'homme
aux chefs des prêtres	*aux chefs des prêtres*	
et aux scribes	*et aux scribes*	
et ils le condamneront	*et ils le condamneront*	
à mort	*à mort*	

144 *Les unités néo-testamentaires*

Matthieu 20	Marc 10	Luc 28
19 --------	--------	32 --------
et ils le livreront	*et ils le livreront*	*Car il sera livré*
aux nations	*aux nations*	*aux nations*
--------	36 --------	--------
pour être bafoué	*et il le bafoueront*	*et il sera bafoué*
		et outragé
	et ils cracheront	*et il sera couvert*
	sur lui	*de crachats*
--------	--------	33 --------
et pour être flagellé	*et ils le flagelleront*	*et l'ayant flagellé*
et pour être crucifié	*et ils le tueront*	*ils le tueront*
et le troisième jour	*et après trois jours*	*et le troisième jour*
il ressuscitera	*il se lèvera*	*il se lèvera*

L'interférence des deux critères de subdivision conduit à un morcellement des versets que d'aucuns jugeront excessif et dont rend compte le schéma ci-après :

Figure IV.9

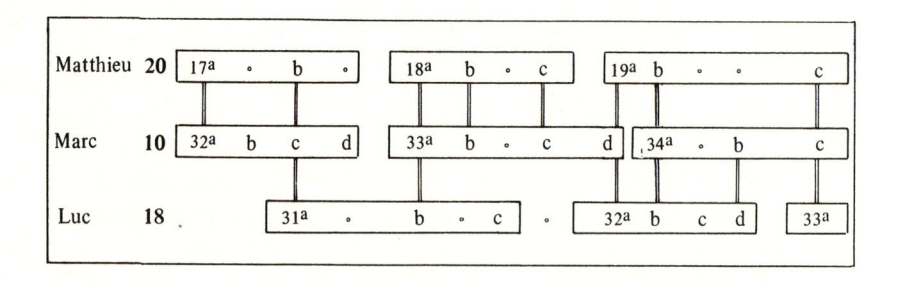

A vouloir se tenir aussi près des parallélismes entre unités élémentaires, il conviendrait de prendre aussi en considération les inversions qui existent

parfois entre deux versets globalement concordants :
Luc 8^{21} Marc 3^{35}

"Ma mère et mes frères   "Quiconque a accompli
sont ceux qui   la volonté de dieu
écoutent et accomplissent   celui-ci est mon frère
la parole de dieu".   et ma soeur et ma mère"

Si fine que soit donc la subdivision en versets, celle-ci reste encore mal adaptée au but poursuivi puisqu'elle continue de présenter les caractéristiques déjà décelées sur des unités plus vastes. Pour y échapper, il conviendrait de segmenter à nouveau le verset en fragments plus courts. Pour légitime que soit un tel découpage, doit-il pour autant constituer l'assise générale de l'établissement de toutes les concordances ?
Deux raisons s'opposent à ce choix.
La première et la plus superficielle est d'ordre pratique : concevable pour l'analyse minutieuse d'une péricope – et d'ailleurs sur un texte grec, et non sur une traduction si fidèle soit-elle – une segmentation aussi minutieuse serait d'une lourdeur excessive pour l'étude globale des concordances. Ainsi l'évangile de Matthieu comprend quelques 1 068 versets dont 330 seulement n'ont aucun parallèle en Marc ou en Luc. S'il fallait subdiviser les 768 restants en deux ou trois sous-versets, l'on aboutirait à près de 2 000 unités de concordances !
La seconde raison repose sur la constatation que cette segmentation n'aurait que l'apparence de la rigueur. Elle n'est, en effet, concevable et réalisable que lorsque les textes sont littéralement proches les uns des autres et qu'il est alors possible de délimiter des propositions qui se correspondent presque terme à terme. Les exemples analysés dans les pages précédentes étaient certes de ce type, mais il arrive aussi que la concordance soit thématique sans pour autant être littérale. Dans ce dernier cas segmenter en propositions n'a guère de sens et il est préférable de se contenter d'une correspondance globale, comme dans cet exemple.

LE GRAIN DE SENEVE

Marc 4^{30} "Et il disait : comment comparerons-nous le royaume de Dieu, ou en quelle parabole le mettrons-nous ?
    31   C'est comme un grain de senevé qui, lorsqu'il a été semé sur la terre, étant plus petit que toutes les semences qui sont sur la terre
    32   et lorsqu'il a été semé, il monte et il devient plus grand que tous les légumes et il fait de grandes branches, de sorte que sous son ombre les oiseaux du ciel peuvent s'abriter.

Luc 13:18 *Il disait donc : A quoi est semblable le royaume de Dieu et à quoi le comparerais-je ?*
19 *Il est semblable à un grain de senevé qu'un homme ayant pris a jeté dans son jardin, et il a cru, et il est devenu un arbre, et les oiseaux du ciel se sont abrités dans ses branches.*

Bien que ces deux péricopes développent le même thème, les deux versions que nous en proposent les évangélistes n'ont guère d'expressions communes. La traduction française en témoigne et les dénombrements sur un texte grec le confirment : la version de Marc comprend 57 mots, celle de Luc 40 mots sur lesquels 14 seulement se retrouvent en Marc et parmi eux trois conjonctions de coordination ainsi que les termes *"il disait"*, *"grain de senevé"* et *"les oiseaux du ciel"*. Pour cet exemple, il ne servirait donc à rien de morceler les versets puisque ce n'est que par leur regroupement qu'ils arrivent à exprimer un thème commun [45].

L'une des leçons de cet exemple, choisi à dessein, est que l'établissement de rapprochements sémantiques entre les évangiles synoptiques n'est en rien automatique et qu'il requiert toujours le recours à un spécialiste. Ainsi les concordances admises par les exégètes resteront-elles le cadre de référence dans lequel se situeront les regroupements qui seront proposés aux chapitres suivants.

3.3.4. Conclusion

Tout au long de leur histoire, les textes évangéliques ont donc été découpés des façons les plus diverses. Si d'âge en âge se retrouvent trois niveaux de segmentation qui correspondent approximativement aux chapitres, péricopes et versets actuels, toutefois, et malgré la stabilité de la transmission de textes considérés comme révélés, aucune des unités primitives n'a survécu jusqu'à notre époque. Dès l'origine les divisions en chapitres ont varié selon les manuscrits et ceux d'Etienne Langton n'ont sans doute dû de survivre sans grands bouleversements que pour avoir servi de cadre de référence aux concordances de Hugues de Saint-Cher. Pareillement pour les versets que Robert Estienne imposa tout d'abord par l'excellence de sa version grecque du Nouveau Testament (**Textus Receptus**), et qui servirent ensuite de repérage commode pour les concordances et les délimitations de toutes sortes. Pour les péricopes à vocation comparative, les sections d'Eusèbe de Césarée furent d'une grande stabilité durant près d'un millénaire moins en raison de l'inertie de la tradition que par leur valeur intrinsèque et la précision de leurs parallélismes. Progressivement tombées en désuétude, il faut attendre le 19e

---

45. Sur cette même péricope à trois témoins, *cf.* par exemple P. Benoit dans *Revue Biblique*, t. LXVII, 1960, p. 100.

siècle pour voir se multiplier les découpages comparatifs à l'occasion des débats sur le problème synoptique qui conduisent presque chacun des spécialistes à proposer sa segmentation personnelle. Sans parler des unités de l'école des formes (**Formgeschichte**), variant d'un auteur à l'autre, la diversité des segmentations proposées par les synopses en est le signe le plus frappant. Dans la perpective d'une recherche des sources présynoptiques ce niveau intermédiaire de segmentation qu'est la péricope, paraissait d'un intérêt tout particulier et il était permis d'espérer que celle-ci se serait naturellement imposée. Unité globalement significative, éventuellement autonome, elle semblait susceptible d'avoir été transmise et recueillie sans trop de distorsion entre ses différentes versions. L'analyse de quelques-unes d'entre elles révèle qu'il n'en est rien. Si certaines péricopes se correspondent globalement, que de divergences dans les délimitations, que de variantes, adjonctions ou suppressions dans le développement d'un thème identique ! Que de péricopes aussi qui ne sont isolées qu'en une seule recension où elles regroupent des fragments dispersés parmi plusieurs autres péricopes d'un autre témoin !

Quelle pourrait être l'origine de ces désaccords ? Sans aller jusqu'à prétendre qu'un bon spécialiste du Nouveau Testament délimite effectivement les péricopes avant d'analyser les parallélismes entre les unités élémentaires qu'elles regroupent, au niveau des résultats tout se passe pourtant comme s'il en était ainsi. Quelle que soit la démarche réellement suivie, les exemples analysés ci-dessus font apparaître avec évidence que les césures qui délimitent ces sections ne dérivent jamais uniquement des seules relations très particulières qui existent entre les trois synoptiques et qu'il se produit toujours une interférence avec un critère externe de nature sémantique dont le rôle est de donner à la section ainsi isolée une certaine unité thématique. Il est naturel qu'il soit le seul à intervenir dans la délimitation d'une péricope liturgique dont le but est de proposer aux fidèles un thème d'exhortation ou de méditation. Il demeure encore admissible dans la délimitation d'une péricope synoptique lorsque son propos consiste uniquement en une meilleure compréhension du message évangélique. Par contre, lorsque la comparaison entre les trois recensions est entreprise pour elle-même et en dehors de toute perpective doctrinale, il convient de chercher à l'éliminer en raison des difficultés que son utilisation entraîne et de s'efforcer de le remplacer par un critère interne.

Le problème de la segmentation est, en effet, schématisable de la manière suivante : à partir de trois textes, constitués d'unités élémentaires successives et dont certaines sont à considérer comme sémantiquement parallèles, on désire effectuer des regroupements sous le nom de sections et définir une correspondance entre elles à partir des parallélismes sémantiques entre les unités élémentaires. Deux voies s'offrent à l'analyste qui procède à ce travail :

ou bien ne prendre en compte que les seuls parallélismes et délimiter les sections en fonction de leur ordre de succession — ou bien surimposer ses propres connaissances en ce domaine et découper chaque texte pour lui-même en fonction de considérations dont la valeur n'est pas en cause mais qui sont partiellement ou totalement étrangères à la relation de parallélisme sémantique. La voie communément suivie est sans conteste la seconde. La première conséquence en est, puisque chaque analyste détermine lui-même ses propres critères de segmentation, la grande diversité des segmentations proposées. La deuxième conséquence de ce recours à un critère externe constitue le thème central de ce chapitre : toutes les unités étudiées, quelle que soit leur taille ou leur époque, présentent sans exception les trois caractéristiques de la correspondance synoptique : non-fermeture de la correspondance, omissions au sein des unités mises en correspondance et inversions entre certains fragments de ces unités.

Or, sous quelque dénomination que ce soit, les sections peuvent être considérées, d'un certain point de vue, comme des classes d'équivalence d'unités élémentaires successives qui ont été regroupées selon un critère donné. En lui-même, ce critère, explicite ou implicite, est une relation classificatoire sur l'ensemble des unités élémentaires d'une recension. Dans la pratique courante, cette relation classificatoire est indépendante de la relation définie entre les classes de deux recensions, à savoir la relation dite de "correspondance synoptique". Cette deuxième relation entre sections est définie à partir de la relation de parallélisme sémantique entre les unités élémentaires (cf. **chapitre IV, paragraphe 3.1.**).

Trois relations sont donc simultanément en jeu : une relation entre unités élémentaires, dont on admettra l'invariance — une relation classificatoire sur chaque recension qui délimite les classes ou sections — enfin, une fois les classes constituées, la relation de correspondance synoptique entre ces classes. Lorsque ces deux dernières relations sont définies indépendamment l'une de l'autre, les critères de regroupement sont théoriquement quelconques. Chaque changement de critère entraîne une modification des classes et par voie de conséquence une correspondance synoptique distincte alors que la relation entre les unités élémentaires demeure invariante. Mais si rien n'y oblige, rien non plus n'interdit d'adopter une démarche presque inverse en reliant la relation classificatoire et la relation synoptique par une construction simultanée de l'une et de l'autre à partir de cette relation considérée comme invariante entre les unités élémentaires. Correctement définie — et ceci fera l'objet du chapitre suivant — la construction de classes et d'une correspondance entre elles à partir d'une relation entre leurs éléments permettra d'aboutir d'une part à l'unicité de la décomposition en classes et d'autre part à la bi-univocité de la correspondance entre ces classes.

Chapitre V

LE DECOUPAGE SYNOPTIQUE

L'objectif à atteindre est le suivant : nous disposons de trois textes dont deux ou trois relatent parfois simultanément un même "épisode", d'importance d'ailleurs très variable : fragment de sentence ou groupement d'actions et de paroles du Seigneur. Traditionnellement, ces témoignages communs sont appelés des concordances. A partir de celles-ci uniquement, et sans tenir aucun compte des subdivisions usuelles, nous désirons segmenter ces textes pour construire des unités assimilables aux objets d'une permutation. Ils doivent donc être délimités sans que subsiste aucune ambiguïté, seul moyen pour transposer la concordance, notion sémantique, en correspondance, notion mathématique. La réalisation d'un tel découpage est subordonnée à la définition de "critères de segmentation" aussi objectifs que possible qui permettront d'isoler des unités d'un premier niveau que l'on appellera "passages". Comme il convient, par ailleurs, de tenir compte des moyens matériels disponibles ou des contraintes techniques qui interdisent un morcellement excessif des textes, il est nécessaire de procéder aussi à la définition de "critères de regroupement" au moyen desquels les passages seront réunis en unités du deuxième niveau appelés des "blocs". Les applications ultérieures du modèle d'analyse ne feront intervenir que les blocs; eux seuls seront les équivalents des objets d'une permutation.

1. LES PASSAGES

Une nouvelle segmentation des textes ne requiert aucunement une nouvelle définition des concordances. Elle n'est qu'une utilisation particulière et adaptée à un but spécifique des parallélismes sémantiques. L'établissement de ceux-ci relève des spécialistes de critique néo-testamentaire qui élaborent les synopses. Il n'est donc pas question de remettre en cause leur travail minutieux. Simplement, il faudra parfois trancher plus ou moins arbitrairement lorsque des divergences, qui ne portent jamais que sur des points de détails, apparaissent entre deux synopses.
Comme on l'a relevé tout au long des exemples précédents empruntés soit à la synopse du R. P. Deiss soit à celle de l'Ecole biblique de Jérusalem, les parallélismes sont établis au niveau des unités les plus fines qui éventuellement peuvent n'être qu'un simple mot, mais plus généralement sont un fragment de verset. Une fois dressée la liste de toutes ces concordances, celle-ci présente, sous l'angle de la continuité et de l'ordre, deux caractéristiques qui seront retenues comme critères de rupture de concordance : ce sont les "omissions" et les "inversions". Ces mots sont assez explicites par eux-mêmes, encore faut-il préciser ce qui sera considéré ou retenu comme omission et comme inversion.

1.1. Les omissions

Elles ne sont définissables que par la comparaison de plusieurs textes : lorsque l'un au moins d'entre eux rapporte tel fait que d'autres ne mentionnent pas, l'on parlera alors chez ces derniers de l'omission de ce fait. Prenons pour premier exemple une péricope à trois témoins, la sentence déjà citée sur "le sel"

	LE SEL	
Matthieu 5	Marc 9	Luc 14
	49 *Car tous seront salés par le feu*	
	50 *Le sel est bon*	34 *En effet le sel est bon*

| Matthieu 5 | Marc 9 | Luc 14 |

13
*Vous êtes le sel de
la terre
mais si le sel
s'affadit
avec quoi
sera-t-il salé*

*mais si le sel
devient insipide
avec quoi
l'assaisonnerez-vous*

*Mais si le sel aussi
s'affadit
avec quoi
sera-t-il assaisonné?*

*Ayez en vous-mêmes
du sel, et soyez en paix
les uns avec les autres*

35
*Ni pour la terre,
ni
pour le fumier
il n'est utile
on le jette dehors
qui a des oreilles
pour entendre
qu'il entende !*

*Il n'est plus bon à rien
qu'à être jeté dehors*

*et être foulé aux pieds
par les hommes*

Sur la représentation schématique de ces concordances, les omissions se qualifieraient de la manière suivante :

Tableau V.1

	Mt 5	Mc 9	Lc 14	
Recension unique	.	49	.	Omission double : Matthieu-Luc
Double recension	.	50[a]	34[a]	Omission simple : Matthieu
Recension unique	13[a]	.	.	Omission double : Matthieu-Luc
Triple recension	13[b]	50[b]	34[b]	
Recensions uniques {	.	50[c]	.	Omission double : Matthieu-Luc
	.	.	35[a]	Omission double : Matthieu-Marc
Double recension	13[c]	.	35[b]	Omission simple : Marc
Recensions uniques {	.	.	35[c]	Omission double : Matthieu-Marc
	13[d]	.	.	Omission double : Marc-Luc

Sur cet exemple, comment les omissions sont-elles délimitées? Il convient ici d'analyser la notion de concordance et d'en distinguer les niveaux. Théoriquement, et dans le cas le plus simple, ceux-ci sont au nombre de trois : niveau thématique, ou concordance globale qui conduit un analyste à regrouper sous un même titre telle succession de versets; niveau propositionnel, qui est celui des différentes phrases par lesquelles s'exprime le thème; niveau lexical, enfin, lequel est relatif aux mots utilisés dans la construction d'une proposition. Accords et désaccords sont susceptibles d'être relevés à chacun de ces niveaux. Les relevés statistiques des mots communs, tels que ceux effectués par Mgr de Solages, supposent une délimitation des contextes et donc une concordance au niveau propositionnel ou thématique. Sur l'exemple précédent, il serait ainsi possible d'isoler une phrase pour en effectuer une comparaison terme à terme :

Matthieu	Marc	Luc
Mais si le sel	*Mais si le sel*	*Mais si le sel aussi*
s'affadit		*s'affadit*
	devient insipide	
avec quoi	*avec quoi*	*avec quoi*
sera-t-il		*sera-t-il*
	l'assaisonnerez-vous ?	*assaisonné ?*
salé ?		

Cette analyse en niveaux successifs n'est cependant pas toujours valable, car deux types d'exceptions se rencontrent qui ont déjà été mentionnées au chapitre précédent. La première est relative à la difficulté d'analyser une concordance thématique au niveau propositionnel; ainsi en était-il de la parabole du "Grain de sénevé". La seconde, sans doute plus fréquente, est relative à l'existence de deux propositions très voisines l'une de l'autre mais qui se trouvent intégrées dans des contextes différents. Tel est le cas des doublets au sein d'une même recension. Tel serait aussi le cas de la parabole de Luc "le jour du Fils de l'homme" (**cf.** tableau IV. 2), dont les versets sont répartis en trois péricopes distinctes de Matthieu. Comment résoudre les problèmes soulevés par ces exceptions et à quel niveau situer les concordances qui seront en définitive retenues?

Par une décision, peut-être arbitraire — et dans toute la mesure du possible — les concordances retenues seront celles du niveau propositionnel, avec la convention suivante : *les unités mises en parallèle seront constituées de propositions élémentaires, ou phrases grammaticales dotées de sens par elles-mêmes et susceptibles, soit d'être permutées au sein d'un même* contexte, soit d'être insérées dans un autre contexte. Ces unités éventuellement isolables de leur contexte, seront dites "unités sémantiques".

Quoique relativement intuitive, on adoptera cette notion d'unité sémantique pour délimiter une omission. Ce qui conduit à la formulation suivante du *premier critère de segmentation* :

> Toute omission simple ou double, portant sur une unité sémantique au moins, constituera une rupture de concordance pour les textes de recension double ou triple et marquera l'extrémité d'un "passage".

Prenons par exemple, en Matthieu, le début de "La première annonce de la Passion" :

> *"Et à partir de ce moment, Jésus commença à montrer*
> *à ses disciples qu'il devait :*
> *s'en aller à Jérusalem*
> *et souffrir beaucoup de la part des anciens et des chefs*
> *des prêtres et des scribes*
> *et être mis à mort*
> *et ressusciter le troisième jour".* Mt 16^{21}

On admettra facilement que ce fragment comporte quatre prédictions différentes du Christ, dont la première est absente des versions de Marc et de Luc, qui ne rapportent que les trois dernières, mais qui indiquent, en outre : "être rejeté". Cette première prédiction sera considérée comme une omission. Elle déterminera donc une rupture de concordance et délimitera un passage. Par contre, envisageons la concordance entre Marc et Luc sur la sentence concernant :

LA VENUE PROCHAINE DU ROYAUME

Marc 8	Luc 9
38	26
Car celui qui aura rougi	*Car celui qui aura rougi*
de moi et de mes paroles	*de moi et de mes paroles*

dans cette génération
adultère et pécheresse

le fils de l'homme aussi	*de lui rougira*
rougira de lui	*le fils de l'homme*
lorsqu'il viendra dans	*lorsqu'il viendra dans*
la gloire de son père	*sa gloire et celle de son père*
avec les anges	*et des saints*
saints	*anges*

Dans ce texte, la partie de phrase *"dans cette génération adultère et pécheresse"*, qui ne figure pas en Luc, ne sera pas considérée comme une unité sémantique et l'on ne dira pas que le texte de Luc présente une omission par rapport au texte de Marc. Ce même texte contient aussi deux inversions : l'une se rapporte au sujet et au complément du même verbe, et l'autre porte sur un nom et son adjectif. Il semble difficile de les considérer autrement que comme des procédés stylistiques, mais que retiendrons-nous alors comme inversion?

1.2. Les inversions

Tout comme les omissions, les inversions seront définies à partir des unités sémantiques. Lorsque deux propositions isolables de leur contexte se trouvent placées en un ordre différent sur deux recensions, l'on dira qu'elles présentent une inversion.
D'où le deuxième *critère de segmentation :*
> Toute inversion de deux unités sémantiques successives en une rédaction constituera une rupture de concordance et marquera l'extrémité d'un passage.

Voici, en exemple, la fin du texte déjà cité sur :

L'ARBRE ET SON FRUIT

Matthieu 12	Luc 6
34 *Engeance de vipères comment pouvez-vous dire de bonnes choses étant mauvais ?*	
Car de la surabondance du coeur parle la bouche 35 *L'homme bon, du bon trésor de son coeur tire de bonnes choses, et l'homme mauvais du mauvais trésor, tire de mauvaise choses*	45 *L'homme bon, du bon trésor de son coeur profère (ce qui est) bon et le mauvais, du mauvais (trésor) profère ce qui est mauvais* *Car de la surabondance du coeur parle la bouche*

Il y a bien interversion d'une unité sémantique que Matthieu place *avant* et Luc *après* une sentence qui leur est commune. Ici les propositions interverties sont successives en l'une et l'autre rédaction, mais ce cas est plutôt rare et en général la proposition déplacée par l'un des rédacteurs se trouve localisée à un endroit quelconque de son évangile.

Prenons deux exemples contraires d'inversions de mots qui ne seront pas décomptées comme inversion. Tout d'abord la fin de la parabole

LE SEMEUR

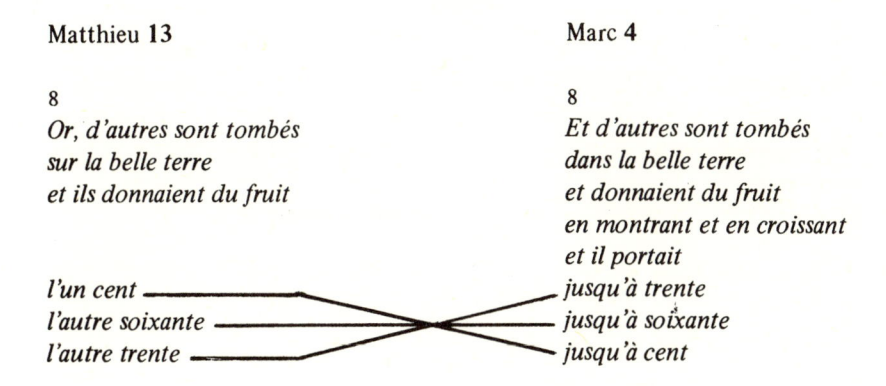

Matthieu 13   Marc 4

8   8
Or, d'autres sont tombés   *Et d'autres sont tombés*
sur la belle terre   *dans la belle terre*
et ils donnaient du fruit   *et donnaient du fruit*
                                               en montrant et en croissant
                                               et il portait
l'un cent   *jusqu'à trente*
l'autre soixante   *jusqu'à soixante*
l'autre trente   *jusqu'à cent*

Ensuite, un verset de Luc, avec son parallèle en Marc :

CONSIGNES DE LA MISSION

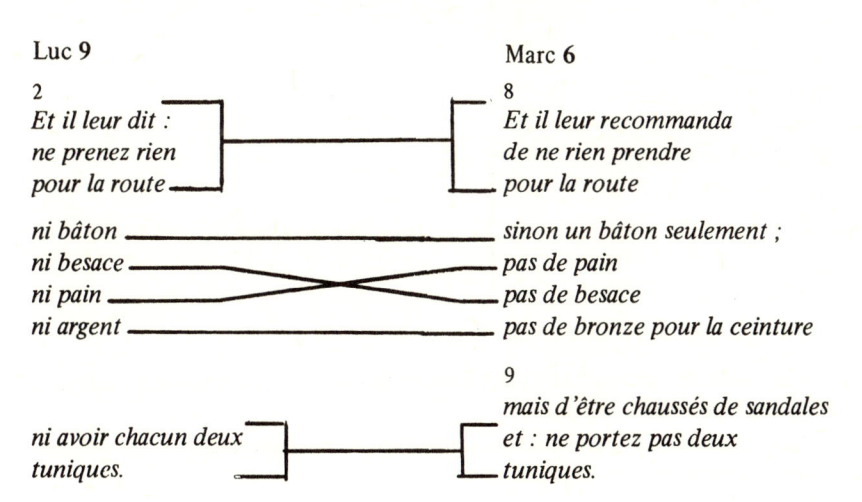

Luc 9   Marc 6

2   8
Et il leur dit :   *Et il leur recommanda*
ne prenez rien   *de ne rien prendre*
pour la route   *pour la route*

ni bâton   *sinon un bâton seulement ;*
ni besace   *pas de pain*
ni pain   *pas de besace*
ni argent   *pas de bronze pour la ceinture*
                                               9
                                               mais d'être chaussés de sandales
ni avoir chacun deux   *et : ne portez pas deux*
tuniques.   *tuniques.*

Sur ces deux textes, comme pour celui de "La venue prochaine du royaume", les inversions, qui portent sur des unités inférieures à une proposition, ne détermineront pas de rupture de concordance et ne délimiteront pas de passages.

En résumé, en appliquant ces règles, qui sont purement conventionnelles, si nous disposons, dans leur ordre de rédaction, les textes de Matthieu, Marc et Luc sur trois colonnes parallèles et si nous réunissons par un trait les parallélismes sémantiques proposés par les exégètes, la segmentation en passages sera donnée par le schéma :

Tableau V.2

X	Y	Z		
x------x------x			1	
x------x------x				
x------x			2	Omission simple de Z
x------x------x			3	
x------x------x				
x			4	Omission double de X et Z
x⋱ ⋰x------x			5	Inversion de X par rapport à Y et Z
x⋰ ⋱x------x			6	
x----- x------x			7	
x------x⋱ x			8	Inversion de Z par rapport à X et Y
x------x⋰⋱ x			9	
x------x⋰ x				

1.3. Contenu des "passages"

En fonction des deux critères de rupture de concordance présentés ci-dessus, le passage sera défini comme :
    une séquence de parallélismes sémantiques, ou concordances, ne présentant ni omission ni inversion.

Selon cette définition, le passage est bien établi à partir des relations sémantiques proposées par les spécialistes, mais cette nouvelle unité est totalement indépendante des découpages usuels les plus usités : versets et péricopes. En effet :

a) Tout texte de recension unique, quelle que soit sa longueur, constituera un passage unique; aucune concordance n'existant, il ne saurait y avoir de rupture de concordance ! Ainsi dans la "grande incise" de Luc, les quatre péricopes "La drachme perdue et retrouvée", "Le fils perdu et retrouvé", "L'intendant habile et la fidélité" appartiendront-elles à un seul et même passage.

b) Un passage, en général, disloque une péricope. Il suffit de se reporter ci-dessus à "La troisième annonce de la Passion" pour constater que par le seul jeu des omissions cette péricope sera subdivisée en quelques onze passages.

c) Fréquemment, un passage enjambe deux péricopes en réunissant la fin de l'une au début de l'autre ; ceci apparaît dans la représentation schématique des concordances sur les textes de triple tradition ci-après :

Tableau V.3

Matthieu	Marc	Luc	
16 27b	9 .	9 .	Omission double : Marc-Luc
28	1	27	VENUE DU ROYAUME (fin)
17 1	2	28	
2	3	29	TRANSFIGURATION (début)
3	4	30	
		31	Omission double : Matthieu-Marc

De ces dernières remarques, il découle que si le passage est un regroupement d'unités sémantiques, en lui-même il ne comporte aucun contenu sémantique qui lui soit propre, à l'inverse, notamment, des péricopes. Construit à partir des seules continuités ou discontinuités des concordances, son contenu, si l'on peut encore utiliser ce mot, est strictement ordinal. Dès lors, la question posée dans l'introduction de cette deuxième partie : "Le modèle d'analyse proposé doit-il engendrer une technique de la segmentation et concourir ainsi à la constitution de son objet? " reçoit une réponse positive. Il ne pouvait en être autrement une fois passées en revue les inadéquations, par rapport au but poursuivi, des unités usuelles. Il se trouve qu'un modèle essentiellement ordinal engendre des unités elles-mêmes ordinales qui reflètent, à leur niveau, la caractéristique principale de la théorie destinée à interpréter leurs divers agencements.

2. LES "BLOCS"

En raison des particularités concrètes des concordances synoptiques, l'application systématique des règles constitutives des passages conduit à un morcellement excessif des textes étudiés. Si le nombre des passages est nettement inférieur au nombre des concordances établies au niveau des sous-versets, il n'en demeure pas moins que des moyens techniques extrêmement limités incitaient à rechercher une segmentation plus grossière. Par ailleurs, dans la perspective d'une découverte des sources éventuellement utilisées par les rédacteurs des synoptiques, le passage, tel que défini plus haut comme suite de concordances sans omission ni inversion, pouvait paraître une unité trop stricte qui ne laissait aucune marge à la liberté rédactionnelle d'un évangéliste. S'il faut éviter que cette liberté ne soit invoquée à chaque exception relative à un système d'interprétation, on ne saurait par contre, totalement l'éliminer, à la seule condition, pour conserver une certaine cohérence à la théorie, d'en fixer au préalable la zone d'application. Cette délimitation, qui est évidemment totalement arbitraire, repose sur l'hypothèse qu'un rédacteur, tout en étant "substantiellement" fidèle à ses sources, n'en demeure pas l'esclave en se restreignant à un rôle de simple copiste. Pour donner un contenu opératoire à cette hypothèse, nous supposerons que cette liberté dans la fidélité se manifeste par la possibilité, soit de négliger certains détails rapportés par les sources, soit de recomposer une séquence dans un ordre quelque peu différent de celui de la source. Ceci nous conduira à négliger certaines omissions ainsi que certaines inversions et permettra de regrouper les passages en des unités plus larges que nous avons appelées des "blocs". Précisons les règles que nous choisissons pour ces regroupements.

2.1. Omissions négligées

Bien que le verset ne soit pas une unité particulièrement adéquate, ne serait-ce qu'en raison de sa longueur variable, nous l'avons pourtant conservé pour l'expression des règles de regroupement. Celles concernant les omissions qui seront tenues pour négligeables seront différentes selon qu'il s'agit de textes de double ou de triple recension. Il y aura donc deux règles principales : R-1 et R-2, qui, l'une et l'autre, feront l'objet d'extensions.

Première règle : R-1   Textes à deux témoins
   Trois passages successifs, A, B et C, seront regroupés en un même bloc lorsqu'ils présentent les caractéristiques suivantes :
   a) A et C sont des passages de double recension, comportant deux versets au moins;

b) B est un passage de recension unique dont la longueur est de trois versets au plus.

Cette règle revient à négliger toute omission n'excédant pas trois versets et qui se trouve encadrée à ses deux extrémités par des concordances portant au moins sur deux versets.

Deuxième règle : R-2   Textes à trois témoins
Trois passages successifs, A, B et C, seront regroupés en un même bloc lorsqu'ils présentent les caractéristiques suivantes :
a) A et C sont des passages de triple recension dont la longueur minimum est soit de *deux* versets pour A et de *un* verset pour C, soit l'inverse un verset pour A et deux versets pour C.
b) B est un passage de double recension dont la longueur est de deux versets au plus.

Cette règle revient à négliger toute omission double dont la longueur n'excède pas deux versets et à condition qu'elle soit encadrée par des concordances portant sur deux versets à l'une de ses extrémités et sur un verset à l'autre extrémité.

Une fois résolu le problème de l'organisation des concordances, laquelle fait l'objet du chapitre suivant, il devient possible d'énoncer les deux règles ci-dessus en fonction de l'intervalle séparant deux concordances et de donner de ces règles une représentation schématique. Nous aurions ainsi :

Figure V. 1

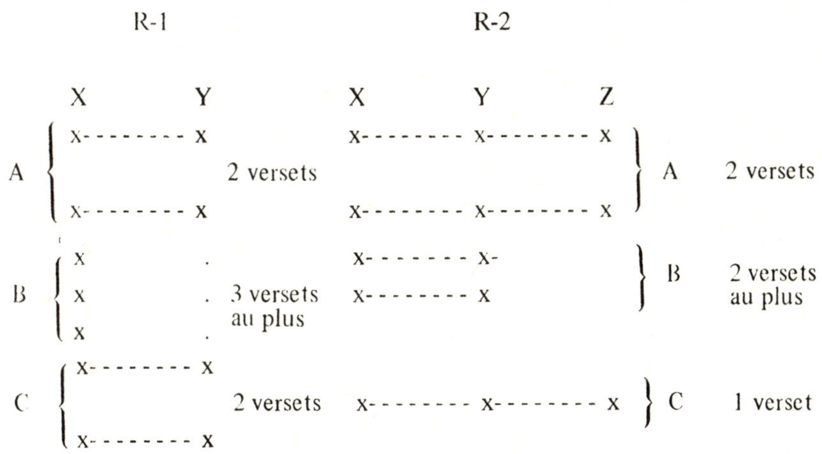

160 *Le découpage synoptique*

Extension de R-1 : En raisonnant en termes de versets qui séparent les deux extrémités A et C, il semble normal d'admettre que les trois versets intermédiaires à un seul témoin ne relèvent pas tous trois de la même recension, d'où la possibilité d'étendre R-1 à quatre passages, A, B, C, D. La manière la plus explicite est de présenter cette extension par un schéma :

Figure V.2

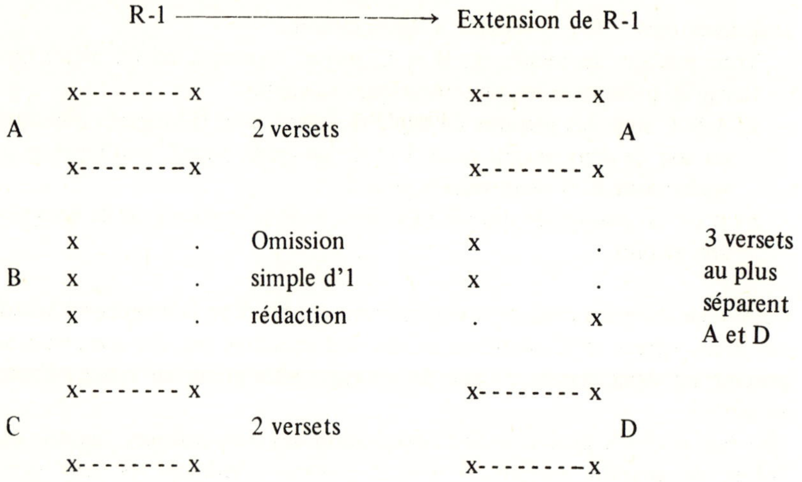

R-1 ⎯⎯⎯⎯⎯⎯⎯⎯⎯⎯⎯⎯⎯→ Extension de R-1

```
        x- - - - - - - x                    x- - - - - - - x
A                          2 versets                          A
        x- - - - - - - x                    x- - - - - - - x


        x            .   Omission       x            .      3 versets
B       x            .   simple d'1     x            .      au plus
        x            .   rédaction      .            x      séparent
                                                            A et D


        x- - - - - - - x                    x- - - - - - - x
C                          2 versets                          D
        x- - - - - - - x                    x- - - - - - - x
```

Extension de R-2 : Pour la même raison, on admettra une extension de la deuxième règle en ne contraignant pas les versets à deux témoins de relever tous deux de la même recension :

Figure V.3

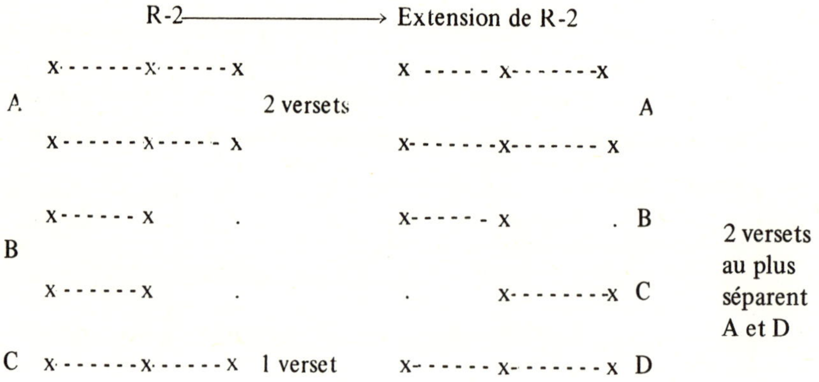

R-2 ⎯⎯⎯⎯⎯⎯⎯⎯⎯⎯→ Extension de R-2

```
      x- - - - -x- - - - -x              x - - - - -x- - - - - -x
A                          2 versets                             A
      x- - - - -x- - - - -x              x- - - - - -x- - - - - -x


      x- - - - -x         .              x- - - - -x        . B
B                                                                    2 versets
      x- - - - -x         .              .          x- - - - -x  C  au plus
                                                                     séparent
                                                                     A et D

C     x- - - - -x- - - - -x   1 verset   x- - - - - -x- - - - - -x D
```

Application de R-2 aux textes à deux témoins : On conviendra d'appliquer cette règle aux passages de la double recension, à savoir : si deux passages extrêmes A et C ne sont séparés que par deux versets de recension unique, alors l'un de ces passages extrêmes pourra ne comporter qu'un seul verset.

Application de R-1 aux textes à trois témoins : On conviendra d'appliquer cette règle aux passages de la triple recension, à savoir : deux passages extrêmes, ayant *chacun* deux versets au moins, et séparés par trois versets au plus, seront réunis avec ces passages intermédiaires en un seul bloc.

Figure V.4

```
        Application de R-1                    Application de R-2


        x------x------x                       x------x
A                                         A              2 versets
        x------x------x                       x------x

B   x         .        .   3 versets      x       . B   2 versets
C   .         x        .   au plus        .       x C   au plus
D   .         .        x   séparent       x------x D    séparent
        x------x------x    A et E                        A et D
E
        x------x------x
```

Remarque : Toute concordance triple dans une séquence de concordances doubles détermine un bloc à elle seule. D'une manière générale, il y a rupture de concordance pour tout passage de la double à la triple recension.

2.2. Inversions négligées

La règle concernant les inversions qui seront tenues pour négligeables sera plus stricte que celles établies pour les omissions et elle sera unique. Ceci en raison du caractère ordinal du système d'interprétation : ayant pour but d'interpréter les inversions, il ne s'agit pas de les faire disparaître au préalable. Seules seront donc éliminées les "petites" inversions.

162 *Le découpage synoptique*

Troisième règle : R-3
   Trois passages successifs, figurant en deux témoins dans l'ordre A, B, C et A, C, B seront regroupés en un même bloc lorsque :
   a) A comporte un verset au moins
   b) B et C comportent un verset au plus et sont intervertis tout en restant contigus sur toutes les rédactions.
   Cette règle se traduit par le schéma :

Figure V.5

R-3

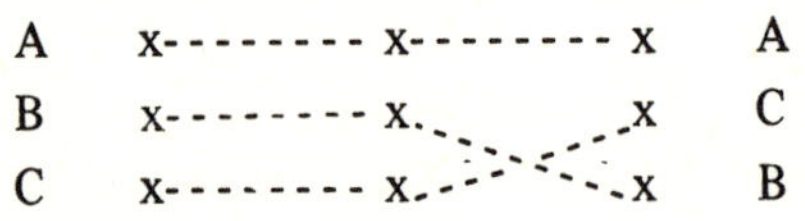

```
A   x-------x-------x   A
B   x-------x.     .x   C
C   x-------x.--.-.x    B
```

Cette troisième règle, très stricte, oblige à retenir certaines inversions que l'on pourrait cependant qualifier de "petites", mais qui ne respectent pas pour autant toutes les conditions de R-3. Ainsi en sera-t-il pour les types d'inversions représentées par les schémas :

Figure V.6

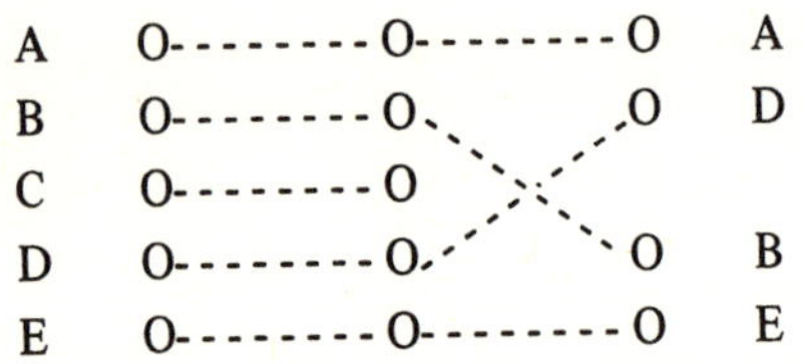

```
A   o-------o-------o   A
B   o-------o.     .o   D
C   o-------o    ><
D   o-------o.' '. o    B
E   o-------o-------o   E
```

En l'un des textes les passages intervertis ne sont pas successifs puisque séparés par le passage C. *Pas de regroupement en bloc* ni avec A, ni avec E.

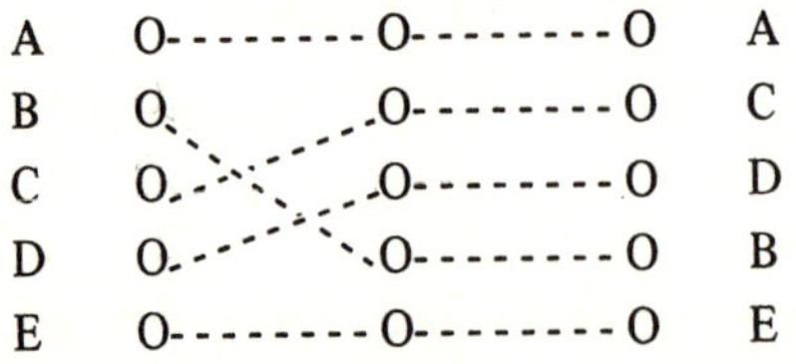

```
A   o-------o-------o   A
B   o.     .o-------o   C
C   o.'-.  .o-------o   D
D   o.'  '.o-------o    B
E   o-------o-------o   E
```

Ici encore, les passages intervertis, B et C aussi bien que B et D ne sont pas successifs en une rédaction ou en l'autre. *Pas de regroupement en bloc.*

Pour ce dernier schéma, C et D peuvent constituer un seul passage, mais d'une longueur supérieure à un verset, ce qui va à l'encontre de la deuxième condition de R-3.

2.3. L'application des règles

Le propos fondamental du regroupement des "passages" en "blocs" est de négliger certaines divergences primitivement relevées entre les synoptiques et qui, d'un certain point de vue, sont à considérer comme mineures. Ainsi la première étape de la segmentation s'efforce-t-elle de suivre au plus près toutes les particularités des concordances de manière à ce que les limites d'approximation soient définies avec suffisamment de précision et que les critères de regroupement s'appliquent à une segmentation peut-être trop minutieuse mais à tout le moins la plus assurée qu'il soit possible. Il convient pourtant de nuancer et d'atténuer, dès à présent, ce projet de rigueur absolue et quasi automatique.

Certes les règles de segmentation en passages aussi bien que celles de regroupement en blocs ont-elles été suggérées par les matériaux synoptiques eux-mêmes et plus particulièrement par leur présentation dans la "synopse" du père L. Deiss. Cependant, elles sont, en quelque sorte, des règles idéales et encore trop simples pour s'appliquer sans adaptation aux textes évangéliques. Cela est surtout sensible pour les règles de regroupement. Celles-ci sont énoncées en termes de verset qui jouent un rôle d'unité de longueur de texte. Or, comme on l'a souligné au chapitre IV, section 3, les versets sont de longueur inégale d'une part, et d'autre part la segmentation en versets varie d'un texte à l'autre comme le prouve l'exemple de "La troisième annonce de la Passion". Dès lors, si chacune des recensions est susceptible de servir de cadre de référence, on se trouvera disposer, outre d'un étalon élastique, de plusieurs origines distinctes ! Dans de telles conditions, que valent ces règles de regroupement ?

En bien des cas, vouloir les appliquer littéralement serait dénué de sens et l'on se trouve naturellement conduit à une certaine approximation qui fait à nouveau intervenir la notion d'unité sémantique ainsi que le nombre de ces unités. Dans l'application effective de ces règles, ce nombre n'a pas été défini avec précision et la signification des passages a parfois joué un rôle, réintroduisant ainsi une certaine intuition que les règles ont justement pour but d'éliminer. Pour éviter, à ce niveau, tout recours à la signification, il eût été nécessaire de procéder, au préalable, à la délimitation de toutes les unités sémantiques des synoptiques et à une nouvelle élaboration de leurs concordances. Si cette tâche, qui n'est pas sans difficultés, est cependant concevable elle exige des moyens techniques et financiers dont nous ne disposions pas. Aussi avons-nous été contraint à quelque imprécision dont témoignent les exemples qui suivent :

Premier exemple

LOI DU TALION

Passage	Matthieu 5	Luc 6	Blocs
A	38 *Vous avez entendu qu'il a été dit : Oeil pour oeil, dent pour dent* 39 *mais moi je vous dis de ne pas résister au méchant*		1
B	*au contraire, si quelqu'un te soufflette à la joue droite tends lui encore l'autre*	29 *A qui te frappe sur la joue offre encore l'autre*	
C	40 *et à qui veut te citer en justice*	*(omission)*	
D	*et prendre ta tunique laisse-lui encore le manteau*	*et à qui t'arrache le manteau ne dispute pas la tunique*	2
E	41 *et si quelqu'un te réquisitionne pour un mille, fais-en deux avec lui.*	*(omission)*	
F	42 *A qui te demande, donne et à qui veut t'emprunter ne tourne pas le dos*	30 *A quiconque te demande, donne et à celui qui prend tes biens ne redemande pas*	

Les deux omissions de Luc par rapport à la version de Matthieu ont été considérées comme négligeables et ses deux versets 29 et 30 réunis en un seul bloc avec Matthieu 39b-42.

Deuxième exemple

CONSTRUIRE SUR LE ROC

Passage	Matthieu 7	Luc 6	Bloc
A	24 *Ainsi quiconque écoute ces miennes paroles et les met en pratique ressemblera à un homme avisé*	47 *Quiconque vient à moi et écoute mes paroles et les met en pratique je vous montrerai à qui il est semblable*	
B	*qui a bâti sa maison sur le roc*	48 *Il est semblable à un homme bâtissant une maison, qui a creusé et est allé profond et a posé la fondation sur le roc*	
C	25 *Et est tombée l'averse et sont venus les torrents*	*Or la crue étant survenue le torrent s'est rué*	
D	*et ont soufflé les tornades et se sont déchaînés contre cette maison et elle ne s'est pas écroulée car elle avait été fondée sur le roc*	*sur cette maison et il ne put l'ébranler car elle était bien bâtie*	1
E	26 *Et quiconque écoute ces miennes paroles et ne les met pas en pratique ressemblera à un homme insensé qui a bâti sa maison sur le sable*	49 *Mais celui qui a écouté et n'a pas mis en pratique est semblable à un homme ayant bâti une maison à même le sol sans fondation*	
F	27 *et est tombée l'averse et sont venus les torrents*	*contre elle s'est rué le torrent*	
G	*et ont soufflé des tornades et se sont rués contre cette maison*		
H	*et elle s'est écroulée et son écroulement était grand*	*et aussitôt elle s'est écroulée d'un seul coup et la ruine de cette maison fut grande*	

166 *Le découpage synoptique*

Les passages sont au nombre de neuf. Les omissions de Luc ont été ici encore considérées comme négligeables et l'ensemble de la péricope détermine un seul bloc.

Troisième exemple
Prenons pour dernier exemple une péricope de triple recension : "Les démons de Gérasa". En raison de la longueur de cet épisode, nous nous contenterons d'une présentation schématique détaillée.

Tableau V.4

Matthieu 8	Marc 5	Luc 8	Passages	Blocs
28a	1	26	A	1
	2a	27a	B	
28b	2b	27b	C	
	3a	27c	D	2
	3b		E	3
	4		$\underline{F}$	4
	5		G	5
	6	28a	H	6
29	7	28b	I	7
	8	29a	J	8
		29b	$\underline{F}$	
	9	30	K	9
	10	31		
30	11	32a		
31	12	32b		
32a	13a	32c		
32b	13b	33	L	
33	14a	34		10
34a	14b	35a		
	15	35b	M	
	16	36		
34b	17	37a	N	
		37b	O	
	18a	37c		11
	18b	38		
	19	39a	P	
	20	39b		

soit : **17** passages
et : **11 blocs**

Sommairement, et en fonction des concordances de double ou triple recension, cette péricope comprend trois parties :
a) La mise en place de la scène (Marc 1 à 10), Jésus descend d'une barque et un homme fou à lier et qui vit dans les tombeaux vient se jeter à ses pieds. Ici, les versions de Marc et de Luc sont plus complètes que celle de Matthieu et en raison des omissions de ce dernier comme de l'interversion en Marc et Luc, la subdivision en passages morcelle excessivement cette partie et le regroupement en blocs n'atténue guère cette fragmentation.
b) La guérison proprement dite (Marc 11 à 17), au cours de laquelle Jésus expulse les démons dans un troupeau de porcs : *"Et le troupeau dévala la falaise, dans la mer, au nombre d'environ deux mille, et ils se noyèrent dans la mer".* Cette conséquence ne plaît guère aux gens du pays qui *"Se mirent à le supplier de quitter leur territoire".* Ici, les trois rédactions se suivent de près et l'omission de Matthieu est suffisament courte pour que les trois passages se trouvent réunis en un seul bloc.
c) Une finale, rapportée par Marc et Luc et omise par Matthieu, où l'homme congédié par le Seigneur *"Se mit à proclamer par la Décapole tout ce que Jésus avait fait pour lui".*

2.4. Le problème des doublets

Les doublets seront-ils retenus comme critère de rupture de concordance? Cette question se pose, car un verset x appartenant à un bloc A et dont la deuxième mention x' appartient à un bloc B peut se représenter par le schéma :

Figure V.8

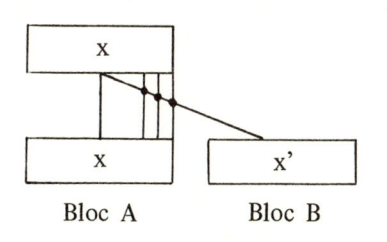

Devra-t-on tenir compte des inversions soulignées sur ce schéma ? et donc subdiviser les blocs A et B ?

Par convention, ces inversions, d'une nature très particulière, ne seront pas prises en considération.
Cette convention, qui de prime abord paraîtra arbitraire, se justifie pratiquement par le fait que les deux versions du doublet ne sont pas toujours absolument identiques et qu'entre deux recensions les mentions littéralement les plus proches appartiennent au même bloc lequel n'est rien d'autre que le *contexte* du doublet.

Le problème des doublets est à nouveau repris au chapitre suivant (**cf.** chapitre **VI**, paragraphes 2.3.1. et 2.3.2.), à propos de leur localisation au cours de la réorganisation et de la numérotation des concordances entre blocs. On y trouvera deux exemples justifiant la convention adoptée ici.
Les blocs ainsi définis seront désormais les seuls objets pris en considération. De notre point de vue, ils sont l'équivalent empirique de ces objets sur l'ordre desquels s'édifie la théorie des permutations et ses prolongements et ils assurent le lien qui permet à un système abstrait de s'appliquer à un donné empirique.
Certes, les règles de segmentation et de regroupement soulèveront des objections qui risquent de provenir de deux perspectives opposées :
— La plus traditionnelle leur reprochera, sans doute, de vouloir trop systématiquement négliger le contenu du message en le segmentant arbitrairement en des endroits quelconques.
— A l'opposé, une tendance plus formaliste, leur reprochera, peut-être, de se montrer encore trop sensibles aux particularités des textes évangéliques et de laisser encore une part trop grande à l'interprétation personnelle.
Il est de fait que, théoriquement, le contenu ne devrait jouer aucun rôle, sauf s'il se manifeste au travers de l'ordonnance des textes. Il est de fait aussi que, surtout pour les regroupements, nous avons souvent atténué la rigueur absolue des règles pour éviter un morcellement que le contenu ne paraissait pas exiger. Ces règles ne sont donc en rien comparables à des ordres-machines. Elles sont simplement un ensemble de principes directeurs qui a orienté les décisions de ceux qui avaient à segmenter et à regrouper. Précises sans être rigides, compte tenu des moyens matériels disponibles, elles semblent assurer une certaine stabilité à la segmentation dont les résultats sont présentés, en raison de leur longueur, dans l'annexe A-2, intitulée "Organisation des concordances".

Chapitre VI

ORGANISATION ET DESIGNATION DES CONCORDANCES

1. CORRESPONDANCES ENTRE ENSEMBLES TOTALEMENT ORDONNES

1.1. Trame principale et trame secondaire

Il ne suffit pas de constituer des unités dont certaines se correspondent d'un évangile à l'autre, il faut encore les identifier, les désigner pour les reconnaître aisément. La présentation synoptique habituelle serait une solution. Elle consiste à suivre l'ordre propre de chaque évangile en indiquant dans des colonnes parallèles les passages concordants des autres recensions. Ceci conduit à répéter deux et parfois trois fois un même passage. Cette présentation est choisie dans le but très précis d'éclairer le texte de l'un des évangélistes par les versions que donnent pour un même épisode les autres témoins. Cette perspective, plus ou moins catéchétique, est totalement étrangères à celle de la présente étude. Aussi avons-nous recherché un système de désignation sur des bases entièrement différentes.

Pour mieux poser le problème, partons d'un exemple théorique simple. Soit trois ensembles totalement ordonnés : X, Y, Z dont les objets sont initialement supposés distincts (ils seront donc désignés par des appellations différentes). Entre ces ensembles existent des correspondances qui à tel objet de l'un d'eux associe tel objet de l'un des autres. Deux objets associés de la sorte par l'une de ces correspondances seront dits être en "concordance". Le problème à résoudre consiste à désigner ces concordances et, par extension, à appeler deux objets en concordance par la désignation de cette concordance.

Soit donc trois correspondances *f, g,* et *h* entre ces ensembles et décrites par le diagramme :

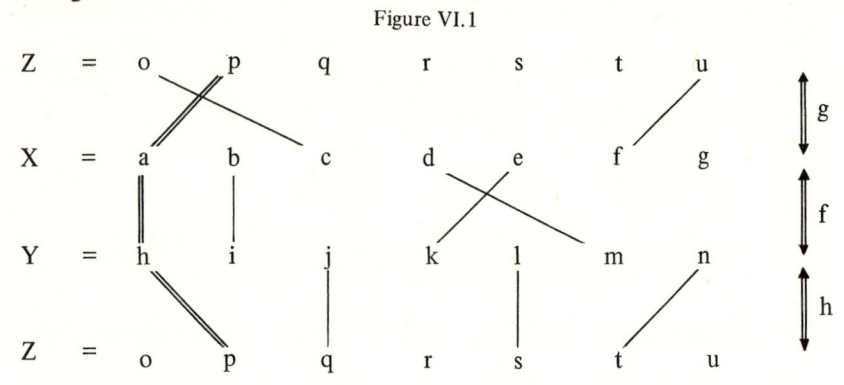

Figure VI.1

```
Z  =   o    p    q    r    s    t    u
                                              ⇕ g
X  =   a    b    c    d    e    f    g
                                              ⇕ f
Y  =   h    i    j    k    l    m    n
                                              ⇕ h
Z  =   o    p    q    r    s    t    u
```

Nous désirons désigner la concordance des objets *o* et *c*, ou celle des objets *a, p* et *h* et par suite identifier ces objets par la désignation de ces concordances. Pour y parvenir, nous emprunterons le détour d'une réorganisation des concordances reposant sur les deux notions de *trame principale* et de *trame secondaire*.

Qu'entendre sous cette dénomination de trame ? Tout simplement qu'au cours de la réorganisation des concordances l'ordre d'un ensemble l'emportera sur l'ordre d'un autre ensemble. Par exemple, si nous attribuons à X le rôle de trame dominante, l'ordre de ses objets servira de cadre de référence pour resituer tout objet d'un autre ensemble en concordance avec l'un des siens. Ainsi entre X et Z pour les concordances entre *a* et *p* d'une part, *c* et *o* d'autre part, *p* sera placé au niveau de *a* et *o* au niveau de *c* :

Figure VI.2

```
X  =   a    b    c    o    o    o
       |         |
Z  =   p    o    o    q    o    o
```

La désignation des concordances s'effectuera ensuite en numérotant celles-ci en fonction de leur ordre de succession une fois la réorganisation achevée :

Tableau VI.1

Réorganisation	a | p	b o	c | o	o q	o o	o o
Numérotation	1	2	3	4	o	o

Dans le cas de trois ensembles X, Y et Z, il est nécessaire de disposer de trames dominantes de force décroissante. Par exemple X dominera Y et Z, et Y à son tour ne dominera que Z. De la sorte, tous les objets en concordance avec X seront réorganisés en fonction de l'ordre de X et les objets restants seront réorganisés en fonction de l'ordre de Y. L'ensemble X sera dit *trame principale* et l'ensemble Y *trame secondaire*.

Pour les trois correspondances envisagées ci-dessus, l'une des solutions de la réorganisation, dont les principes sont exposés au paragraphe 1.2.1. du chapitre VI serait la suivante :

Tableau VI.2

Réorganisation	X = a b c ₒ d e ₒ ₒ ₒ f g Y = h i j m k ₒ l n ₒ Z = p ₒ o q ₒ ₒ r s t u
Numérotation	1 2 3 4 5 6 7 8 9 10 11

Une fois les concordances désignées, les objets se verront alors attribuer les numéros d'identification affectés à ces concordances et le premier diagramme deviendra :

Figure VI.3

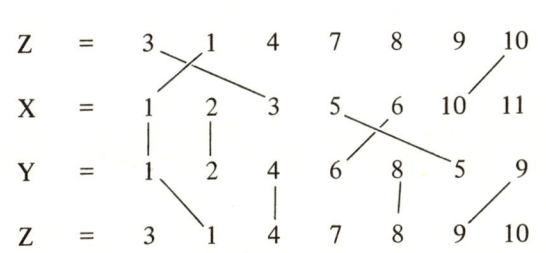

```
Z  =   3   1   4   7   8   9   10
X  =   1   2   3   5   6   10  11
Y  =   1   2   4   6   8   5   9
Z  =   3   1   4   7   8   9   10
```

Ainsi donc, ce n'est qu'au terme du processus de réorganisation que les objets initialement distincts de chaque ensemble seront désignés par une appellation unique lorsqu'ils sont en concordance, ces appellations étant fonction moins des objets eux-mêmes que des relations définies entre eux par l'intermédiaire des correspondances entre ces ensembles.

Cette démarche nous semble tout particulièrement valable pour la désignation des concordances synoptiques. En effet, que ce soit au niveau des passages ou des blocs, et quelle que soit la précision avec laquelle les premiers ou les seconds sont délimités, un fragment du texte de Marc n'est pas identique à un fragment de texte de Luc ou de Matthieu ne serait-ce que parce qu'il relève d'un ensemble de fragments différents. Mais, sans être identiques, ils sont unis entre eux par une certaine relation de ressemblance ou de voisinage thématique et c'est à partir de l'ensemble de ces relations (qui n'est autre qu'une correspondance), qu'il devient possible de les désigner par une même appellation, qui ne signifie en rien l'identité de ces passages, mais exprime uniquement une équivalence entre eux.

1.2. Les intercalations

1.2.1. Comment intercaler ?

Le processus de réorganisation repose principalement sur la manière dont sera résolu le problème de l'intercalation des passages non concordants, qu'ils relèvent d'une trame dominante ou d'une trame dominée.
Pour le résoudre, nous ferons appel à la notion d'omission. Prenons le cas le plus simple de deux ensembles totalement ordonnés de trois objets chacun et dont la correspondance sera définie par le diagramme :

Figure VI.4

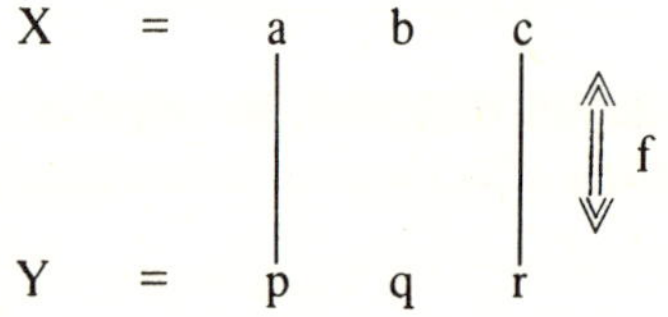

$$X = a \quad b \quad c$$
$$Y = p \quad q \quad r \qquad f$$

Pour réordonner les éléments de ces deux ensembles on considèrera que b est omis par Y et que q est omis par X.
Choisissant X comme trame dominante, l'ordre de ses éléments prévaudra sur l'ordre des éléments de Y. Ceci a pour conséquence que l'objet b sera placé immédiatement après l'objet a. Puis, les deux objets concordants c et r devront être placés au même niveau de la réorganisation, mais comme l'objet q précède r on situera cet objet q à un niveau précédant celui de r. Ces remarques permettent de localiser, lors de la réorganisation, les deux omissions signalées plus haut. En définitive, le tableau de la réorganisation sera :

Tableau VI.3

Réorganisation	a | p	b ∘	q	c | r
Numérotation	1	2	3	4

Correspondances entre ensembles ordonnés 173

Ce principe simple se généralise aussitôt au cas de trois ensembles dont les correspondances seraient :

Figure VI. 5

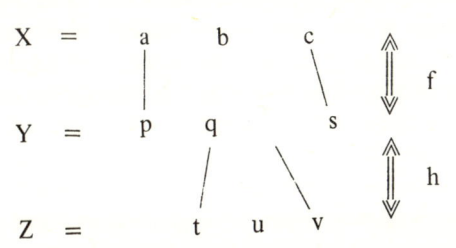

```
X =     a     b     c    ⇕
        |      \          f
Y =     p  q    s    ⇕
          /  \          h
Z =       t  u  v    ⇕
```

En prenant X comme trame dominante et Y comme trame secondaire, le tableau de la réorganisation serait :

Tableau VI.4

Réorganisation	a | p o	b o o	o q | t	o o u	o r | v	c | s o
Numérotation	1	2	3	4	5	6

Tout se passe en quelque sorte comme si l'on procédait à un déploiement des classements afin d'*intercaler* les objets isolés tout en respectant leur rang dans chacun de ces classements.

Ce dernier exemple ne mentionne aucune correspondance entre X et Z. Supposons maintenant qu'il en existe une et que celle-ci se limite à une seule concordance entre *b* et *u*. Dès lors l'objet *b* ne peut plus être situé au deuxième niveau de la réorganisation[1]. En effet, l'objet *u* est situé sur Z entre *t* et *v* et, en raison des concordances de ces derniers, il sera intercalé entre *q* et *r* de Y. A partir du moment où *b* concorde avec lui, il devient nécessaire de le placer au niveau de *u*, d'où le nouveau tableau :

Tableau VI.5

Réorganisation	a | p o	o q | t	b | u	o r | v	c | s o
Numérotation	1	2	3	4	5

1. A défaut de cet ajustement, la désignation de *u* sur Z serait alors inférieure à celle de *t*, ce que ne requiert aucunement l'influence de la trame X dont l'ordre continue d'être respecté

Intercalation avec inversion

L'on conviendra de dire que des objets mis en concordance par l'intermédiaire d'une correspondance entre deux ensembles totalement ordonnés ne présentent pas d'inversions si pour deux concordances quelconques : $i \leftrightarrow j$ d'une part, et : $k \leftrightarrow l$ d'autre part, les rangs de i et de j sont tous deux inférieurs ou tous deux supérieurs aux rangs de k et de l sur chacun des ensembles auxquels ils appartiennent. Lorsque tel n'est pas le cas, l'on dira que les concordances présentent une inversion. La représentation d'une correspondance avec inversion s'apparentera à la représentation des inversions entre permutation. Pour deux ensembles de trois objets. le diagramme en serait :

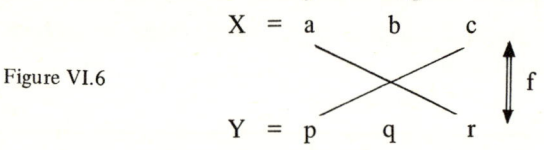

Figure VI.6

$$X = a \quad b \quad c$$
$$Y = p \quad q \quad r$$

En prenant X comme trame dominante, l'objet r sera mis au niveau de a et l'objet p au niveau de c. Il reste à situer l'objet q. Deux solutions sont possibles selon que l'on considère qu'il vient à la suite de p ou au contraire qu'il précède r. Il n'existe, à priori, aucune raison de privilégier un choix plutôt que l'autre, d'où les deux réorganisations :

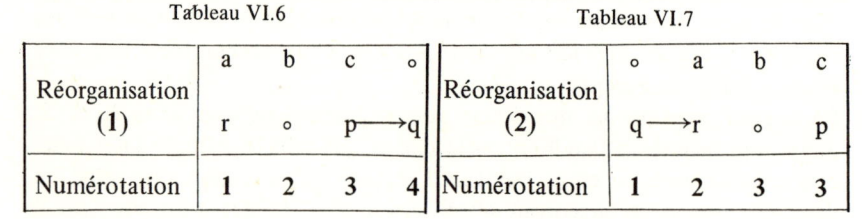

Tableau VI.6

Réorganisation (1)	a	b	c	o
	r	o	p→q	
Numérotation	1	2	3	4

Tableau VI.7

Réorganisation (2)	o	a	b	c
	q→r	o	p	
Numérotation	1	2	3	3

Entre des correspondances moins simples, une autre manière de définir l'intercalation en cas d'inversion est de considérer que les objets intermédiaires non concordants compris entre des objets dont les concordances présentent une inversion sont aussi compris entre d'autres objets dont les concordances sont sans inversion. Tel est, sur le schéma ci-après, l'objet r situé entre q et s, mais aussi bien entre p et s ou entre q et t :

Figure VI. 7

$$X = a \quad b \quad c \quad d$$
$$Y = p \quad q \quad r \quad s \quad t$$

Ces objets sans inversion, *p* et *s* ou *q* et *t*, déterminent en quelque sorte des intervalles d'intercalation qui amèneront à intercaler *r* ou bien entre *a* et *b*, ou bien entre *c* et *d*. D'où, à nouveau, deux réorganisations :

Tableau VI.8

Réorganisation (1)	a b c o d p s q→r t
Numérotation	1 2 3 4 5

Tableau VI.9

Réorganisation (2)	a o b c d p r→s q t
Numérotation	1 2 3 4 5

Comme il convient de décider laquelle de ces deux solutions adopter, par convention, on choisira le premier type de réorganisation, à savoir celle qui situe *r* à la suite de *q*.

En termes d'intervalle, l'on peut dire que le premier intervalle a pour bornes *q* et *t*, et que le deuxième intervalle a pour bornes *p* et *s*. Décider de situer *r* à la suite de *q*, revient à choisir l'intervalle pour lequel l'objet à intercaler est le successeur immédiat de la première borne de l'intervalle.

Qu'il existe ou qu'il n'existe pas d'inversion entre les concordances, les remarques précédentes, en indiquant les principes de l'intercalation, permettent de localiser les omissions (il s'agit, en quelque sorte, d'une concordance avec un objet "neutre"). Ces omissions réparties tout au long d'une trame détermineront évidemment des *sauts* dans la numérotation de ses objets ainsi que l'attestent tous les exemples choisis. Par ailleurs, le recours à une trame dominante déterminera dans le cas d'inversion avec les objets d'une trame dominée une numérotation des objets de cette seconde trame qui ne sera plus conforme à l'ordre de succession de ces objets. Cette conséquence n'est d'aucune importance théorique car la numérotation n'est qu'un procédé commode de désignation qui utilise des chiffres et non pas des nombres. Toutefois, pour des raisons purement pratiques, l'on peut souhaiter atténuer la distorsion entre la succession des chiffres désignatifs et la succession des nombres ordinaux (rangs des objets sur un ensemble). En ce cas, des règles spécifiques, dépendant uniquement du matériel étudié, devront être édictées sous forme d'exceptions.

1.2.2. Règles d'intercalation

Les considérations précédentes seront maintenant érigées en règles qui définiront d'une manière systématique les conséquences du recours à la notion de trame dominante pour l'intercalation des objets non-concordants à quelque trame qu'ils appartiennent.

Première règle : 0-1 Objets d'une trame dominante
Tout objet d'une trame dominante sera toujours situé avant tout autre objet d'une trame dominée et intercalé immédiatement après l'objet qui le précède.

Deuxième règle : 0-2 Objets d'une trame dominée, sans inversion
Tout objet intermédiaire de deux autres objets dont les concordances ne présentent pas d'inversion avec la trame dominante sera intercalé à la suite du premier de ces deux objets. Il y correspondra une omission sur la trame dominante avec pour conséquence un saut dans la numérotation de ses éléments.

Troisième règle : 0-3 Objets d'une trame dominée, avec inversion
Tout objet intermédiaire de deux autres objets dont les concordances présentent une inversion avec la trame dominante sera intercalé à la suite du premier de ces objets.

1.2.3. Exemple théorique de réorganisation

Pour mieux faire apparaître la mise en jeu successive de ces règles lorsqu'il y a une trame principale X qui domine une trame secondaire Y et que toutes deux dominent une trame Z construisons un exemple où les correspondances entre ces trois ensembles totalement ordonnés seraient un peu plus complexes que celles des exemples précédents.

Par suite du nombre plus élevé d'objets de chacun de ces ensembles, les mêmes lettres seront utilisées dans la désignation de ces objets, mais en majuscules pour l'ensemble X, en minuscules pour l'ensemble Y et en italiques pour l'ensemble Z. En général deux objets concordants ne seront pas identifiés par la même lettre et ce n'est qu'au terme du processus de réorganisation qu'ils se verront affecter le même numéro de désignation. Soit donc trois correspondances définies par le diagramme ci-après :

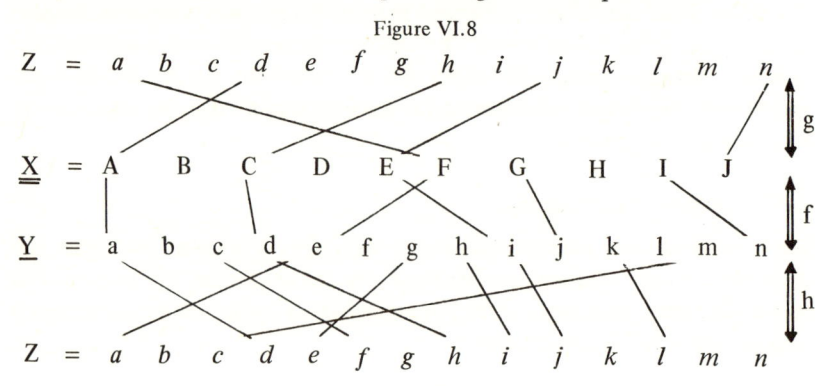

Figure VI.8

Correspondances entre ensembles ordonnés 177

En dissociant les étapes, commençons par ne considérer que la seule dominance de X par rapport à Y et ne disposons tout d'abord que les seuls objets de Y en concordance avec des objets de X. Nous obtenons un premier tableau :

Tableau VI.10

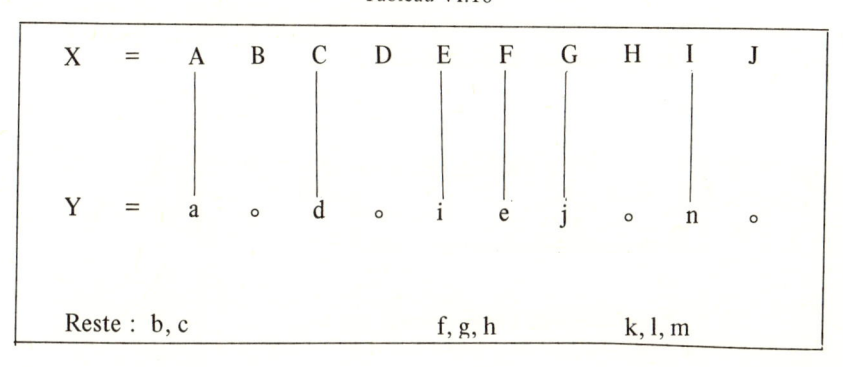

```
X =   A   B   C   D   E   F   G   H   I   J
      |       |       |   |   |       |
Y =   a   o   d   o   i   e   j   o   n   o

Reste : b, c           f, g, h       k, l, m
```

Plusieurs objets de Y sont encore à intercaler et ils se subdivisent en deux groupes selon qu'ils sont compris entre des objets sans inversion ou entre des objets avec inversion. Le premier groupe, qui relève de la règle 0-2, comprend les objets b et c d'une part, k, l, m, d'autre part. Ils seront intercalés entre B et C pour les deux premiers et H et I pour les trois autres. Le deuxième groupe relève de la règle 0-3 et il comprend les objets f, g, h, qui seront intercalés entre E et J. D'où un deuxième tableau, encore provisoire :

Tableau VI.11

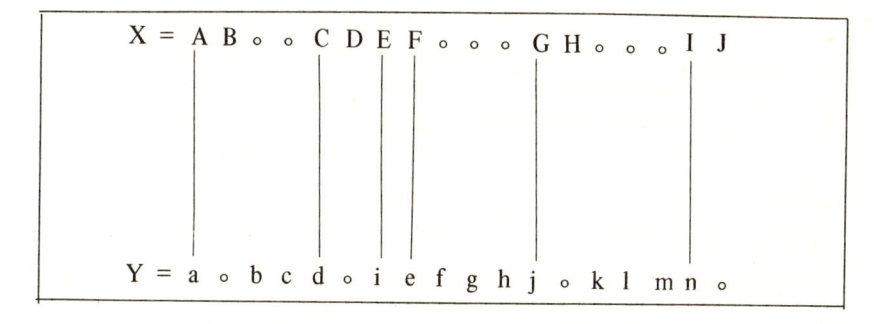

```
X = A B o o C D E F o o o G H o o o I J
    |       |         |           |
Y = a o b c d o i e f g h j o k l m n o
```

Il ne reste plus alors qu'à situer les objets de Z par rapport à cette réorganisation provisoire et en passant par les mêmes étapes, à l'issue desquelles le tableau de la réorganisation définitive et de sa numérotation sera le suivant :

Tableau VI.12

X	Y	Z	N°
A ⟹	a ⟹	d	1
B	o	o	2
o	b	o	3
o	c →	b	4
o	o	g	5
C ⟹	d ⟹	h	6
D	o	o	7
E ⟹	i ⟹	j	8
o	o	k	9
F ⟹	e ⟹	a	10
o	f	o	11
o	o	b	12
o	g →	e	13
o	h →	i	14
G ⟹	j	o	15
H	o	o	16
o	k →	l	17
o	l	o	18
o	o	m	19
o	m →	c	20
I ⟹	n	o	21
J ⟹		n	22

Légende :
Les flèches doubles indiquent que les passages sont intercalés par rapport à la trame principale;
Les flèches simples indiquent qu'ils sont intercalés par rapport à la trame secondaire.

Cette réorganisation permet une présentation des concordances sans répétition et une désignation qui pourra paraître arbitraire mais qui est du moins systématique.

Etendant aux objets de la désignation de leurs concordances, le diagramme des correspondances deviendra :

Figure VI.9

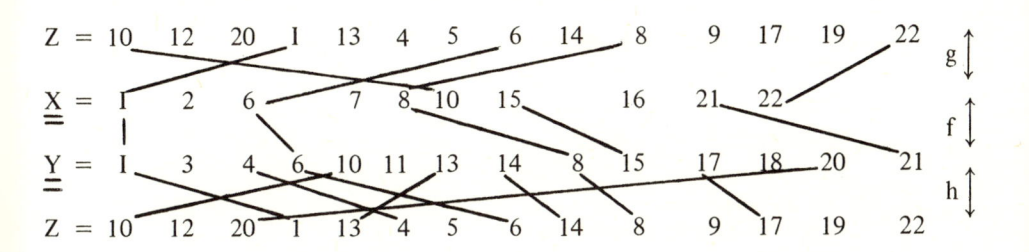

```
Z =  10   12   20   1   13   4   5   6   14   8   9   17   19   22    g ↑
X =   1    2    6       7    8  10  15       16      21   22          f ↑
Y =   1    3    4    6  10  11  13  14   8  15      17   18   20   21  h ↑
Z =  10   12   20   1   13   4   5   6   14   8   9   17   19   22
```

1.2.4. Algorithme de classement

Les règles précédentes et les procédures de réorganisation sont suffisamment strictes pour pouvoir être appliquées mécaniquement et, moyennant certaines conventions d'écriture, un schéma de programme de classement est aisé à élaborer.

On supposera tout d'abord que les objets d'une permutation sont initialement désignés par le rang qu'ils occupent au sein de cette permutation. Tel était bien le cas des exemples ci-dessus pour lesquels les objets étaient désignés par les lettres successives de l'alphabet. Pour les synoptiques, comme le nombre de blocs est relativement élevé, la désignation se fera par des chiffres. On conviendra du symbolisme suivant : le rang d'un objet pour chacune des permutations X, Y et Z sera représenté par : x_i, y_j et z_k.

Les objets étant ainsi identifiés, il convient ensuite de relever les concordances établies entre eux par l'intermédiaire des correspondances entre les ensembles X et Y, X et Z, Y et Z. Ce relevé des concordances, qui n'est encore qu'une simple liste, sera effectué par l'intermédiaire de triplets ou mots de trois lettres. Sur ces mots, la première lettre est constituée par la désignation d'un objet de X, la seconde par la désignation d'un objet de Y et la dernière par la désignation d'un objet de Z. Tout mot ainsi construit est donc de la forme : (x_i, y_j, z_k).

Comme les concordances concernent soit trois objets, soit deux, soit aucun, pour tenir compte de ces trois éventualités et les décrire dans un langage unique, on conviendra d'adjoindre à l'ensemble des désignations un symbole spécial pour repérer l'absence de concordance sur l'une ou l'autre des permutations. Ceci revient, en quelque sorte, à rajouter un "rang vide" aux ensembles de rangs qui servent à désigner les objets. On symbolisera ce rang vide par le signe : ϕ.

Avec cette convention, toute concordance se décrira sous l'une des formes suivantes :
1) Concordance entre trois objets : (x_i, y_j, z_k).

2) Concordances entre deux objets :
— entre X et Y : (x_i, y_j, ϕ)
— entre X et Z : (x_i, ϕ, z_k)
— entre Y et Z : (ϕ, y_j, z_k).

3) Pas de concordance :
— objet de X : (x_i, ϕ, ϕ)
— objet de Y : (ϕ, y_i, ϕ)
— objet de Z : (ϕ, ϕ, z_k).

Avec ces conventions qui respectent l'ordre de dominance des trames (première lettre : objet de la trame principale, seconde lettre : objet de la trame secondaire, troisième lettre : objet de la trame dominée), le problème de la réorganisation est transformé en un problème de classement sur un ensemble de mots de trois lettres. Les règles et les étapes de ce classement s'expliciteront alors d'une manière très simple.

Premier classement

Répartir les mots ainsi construits en trois listes A, B et C telles que :
— la *liste A* contienne tous les mots commençant par x_i, $(x_i \neq \phi)$, en classant ces mots selon l'ordre des x_i croissants ;
— la *liste* B contienne tous les mots commençant par (ϕ, y_j), en les classant selon l'ordre croissant des y_j restants ; $(y_j \neq \phi)$
— la *liste* C contienne tous les mots (ϕ, ϕ, z_k) en les classant selon l'ordre croissant des z_k restants.

Intercalations

Comme précédemment, les intercalations s'effectueront en deux étapes avec, tout d'abord, les intercalations des mots de la liste B et, ensuite, les intercalations des mots de la liste C.

Premières intercalations

I. — Prélever dans la liste B un mot *b* (initialement, *b* est le premier des mots de cette liste).
Ce mot b est de l'une ou l'autre des deux formes suivantes :

    I-a : $b = (\phi, y_j, \phi)$ — (pas de concordance avec Z pour l'objet y_j)

    I-b : $b = (\phi, y_j, z_k)$ — (concordance entre les objets y_j et z_k).

II. — Déterminer sur la liste A un intervalle (a, a'') dont les bornes sont :

    $a = (?, y_{j-1}, ?)$ — (mot de A, ou déjà intercalé dans A, qui contient le prédécesseur de y_j).

    $a'' = (?, y_h, ?)$ — (mot de A, ou déjà intercalé dans A, qui est le premier des successeurs de a comprenant un objet de Y supérieur à y_j : $y_h > y_j$).

Si un tel mot a'' n'existe pas, placer b en bout de liste.
     — (le y_j de *b* est alors le plus grand des y déjà placés).

III. — a'' est-il le successeur immédiat de a ? — Soit : $r(a'') - r(a) \stackrel{?}{=} 1$.
    OUI : décaler d'un rang tous les mots à partir de a'' et attribuer à b le rang de a'' (ce qui revient à intercaler b entre a et a'').
    NON : passer à IV.

IV. — Existe-t-il dans l'intervalle ouvert (a, a'') un mot comprenant $y_m \neq \phi$?
    OUI : passer à V.
    NON : passer à VI, en posant : a = a'.

V. — Soit : a' le mot de rang le plus élevé entre a et a'' comprenant y_m, $a' = (?, y_m, ?) - $ (et en fonction de II : $y_m < y_j$).
a'' est-il le successeur immédiat de a' ? — Soit : $r(a'') - r(a') = 1$
    OUI : décaler à partir de a'' et mettre b en a''.
    NON : passer à VI.

VI. — b est-il de la forme I-a ? — Soit : $b \stackrel{?}{=} (\phi, y_j, \phi)$.
    OUI : décaler et mettre b en a''.
    NON : en ce cas : $b = (\phi, y_j, z_k)$, passer à VII.

VII. — Existe-t-il entre a' et a'' un mot pour lequel : $z = \phi$?
    NON : décaler et mettre b en a''.
    OUI : passer à VIII.

VIII. – Existe-t-il entre a' et a" un objet z_n supérieur à z_k ?
　　　　NON : décaler et mettre b en a".
　　　　OUI : soit a"' le mot de rang le plus élevé entre a' et a" et qui soit le premier à mentionner un objet de Z supérieur à z_k – décaler à partir de a"' et mettre b en a"'.
IX. – Reste-t-il des objets dans la liste B ?
　　　　OUI : retour à I en convenant d'appliquer les instructions sur une liste A complétée à chaque nouvelle boucle par chacune des intercalations précédentes.
　　　　NON : passer aux deuxièmes intercalations (mots de la liste C).

Deuxièmes intercalations

Les intercalations des mots de la liste C obéissent aux mêmes principes que celles des mots de la liste B, les instructions seront cependant moins nombreuses.
On conviendra de désigner par D la liste obtenue à l'issue des premières intercalations.

X. – Prélever dans la liste C un mot c (initialement, c est le premier des
　　　$c = (\phi, \phi, Z_k)$　　　　　　　　des mots de cette liste).
XI. – Déterminer sur la liste D un intervalle (d, d') dont les bornes sont :
　　　$d = (?, ?, Z_{k-1})$ – (mot de D, ou déjà intercalé dans D, et qui contient le prédécesseur de c_k).
　　　$d' = (?, ?, Z_{fi})$ – (mot de D, ou déjà intercalé dans D, et qui est le premier des successeurs de d comprenant un objet de Z supérieur à z_k).
　　　Si un tel mot d' n'existe pas, placer c en bout de liste.
　　　　　　　　– (le z_k de c est alors le plus grand des z déjà placés).
XII. – d' est-il successeur immédiat de d ? – Soit : $r(d') - r(d) \stackrel{?}{=} 1$.
　　　　OUI : décaler d'un rang et mettre c en d'.
　　　　NON : passer à XIII.
XIII. – Existe-t-il dans l'intervalle ouvert (d, d') un mot comprenant $z_m \neq \phi$?
　　　　NON : décaler d'un rang et mettre c en d'.
　　　　OUI : passer à XIV.

N.B. Les instructions VI à VIII ont pour objet de ne pas créer d'inversions inutiles dans la numérotation finale des objets de Z. *Cf.* la remarque mentionnée à propos du tableau VI.5, page 173.

XIV. — Existe-t-il entre d et d' un mot comprenant z_n supérieur à z_k ?
  NON : décaler et mettre c en d'.
  OUI : soit d" le mot de rang le plus élevé entre d et d' et qui soit le premier à mentionner un objet de Z supérieur à z_k — décaler à partir de d" et mettre c en d".
XV. — Reste-t-il des objets dans la liste C ?
  OUI : retour à X en convenant d'appliquer les instructions sur une liste D complétée à chaque boucle par chacune des intercalations précédentes.
  NON : Fin de la procédure de classement.

Application de l'algorithme

A titre d'illustration, construisons un exemple théorique où se rencontrent les divers cas prévus par les instructions de l'algorithme. Soit donc trois permutations X, Y et Z, dont les correspondances sont décrites par le diagramme ci-après et sur lequel, pour faciliter les repérages, les objets sont initialement désignés par leur rang sur chacune des permutations :

Figure VI.10

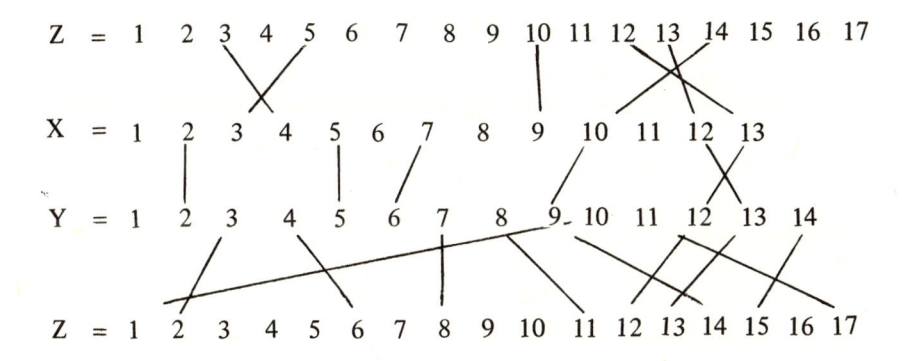

Z = 1 2 3 4 5 6 7 8 9 10 11 12 13 14 15 16 17

X = 1 2 3 4 5 6 7 8 9 10 11 12 13

Y = 1 2 3 4 5 6 7 8 9 10 11 12 13 14

Z = 1 2 3 4 5 6 7 8 9 10 11 12 13 14 15 16 17

N.B. Par souci de simplification, un cas particulier n'a pas été mentionné, à savoir celui pour lequel la valeur de y, pour le premier mot de la liste B, (ou de z pour la liste C), serait égale à 1. En ce cas, on rechercherait le premier des mots de A comprenant $y_m \neq \phi$ et on intercalerait aussitôt avant ce mot.

184 *Organisation et désignation des concordances*

Premier classement

Tableau VI.13

Liste A	Liste B	Liste C
(1, ϕ, ϕ)	(ϕ, 1, ϕ)	(ϕ, ϕ, 4)
(2, 2, ϕ)	(ϕ, 3, 2)	(ϕ, ϕ, 7)
(3, ϕ, 5)	(ϕ, 4, 6)	(ϕ, ϕ, 9)
(4, ϕ, 3)	(ϕ, 7, 8)	(ϕ, ϕ, 16)
(5, 5, ϕ)	(ϕ, 8, 11)	
(6, ϕ, ϕ)	(ϕ, 10, 1)	
(7, 6, ϕ)	(ϕ, 11, 17)	
(8, ϕ, ϕ)	(ϕ, 14, 15)	
(9, ϕ, 10)		
(10, 9, 14)		
(11, ϕ, ϕ)		
(12, 13, 13)		
(13, 12, 12)		

En pointillé: les trois premières intercalations sommairement décrites ci-après.

Premières intercalations

I.   1° objet de B : $b = (\phi, 1, \phi)$

Cas particulier, la valeur de y_i est égale à 1. Le premier des objets de A comprenant $y_m \neq \phi$ est le second, à savoir : $(2, 2, \phi)$.

Placer b au deuxième rang et décaler de un rang les autres objets.

2° objet de B : $b = (\phi, 3, 2)$

II.	Déterminer l'intervalle : (a, a") a = (2, 2, ϕ) avec : r(a) = 3 a" = (5, 5, ϕ) avec : r(a") = 5.
III.	a" n'est pas le successeur immédiat de a.
IV.	Il n'existe pas dans cet intervalle de mot comprenant $y_m \neq \phi$. On posera : a = a'
VI.	Le mot b est de la forme I–b = (ϕ, y_j, z_k).
VII.	Il existe entre a et a" deux mots comprenant : $z \neq \phi$).
VIII.	L'une de ces deux valeurs de z est supérieure à z_k. Elle est contenue dans le mot : (3, ϕ, 5) qui est de rang 4. Placer b au quatrième rang et décaler les autres objets.

3° objet de B : b = (ϕ, 4, 6)

Il sera cette fois-ci intercalé après (4, ϕ, 3) et placé au 7e rang, etc.

A l'issue de ce processus, les huit objets de la liste B se trouveront intercalés parmi les treize objets de la liste A, constituant ainsi la liste intermédiaire D.

Deuxièmes intercalations

Il reste donc à intercaler les objets de la liste C parmi ceux de la liste D. Les instructions qui régissent ces deuxièmes intercalations sont en tous points comparable à celles des premières, il n'est donc guère utile de les reprendre en détail. Il suffit de donner le *classement définitif* de l'ensemble des objets :

Tableau VI.14

1 — 1, ϕ, ϕ	10 — 6, ϕ, ϕ	19 — 11, ϕ, ϕ
2 — ϕ, 1, ϕ	11 — 7, 6, ϕ	20 — ϕ, 10, 1
3 — 2, 2, ϕ	12 — 8, ϕ, ϕ	21 — ϕ, 11, 17
4 — ϕ, 3, 2	13 — ϕ, ϕ, 7	22 — 12, 13, 13
5 — 3, ϕ, 5	14 — ϕ, 7, 8	23 — 13, 12, 12
6 — 4, ϕ, 3	15 — ϕ, ϕ, 9	24 — ϕ, 14, 15
7 — ϕ, ϕ, 4	16 — 9, ϕ, 10	25 — ϕ, ϕ, 16
8 — ϕ, 4, 6	17 — ϕ, 8, 11	
9 — 5, 5, ϕ	18 — 10, 9, 14	

186 *Organisation et désignation des concordances*

La dernière démarche consisterait à désigner les objets de chacune des permutations X, Y et Z par le rang qu'ils occupent sur le classement définitif. On obtiendrait ainsi un diagramme des correspondances dans lequel les objets sont représentés par la désignation de leurs concordances.

Figure VI.11

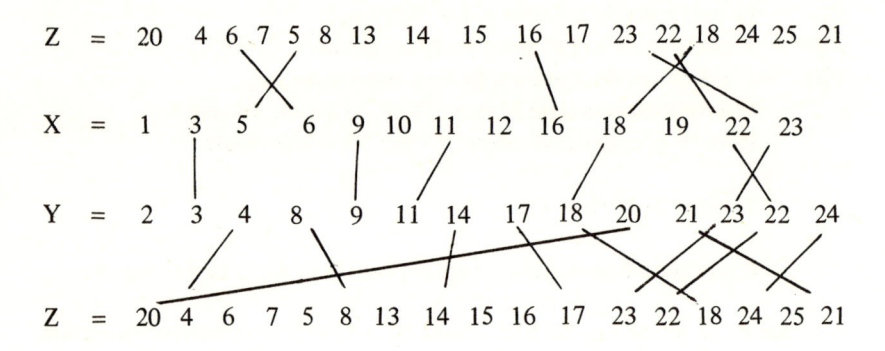

```
Z  =   20   4   6   7   5   8   13   14   15   16   17   23   22   18   24   25   21

X  =   1    3   5       6       9   10   11   12   16       18       19   22   23

Y  =   2    3   4   8       9   11   14   17   18       20   21   23   22   24

Z  =   20   4   6   7   5   8   13   14   15   16   17   23   22   18   24   25   21
```

2. APPLICATION AUX SYNOPTIQUES

2.1. Choix des trames dominantes

Sans aucunement préjuger des relations susceptibles d'exister entre les synoptiques, l'ordre selon Marc a été choisi comme trame principale et l'ordre selon Luc comme trame secondaire.

Trame principale
Tous les blocs à trois témoins seront réorganisés et numérotés en fonction de leur place en Marc. Il en sera de même pour les blocs à deux témoins : Marc-Matthieu et Marc-Luc.

Trame secondaire
Tous les blocs de la double recension Luc-Matthieu seront réorganisés et numérotés en fonction de leur place en Luc par application des règles d'intercalation définies ci-dessus.
Le choix de Marc comme trame principale tient à ce que, en général, Luc suit l'ordre de Marc et que Matthieu fait de même à partir de son chapitre 14. Pour la trame secondaire, il n'existait aucune raison de cet ordre pour choisir Matthieu plutôt que Luc. Le choix de ce dernier est donc totalement arbitraire. De ces deux choix, il découle que la numérotation de Marc présentera des sauts, mais aucun retour en arrière relativement à l'ordre des blocs en Marc. Par contre la désignation des blocs de Matthieu sera la plus éloignée de la succession de ces passages au sein de cette recension. Pour Luc, et bien qu'aucune raison théorique ne le nécessite, il a été jugé préférable de diminuer la distorsion entre la succession des numéros désignatifs et la succession réelle des blocs en prévoyant deux exceptions pour la numérotation des deux incises.

2.2. Les incises de Luc

La narration de Luc comporte deux regroupements d'épisodes et de sentences non rapportés par Marc. Tout se passe comme si Luc, pour insérer les données d'autres sources les avait réunies, d'abord en un "discours", ensuite en un voyage à travers la Pérée et se terminant à Jérusalem. D'où leur dénomination d'incises. La réorganisation de ces épisodes, dont un grand nombre figure aussi en Matthieu, ne poserait aucun problème particulier si, de-ci de-là, ne figuraient aussi quelques épisodes mentionnés par Marc. Il n'en est qu'un seul dans le "discours inaugural" :

*"Car de la mesure tout vous mesurez
il vous sera aussi mesuré en retour"*

(Luc 6^{38b} = Marc 4^{28b})

Il y en a, par contre, près d'une dizaine dans la section péréenne et qui, de plus, présentent de nombreuses inversions par rapport à l'ordre de Marc. L'application stricte et aveugle des règles de réorganisation aboutirait à une numérotation fort éloignée de l'ordre de succession de ces blocs. Les incises de Luc risqueraient alors d'apparaître disloquées par leurs désignations alors que les concordances avec Marc ne concernent qu'un nombre relativement restreint de versets eux-mêmes constitués de textes très courts. Aussi avons-nous convenu que :
a) Les blocs ayant un parallèle en Marc seront localisés et numérotés par rapport à Marc (donc pas d'exception pour eux).
b) Tous les autres blocs des deux incises (Luc seul ou Matthieu-Luc), seront intercalés entre les versets de Marc :

3^{19} et 3^{20} pour la petite Incise

9^{41} et 9^{43} pour la grande Incise

Là réside la première exception car une deuxième exception a aussi été prévue. Elle concerne les versets introductifs d'une péricope qui fréquemment en Luc ou en Matthieu sont de recension unique. L'application des règles d'intercalation pourrait avoir pour résultat de leur attribuer un numéro d'identification fort éloigné de celui du premier bloc concordant de cette péricope. Aussi avons-nous parfois admis des exceptions à la règle 0-3, de manière à ce que des blocs qui relèvent aussi manifestement d'un même groupement sémantique ne reçoivent pas une numérotation détruisant cette unité.

2.3. Intercalation des doublets

Quelque complexe que soit, sur les matériaux synoptiques, l'application des règles de réorganisation des concordances en raison de la multiplicité et de la complexité des inversions, elle n'offrirait aucune difficulté théorique si à tout passage de l'une des trames ne correspondait qu'un seul passage d'une autre trame. L'existence d'un doublet soulève peut-être une difficulté puisqu'à un seul passage de l'une des trames correspondent deux passages sur une autre trame. Ces deux passages recevront-ils la même désignation parce que parallèles ? Ou au contraire deux désignations distinctes parce que placés à deux endroits différents ? En fait, un tel problème ne se pose pas lorsque les passages répétés sont incorporés à des blocs (cf. chapitre V, paragraphe 2.4.), puisqu'alors les deux mentions du doublet recevront la dénomination de leurs blocs respectifs. Bien que plusieurs exemples en aient déjà été donnés au chapitre III lors de l'analyse du phénomène d'enclenchement, justifions à nouveau par deux autres exemples, l'un en Luc, l'autre en Matthieu, cette incorporation à des blocs qui entraîne des désignations distinctes.

2.3.1. "Qui n'est pas avec moi"

Cette maxime est mentionnée par Luc à deux reprises : 9^{50} et 11^{23} et figure aussi en Marc (9^{40}), comme en Matthieu (12^{30}). Le problème de la désignation est ici double :
a) Comment dénommer les deux mentions de Luc ?
b) Comment dénommer la mention de Matthieu ?
Pour le résoudre, relevons d'abord le schéma des concordances entre les trois recensions en suivant l'ordre de Marc :

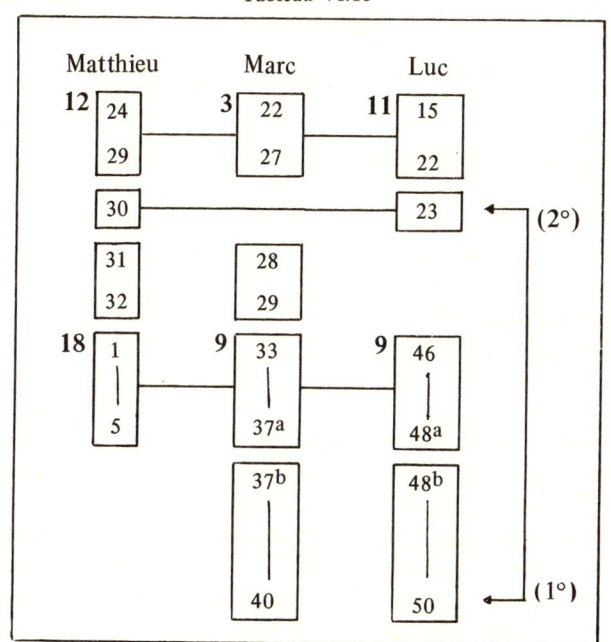

Tableau VI.15

Matthieu	Marc	Luc	
12 [24, 29]	3 [22, 27]	11 [15, 22]	
[30]		[23]	← (2°)
[31, 32]	[28, 29]		
18 [1 … 5]	9 [33 … 37a]	9 [46 … 48a]	
	[37b … 40]	[48b … 50]	← (1°)

La première mention de Luc (9^{50}) termine une très courte péricope de la double recension Marc-Luc : "L'exorciste étranger", et la deuxième mention (11^{23}) termine la "Controverse sur Belzeboul" (cf. chapitre III, paragraphe 1.1.3.).

La première mention du doublet recevra, au sein du bloc dont elle relève, la désignation du bloc de Marc $9^{37b\text{-}40}$. La deuxième mention, considérée comme un bloc de la double recension Luc-Matthieu, sera intercalée entre Marc 3^{27} et 3^{28}, ce qui résout aussitôt la dénomination de la mention de Matthieu dont le texte sera raccroché à Luc et non pas à Marc. Or, ce choix effectué en fonction des seuls contextes est, ici, confirmé par le voisinage textuel des différentes versions :

Matthieu 12	Marc 9	Luc 9	Luc 11
30	40	50	23
Qui n'est pas	*Qui n'est pas*	*Qui n'est pas*	*Qui n'est pas*
avec moi	*contre nous*	*contre vous*	*avec moi*
est contre moi	*est pour nous*	*est pour vous*	*est contre moi*
et qui			*et qui*
n'amasse pas	└── 1ère mention ──┘		*n'amasse pas*
avec moi			*avec moi*
dissipe			*dissipe*

└──────────────── 2e mention ────────────────┘

2.3.2. "Les derniers seront premiers"

Pour deuxième exemple, prenons un doublet qui pourrait être considéré comme relevant d'une classique "inclusion" matthéenne :

"*Or, beaucoup de premiers seront derniers
et des derniers, premiers*",

dont la première mention, en 19^{30}, termine une péricope de triple recension "La récompense promise", et dont la seconde, en 20^{16}, conclut une parabole dont Matthieu est le seul témoin "Les ouvriers à la vigne"; mais cette conclusion se retrouve aussi en Luc 13^{30}, alors que ce dernier ne la mentionne pas à la fin de "La récompense promise". Il y a donc une omission de Luc relativement au texte de Marc qui interdit d'attribuer au texte de Luc la même désignation que celle du texte de Marc. Comme, par ailleurs, il faut tenir compte de la dominance de Luc sur Matthieu, la deuxième mention de Matthieu recevra la même désignation que le passage de Luc. Cette décision, qui pourrait paraître arbitraire, est, à nouveau, confirmée par le voisinage textuel des différentes versions :

Matthieu 19   Marc 10

30   31
Or, beaucoup de premiers   *Or, beaucoup de premiers*
seront derniers   *seront derniers*
et des derniers   *et des derniers*
premiers   *premiers*

Matthieu 20   Luc 13

16   30
Ainsi les derniers   *Et voici : des der-*
                                                         niers
seront premiers   *seront les pre-*
                                                         miers
et les premiers   *et des premiers*
derniers   *seront les derniers*

D'autres exemples pourraient encore être cités pour lesquels le choix de l'insertion des mentions d'un doublet par la seule application de règles purement théoriques correspond aussi au voisinage des formulations différentes de la même maxime.

Si les synoptiques offrent de nombreuses particularités qui font le désespoir des exégètes et alimentent leurs controverses, il en est une au moins que l'on ne relève pas, et cette exception est assez remarquable pour être soulignée :

Lorsqu'un doublet, que nous supposerons être de Matthieu, a deux formulations distinctes et telles que l'une d'elles, soit a, se retrouve identiquement en Marc, et que l'autre, soit b, se retrouve en Luc et qu'en chacune de ces rédactions elles relèvent respectivement de blocs A et B, comme sur le schéma ci-contre, alors dans les deux mentions de Matthieu il n'y aura jamais interversion des formulations. Sa version a se trouvera dans le bloc A et sa version b dans le bloc B. Or, de prime abord, rien n'interdisait à Matthieu d'estimer que la formulation b convenait mieux à l'épisode constituant le bloc A. La même remarque est évidemment valable pour Luc.

Figure VI.12

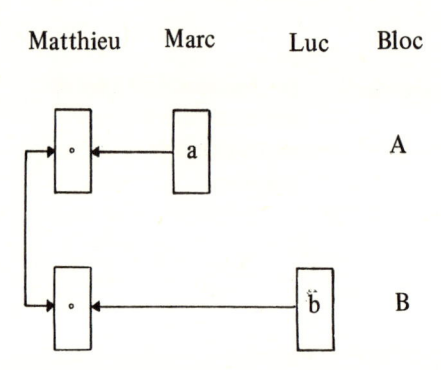

Or, à un rédacteur qui composerait son récit à partir des diverses données recueillies sans tenir aucun compte de leur appartenance à des unités plus vastes, il arriverait d'insérer, dans sa propre reconstruction d'un épisode, la version b dans le bloc A et la version a dans le bloc B. Que semblable interpolation ne se produise jamais renforce le crédit que l'on peut accorder à l'hypothèse du respect de l'ordre des sources, avancée à la page 45 : "un narrateur ne modifie pas l'ordre des événements rapportés par l'une et l'autre des sources". Assez généralement admise, cette hypothèse reçoit ici une sorte de confirmation expérimentale par ce constat empirique sur la localisation des mentions d'un doublet.

3. SYNOPSE DES REGLES

Pour rendre les matériaux synoptiques adéquats au modèle qui doit en permettre l'interprétation, il est nécessaire, comme l'ont montré les trois chapitres de cette deuxième partie, de les soumettre à un traitement en trois phases : segmentation — regroupement — organisation. Chacune de ces phases comporte un certain nombre de règles que nous allons rappeler brièvement pour en donner une vue d'ensemble.

Segmentation

Cette première phase a pour but la définition d'une unité de concordance aussi précise que le permettent les matériaux synoptiques. Cette unité a reçu la dénomination de "Passage" et fait l'objet de la définition suivante :
Passage :
  Séquence de parallèlismes sémantiques sans omission ni inversion. On admet que les parallèlismes sont en général établis par les spécialistes au niveau de l'unité sémantique, considérée comme :
Unité sémantique :
  Proposition élémentaire — ou phrase grammaticale simple — dotée de sens par elle-même et susceptible de figurer dans un autre contexte.
A partir de cette notion, deux critères de rupture de concordance serviront à délimiter les passages. Le premier concerne les omissions et le second les inversions :

Critère 1 :
  Toute omission simple ou double, portant sur une unité sémantique au moins, constituera une rupture de concordance pour les textes de recension double ou triple et marquera l'une des extrémités d'un passage.

Critère 2 :
  Toute inversion de deux unités sémantiques successives en une rédaction constituera une rupture de concordance et marquera l'une des extrémités d'un passage.

Regroupement

Au cours de la deuxième phase, on se propose de regrouper les passages en unités moins fines, appelées "blocs", en convenant de négliger des omissions et des inversions considérées comme mineures. Trois règles président à ces regroupements. Exprimées en termes de verset, arbitrairement pris comme unité de longueur de texte, elles font intervenir l'importance des concordances situées de part et d'autre de l'omission ou de l'inversion négligées.

R-1 : *Textes à deux témoins*
Négliger toute omission simple, n'excédant pas trois versets, et encadrée par des concordances portant sur deux versets au moins.

R-2 : *Textes à trois témoins*
Négliger toute omission double, n'excédant pas deux versets, et encadrée par des concordances portant sur deux versets d'une part et un verset d'autre part.

R-3 : *Textes à deux ou trois témoins*
Négliger toute inversion portant sur deux versets au plus, consécutifs sur les deux rédactions, et précédée ou suivie par des concordances sur un verset au moins.

Signalons que R-1 fait l'objet d'une extension aux textes de recension triple, de même que R-2 est étendue aux textes de la double recension. Ces extensions sont présentées sous forme schématique en 5.21.

Organisation

Dans le but de présenter sans répétition les concordances synoptiques en même temps que de les désigner d'une manière systématique, la troisième phase fait intervenir les notions de trame dominante et de trame dominée que l'on définit ainsi :

Trame dominante :
Un ensemble totalement ordonné est dit "trame dominante" si les objets d'un autre ensemble totalement ordonné et en correspondance avec le premier sont réordonnés, dans la présentation des correspondances, en fonction de l'ordre de succession sur le premier ensemble.

Conventionnellement, on décide de choisir Marc comme *trame principale,* en ce sens qu'il domine Luc et Matthieu, et Luc comme *trame secondaire,* en ce sens qu'il ne domine que Matthieu. Comme les correspondances entre ces trois ensembles ne portent pas sur tous leurs objets, il faut résoudre le problème de l'intercalation des blocs non concordants. A nouveau trois règles définissent les manières d'effectuer ces intercalations.

0-1 : *Blocs d'une trame dominante*
   Tout bloc de recension unique d'une trame dominante sera situé avant tout autre bloc d'une trame dominée et intercalé immédiatement après le bloc qui le précède sur sa propre trame.

Pour les blocs d'une trame dominée, il convient de faire intervenir les blocs en concordance avec la trame dominante et dont ils sont les intermédiaires. Ces autres blocs ou bien ne présentent pas, ou bien présentent une inversion avec leurs correspondants sur la trame dominante.

0-2 : *Pas d'inversion avec la trame dominante*
   Tous les blocs intermédiaires de deux autres blocs sans inversion avec la trame dominante seront intercalés à la suite du premier de ces deux blocs.

S'il existe une inversion par rapport à la trame dominante, la règle annexe présentée au paragraphe 2.1. du chapitre VI revient à la règle suivante :

0-3 : *Inversion avec la trame dominante*
   Tous les blocs intermédiaires de deux autres blocs sans inversion avec la trame dominante seront intercalés à la suite du premier de ces deux blocs. Ces règles font l'objet de deux exceptions : la première concerne les incises de Luc pour lesquelles on précise leur point d'intercalation sur la trame principale et la seconde concerne les versets introductifs d'une péricope qui ne seront pas séparés de leur contexte.

Les règles de réorganisation permettent une désignation systématique des blocs de chacun des synoptiques. Le paragraphe 1.2.4. du chapitre VI en propose l'agencement sous forme d'un programme de classement et à ce programme il serait aisé d'incorporer les deux exceptions qui viennent d'être signalées. Pour en faciliter l'accès immédiat, les résultats des critères segmentation et des règles de désignation ont été reportés dans l'annexe A ("Les Documents synoptiques"). Ainsi se terminent ces longs préparatifs à l'analyse ordinale des évangiles synoptiques : construction d'un modèle interprétatif et adaptation des matériaux à ce cadre théorique. Chemin faisant, aussi bien au cours de la première partie que de la seconde, de nombreux exemples ont été empruntés aux synoptiques et ont pu paraître autant de justifications anticipées du modèle proposé. On ne saurait cependant s'en satisfaire, car il ne s'agissait que de simples illustrations, choisies à dessein, et qui demeuraient nécessairement fragmentaires. Il ne suffit pas d'argumenter en sélectionnant avec soin des exemples qui se voudraient probants. Le modèle est, en effet, à considérer comme un système global de significations au sein duquel le "sens" d'un passage est fonction de la situation de ce passage par rapport à l'ensemble des autres passages. Aussi, pour être valablement éprouvé, le modèle doit-il être confronté à l'ensemble des concordances ordinales et non à telle ou telle de leurs particularités. Celles qui ont été relevées jusqu'ici ont eu pour seul but de montrer la compatibilité entre l'aspect ordinal des synoptiques et sa transcription théorique. Cette compatibilité admise, il reste à entreprendre la confrontation générale qui sera l'objet de la troisième partie de cette recherche.

TROISIEME PARTIE

REGARDS SUR LES SYNOPTIQUES

Le titre de cette dernière partie est volontairement restrictif. Si le modèle qui vient d'être construit peut paraître un mécanisme complexe, il n'en simplifie pas moins, et outrageusement, le réel qu'il prétend représenter. De plus, dans le cadre du présent essai, son application sera partielle : seules certaines relations seront prises en considération et seuls certains aspects du modèle seront utilisés pour les interpréter. En un sens, il s'agit ici moins d'une application que d'une mise au banc d'essai d'une nouvelle façon d'envisager les relations entre les synoptiques pour en estimer le bien fondé.
Le critère principal de cette vérification sera fourni par la possibilité d'une explication simultanée des inversions et des répétitions pour les textes de Luc et de Matthieu. Ces deux recensions fourniront l'occasion de voir, tout d'abord, comment elles répondent à une interprétation globale en termes de filiation et, seulement ensuite, à quelles conditions elles résulteraient d'insertions de sources distinctes. La recherche de ces conditions sera effectuée sans référence directe au contenu et ne fera intervenir que les blocs, leurs séquences et les répétitions qui existent entre eux. Seule la toute dernière phase de cette étude comportera une esquisse de ce que seraient les contenus des sources éventuelles. Il ne s'agira là, d'ailleurs, aucunement d'une solution définitive mais uniquement d'un point de départ pour de nouvelles recherches.

Chapitre VII

LES SCHEMAS DE FILIATION

1. UNE INTERPRETATION GLOBALE

1.1. Les contacts littéraires

De nombreux systèmes ont été proposés pour rendre compte des particularités des concordances synoptiques : certains insistent sur le rôle de la tradition orale, d'autres font appel à plusieurs documents sources, mais l'un des plus anciens, des plus répandus et des plus vivaces suppose que certains rédacteurs ont eu connaissance du texte d'un autre évangile rédigé antérieurement au leur. Ces rédacteurs en auraient conservé certains passages plus ou moins importants tout en les complétant ou en les modifiant en fonction d'autres témoignages dont ils disposaient par ailleurs. Dans cette hypothèse, il y aurait eu ce que l'on appelle contact littéraire entre les recensions synoptiques et les relations de dépendance de l'une d'elle vis-à-vis d'une autre se traduisent sous forme de schémas de filiation ou arbres généalogiques.

Pratiquement, toutes les généalogies possibles des évangiles ont trouvé leur défenseur et L. Vaganay, dans l'introduction de son ouvrage **Le Problème synoptique** n'en présente pas moins d'une dizaine[1]. La plupart des systèmes se proposent de rendre compte, non seulement des épisodes de triple recension, mais encore de ceux de recension double ou simple généralement

---

1. L. Vaganay, *Le Problème synoptique*, introduction, p. 1-32.

considérés comme des adjonctions aux premiers. Aussi font-ils intervenir des sources hypothétiques complémentaires qui ont reçu les noms les plus divers : proto-Luc, ur-Markus, source Q, etc. Toutefois, si l'on se limite aux seuls passages que les trois synoptiques ont en commun, la majorité de ces systèmes considère que Marc est source de Luc et de Matthieu, ces deux derniers ayant été rédigés indépendamment l'un de l'autre. Telle est aussi la conclusion de Mgr B. de Solages qui, après avoir énuméré tous les systèmes théoriquement possibles, au nombre de 53, ne retient que cette filiation, qui se représentera par le diagramme.

Figure VII.1

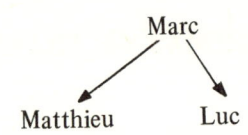

```
        Marc
       /    \
      ↙      ↘
  Matthieu   Luc
```

Tout naturellement la vocation d'une explication de type généalogique est de rendre compte des ressemblances entre les trois recensions. Les différences, aussi bien de contenu que d'ordre, sont considérées comme mineures et généralement attribuées à la liberté de composition des rédacteurs. Il est certes difficile de soutenir que ceux-ci n'ont joué qu'un simple rôle de copiste, mais quelles limites assigner à cette liberté pour qu'une généalogie conserve quelque valeur explicative et puisse être valablement opposée à d'autres types d'interprétation ?

Tel est l'un des problèmes que nous avons essayé de résoudre en ne considérant que la seule ordonnance des matériaux synoptiques. La répartition des inversions suggérait plutôt une interprétation en termes d'insertions de sources se rapprochant donc des systèmes de documentation multiple. Il convenait, toutefois, de vérifier si l'hypothèse d'une dépendance littéraire n'avait pas de chance d'être valablement soutenue. Un fait est incontestable : Luc et Matthieu ne suivent pas toujours l'ordre de Marc. Si celui-ci est leur source, ils lui apportent donc des modifications. Interpréter ces modifications par l'orientation personnelle qu'ils entendent donner à leur transmission du Message semble de prime abord une explication trop facile, mais, en fait, pourquoi n'en aurait-il pas été ainsi ? Or, l'indépendance de Luc et de Matthieu postulée par les généalogies les plus courantes offrait la possibilité de construire un double critère de la validité de ces généalogies.

Rappelons brièvement les deux aspects de ce critère qui sont fonction de la conception que l'on se fait de l'indépendance :

ou bien celle-ci est prise au sens strict et alors Luc et Matthieu ne doivent présenter aucune inversion commune contre l'ordre de Marc. Au sens de la

théorie des permutations, le classement selon Marc doit être intermédiaire des classements selon Luc et Matthieu ;
ou bien celle-ci est prise dans un sens statistique et en ce cas ce que l'on appelle la "corrélation partielle de Luc et Matthieu à Marc constant" doit être voisine de zéro. Ce coefficient fixe simplement des limites au nombre d'inversions qu'ils ont en commun contre l'ordre de Marc.

Il ne reste plus qu'à interroger les synoptiques pour voir quelles réponses ils apportent à ces questions. Cette interrogation portera évidemment sur les documents élaborés au moyen des règles édictées dans la deuxième partie ("Segmentation des textes"). Les résultats en ont été reportés en deux annexes. La première, dans le corps du présent ouvrage, contient la délimitation des blocs par chapitres et versets en chacune des recensions. La seconde, présentée hors texte, contient diverses représentations graphiques des concordances entre ces blocs.

1.2. Distances entre les synoptiques

1.2.1. Résultats bruts

La réponse à la première question : "Marc est-il intermédiaire de Luc et de Matthieu ? " sera des plus brèves et elle sera négative.
Il suffit de se reporter au graphique n° 2, donné en annexe hors-texte sous le titre "Concordances Synoptiques – Triple Recension". De chacune des trois recensions, segmentées en blocs, ce graphique ne retient que les concordances entre blocs à trois témoins qui sont au nombre de 91. A partir des intersections entre les lignes joignant les blocs en concordance, il est relativement aisé de relever le nombre des inversions entre les recensions prises deux à deux.

Tableau VII.1

1	Inversions entre Matthieu et Marc	384
2	Inversions en Marc et Luc	348
3	Inversions entre Luc et Matthieu	590

202 *Les schémas de filiation*

Quelle première conclusion tirer de cette répartition des inversions entre les synoptiques ?

En fonction des propriétés des distances entre les permutations, Luc et Matthieu doivent avoir un nombre relativement important d'inversions communes contre l'ordre de Marc.

Appliquons, en effet, la propriété énoncée au chapitre I, paragraphe 221. La somme des inversions des lignes 1 et 2 du tableau ci-dessus est de :

$$384 + 348 = 732$$

Ce total excède de :

$$732 - 590 = 142$$

le nombre des inversions entre Luc et Matthieu. Il en résulte que le nombre des inversions communes de ces deux rédactions contre l'ordre de Marc doit être égal à :

$$142/2 = 71.$$

De ce seul constat, il résulte que, au sens de la théorie des permutations : *Marc n'est pas un intermédiaire de Luc et de Matthieu.*

1.2.2. Commentaires partiels

Le schéma ci-après représenterait assez bien la situation du rangement de Marc par rapport au plus court chemin entre les rangements de Luc et de Matthieu en mettant en évidence le fait qu'il n'est pas un intermédiaire.

Figure VII.2

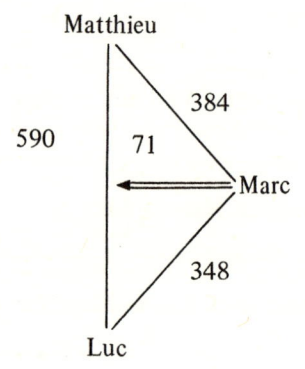

Les résultats de ces dénombrements risquent de surprendre sur deux points au moins :

— Le nombre élevé d'inversions entre Luc et Marc, alors qu'en général Luc est considéré comme suivant l'ordre de Marc pour les épisodes de triple recension.
— Le nombre relativement élevé d'inversions communes de Luc/Matthieu contre Marc.

Le graphique n° 2 permet de justifier et de commenter l'un et l'autre de ces deux points. Pour le premier, il révèle que les inversions de Luc et de Matthieu par rapport à l'ordonnance de Marc sont de deux types différents : en Matthieu, les inversions portent sur des groupes de passages particulièrement nombreux entre les chapitres 8 et 13, puis l'ordre de Matthieu est identique à celui de Marc. Tout au contraire, les inversions de Luc concernent des passages en général très courts et qui sont localisés en des endroits très éloignés de leur place en Marc.

Ce même graphique permet aussi de retrouver les inversions communes de Luc et de Matthieu contre Marc. Elles y ont été soulignées soit par des points, soit par des ronds (ces deux marques distinctes ayant une signification qui sera élucidée ultérieurement), dont il est aisé de vérifier qu'il en est bien 71. Ne retenons, pour l'instant, que ce seul fait qui exprime que, au sens le plus strict de l'indépendance – adaptation à l'ordonnance des récits de la "règle de fer" – Luc et Matthieu, par référence à Marc, ne se présentent pas comme indépendants.

Il convient donc maintenant de rechercher si ces deux recensions ne vérifieraient pas le deuxième critère, celui de l'indépendance au sens statistique.

1.3. Indices statistiques

1.3.1. Corrélations directes

La corrélation directe entre classements n'est, en fait, qu'une simple transformation linéaire du nombre de leurs inversions qui est rapporté à l'ensemble des inversions possibles. L'un de ses intérêts est de permettre une estimation de la liaison entre classements indépendamment du nombre de leurs objets, et, par voie de conséquence, de comparer des classements ne comportant pas le même nombre d'objets. Dans le cas présent, les objets, ou blocs, sont au nombre de 91 et le nombre théorique d'inversions qu'ils pourraient engendrer s'élèverait à :

$$C = (91 \times 90) / 2 = 4\,095$$

La corrélation directe entre deux classements x et y étant obtenue par la formule :

$$r_{xy} = 1 - 2\,d\,(x,y) / C$$

les calculs donnent pour résultats :

Tableau VII.2

Corrélations directes			
1	Matthieu	–	Marc	.80
2	Marc	–	Luc	.82
3	Luc	–	Matthieu	.69

Dans le cadre de ce chapitre, il n'y a pas lieu de commenter ces trois indices qui sont une simple étape dans le calcul des coefficients de corrélation partielle qui seuls apporteront une réponse à la question posée.

1.3.2. Corrélations partielles

Luc et Matthieu se révèlent-ils statistiquement indépendants vis-à-vis de leur source supposée Marc ? La réponse à cette question sera immédiate, et elle sera négative. En effet, le coefficient de corrélation partielle de Luc/Matthieu à Marc constant est égal à : .12.
Bien que cette corrélation partielle soit faible, elle est cependant assez élevée

pour qu'on ne puisse la tenir pour nulle. On est donc contraint de conclure que Luc et Matthieu présentent une tendance non négligeable, quoique faible, à effectuer simultanément des choix contraires à ceux de Marc.

La conséquence qui s'impose est le rejet d'une hypothèse de filiation à partir de la recension de Marc : les généalogies qui supposent une utilisation indépendante du texte de Marc par Luc et Matthieu ne répondent pas au critère statistique construit pour tester cette indépendance. Deux nouvelles questions se posent alors :

— D'autres schémas de filiation satisferaient-ils à ce critère ?
— Que signifie cette absence d'indépendance statistique ?

Pour répondre à la première de ces questions, il suffit de considérer l'ensemble des coefficients de corrélations partielles de deux des rédactions vis-à-vis de la troisième :

Tableau VII.3

	Corrélations partielles	
1	Matthieu/Marc contre Luc	.55
2	Marc/Luc contre Matthieu	.62
3	Matthieu/Luc contre Marc	.12

L'on pouvait s'y attendre : aucun des coefficients n'est voisin de zéro. Aucune des généalogies postulant l'utilisation simultanée et indépendante de l'une des recensions par les deux autres rédacteurs ne vérifie le critère statistique de l'indépendance. Ce sont encore les généalogies les plus courantes — celles qui supposent Marc pour source — qui s'en écartent le moins. Doit-on pour autant, et dès à présent, en conclure que la recension de Marc joue un rôle privilégié dans l'organisation des épisodes synoptiques ? Avant d'avancer une telle affirmation, il convient d'analyser de plus près ces inversions communes de Luc et de Matthieu contre Marc et, tout d'abord, sous leur seul aspect statistique en s'interrogeant sur cette absence d'indépendance qu'elles révèlent.

1.3.3. Indépendance statistique

Que Luc et Matthieu ne soient pas indépendants dans leur utilisation d'une source commune n'entraîne pas comme conséquence que l'un doive dépendre de l'autre. Leur commune tendance à effectuer les mêmes choix peut fort bien résulter de l'influence d'un facteur extérieur et non pas d'une action directe de l'un sur l'autre. Cette action directe, c'est-à-dire par exemple, une utilisation du texte de Luc par Matthieu, et que représenterait un schéma du type ci-contre, est récusée par la distribution des coefficients de corrélation directe.

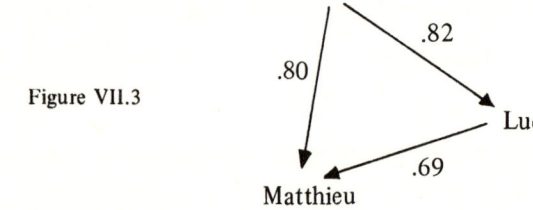

Figure VII.3

```
            Marc
           /   \
       .80/     \.82
         /       \
        v         v
    Matthieu <--- Luc
              .69
```

En effet, si Matthieu utilise Marc et Luc, et si dans un certain nombre de cas il adopte l'ordre de Luc contre Marc, ce qui diminue sa corrélation directe avec Marc, alors la corrélation entre Matthieu et Luc devrait être plus élevée et à tout le moins supérieure à celle de Matthieu avec Marc. En continuant d'accepter, temporairement au moins, l'hypothèse d'une utilisation de Marc, seul le recours à un facteur extérieur permettrait de rendre compte des inversions communes de Luc et de Matthieu. Dans le cas des textes synoptiques, ce facteur pourrait être constitué par une source autre que Marc, mais comportant la mention d'épisodes relatés aussi par Marc.

C'est ce qu'il convient maintenant de vérifier, et ceci en deux étapes dont la première cherchera en quelque sorte à estimer le poids de ce facteur. Pour ce faire, répartissons les accords et les inversions de Luc et de Matthieu dans une table à double entrée dont le principe de construction a été donné au chapitre I, paragraphe 3.2.2. L'ordre selon Marc étant pris pour critère de répartition, la case supérieure gauche comprendra les couples pris par Luc et Matthieu dans le même ordre qu'en Marc et la case inférieure droite les couples simultanément inversés. On obtient ainsi le tableau.

Tableau VII.4

	Marc	Luc +	Luc −	
Matthieu	+	3 434	277	3 711
	−	313	71	384
		3 737	348	4 095

Ce tableau, duquel est d'ailleurs dérivé le coefficient de corrélation partielle, permet le calcul du nombre théorique d'inversions communes que devraient présenter Luc et Matthieu s'ils étaient statistiquement indépendants. Ce nombre est proportionnel au produit des effectifs marginaux des inversions rapporté à l'ensemble des inversions possibles. Il est donc égal à :

$$(384 \times 348) / 4\ 095 = 32$$

L'effectif observé étant de 71, l'effectif théorique lui est donc inférieur de 39 unités et c'est cette différence qui estime le poids du facteur extérieur. Il y aurait donc approximativement une quarantaine d'inversions qui seraient à attribuer à l'influence d'une source autre que Marc.

Est-il possible de dépister ces inversions "en trop", et sur quels critères ? C'est ce qui fera l'objet de la deuxième étape de la détermination de ce facteur extérieur. Au cours de cette étape, l'interprétation globale des synoptiques par l'intermédiaire de dénombrements sera abandonnée au profit d'analyses partielles, mais plus précises et qui conduiront à leur tour à de nouvelles questions.

208 *Les schémas de filiation*

2. VERS UNE DEUXIEME SOURCE

2.1. Les inversions communes

2.1.1. Autres généalogies

Des calculs purement statistiques, dans lesquels les contenus des textes n'interviennent en aucune façon, révèlent que Luc et Matthieu ont une quarantaine d'inversions communes en trop par rapport à ce qu'aurait dû donner le seul hasard.

La répartition des coefficients de corrélation directe entre les recensions conduit à rejeter l'éventualité d'une influence directe de Luc sur Matthieu, ou réciproquement de Matthieu sur Luc.

Pour rendre compte de ces 39 inversions communes, l'on a donc envisagé l'hypothèse d'une source annexe utilisée par Luc et Matthieu et ignorée par Marc. Mais cette hypothèse est-elle la seule possible ? En particulier, est-ce qu'un schéma de filiation linéaire ne permettrait pas de faire l'économie de cette source complémentaire ?

En fonction des indices statistiques, les seuls schémas linéaires plausibles seraient

soit : Matthieu ⟶ Marc ⟶ Luc,

soit : Luc ⟶ Marc ⟶ Matthieu.

A titre d'exemple, prenons le premier :

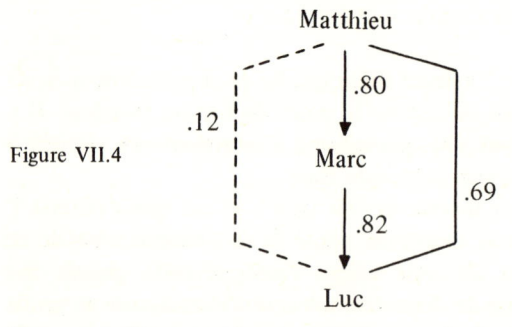

Figure VII.4

```
        Matthieu
       ╱    │ .80
    .12     ▼
       │   Marc
       │    │       .69
       │    │ .82
       ╲    ▼
          Luc
```

En ce cas, Marc aurait eu connaissance de la recension de Matthieu et Luc uniquement de celle de Marc. Si, pour des raisons personnelles, Luc a modifié l'ordonnance de Marc, il s'écarte encore un peu plus de l'ordonnance de Matthieu, ce qui diminue son indice de corrélation avec lui. Mais, à nouveau, pourquoi existerait-il des accords communs de Luc/Matthieu contre Marc aussi fréquents ? Comme précédemment, aucune raison ne s'impose avec évidence pour justifier une corrélation partielle égale à : .12. De plus, l'on sait, par ailleurs, que Luc et Matthieu comportent un grand nombre d'épisodes que ne mentionne pas Marc. Avec une filiation de ce type, où Marc sert de relais dans la transmission du message, comment expliquer que Luc ait retrouvé ces passages de Matthieu non retenus par Marc ?

Faudrait-il alors supposer une première étape de la recension de Matthieu (Matthieu 1), suivie d'un remaniement ultérieur (Matthieu 2), cette première étape pouvant éventuellement être constituée de cet évangile araméen dont parle Papias : "Matthieu donc mit en ordre les logia dans la langue hébraïque" et le remaniement ultérieur ayant été effectué par l'adjonction de témoignages contenus en d'autres sources ? Selon l'interprétation adoptée pour la notice de Papias et la conception que l'on se fait de ces "logia en langue hébraïque", l'on aurait alors l'une des deux figures VII.5 et VII.6.

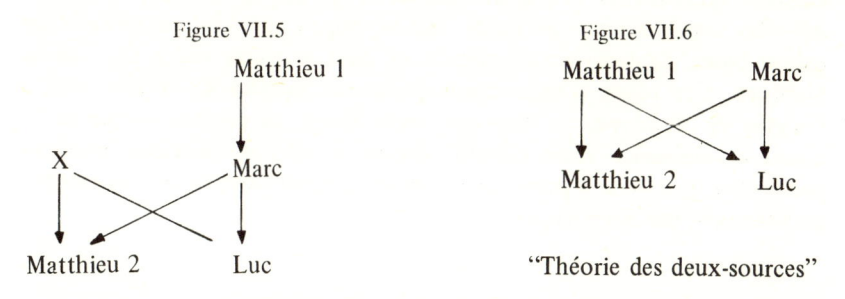

Figure VII.5

Figure VII.6 "Théorie des deux-sources"

Mais, en un cas comme en l'autre, cette première recension de Matthieu est un document purement hypothétique et qui n'est d'aucune utilité pour l'interprétation des résultats des dénombrements. Si l'on tient à rester aussi objectif que possible, il est indispensable de s'en tenir aux seuls textes existant actuellement et de déterminer le facteur secondaire à partir de ces textes et des particularités éventuellement détectées sur eux seuls.

2.1.2. Dépistage des inversions

Sur 71 inversions communes, 39 sont en trop, comment donc les retrouver et en fonction de quels critères ?
Deux principes serviront de guide à ce dépistage dont le but est de déterminer

une deuxième source qui serait éventuellement à l'origine de ces inversions.

1° Application de l'hypothèse du respect de l'ordre avancé au chapitre II, paragraphe 1.1.1. : les épisodes simultanément inversés doivent figurer dans le même ordre en Luc et en Matthieu.

2° Possibilité de reconstituer partiellement cette autre source en lui attribuant, outre les passages de triple recension, d'autres passages de la double recension Luc/Matthieu.

Pour retrouver quels épisodes vérifieraient, s'il en existe, le premier de ces principes, reprenons le graphique n° 2 pour y étudier la répartition des inversions communes qui y sont soulignées soit par des points, soit par des ronds.

De prime abord, les premières, indiquées par des points, n'offrent aucune régularité apparente de répartition et s'il arrive parfois aux passages qui en sont l'objet de figurer dans le même ordre, ceux-ci sont tous localisés en des endroits quelconques des deux recensions. Il en va tout autrement des secondes, soulignées par des ronds. Celles-ci sont engendrées uniquement par quatre blocs, déplacés simultanément et dans le même ordre par Luc et Matthieu. Ces blocs, d'importance diverse en nombre de versets, sont à l'origine de *51 inversions*. Bien que, cette fois-ci, ce nombre excède de 11 unités la différence entre effectif observé et effectif théorique, essayons néanmoins de voir si à partir de ces blocs il serait possible de reconstituer partiellement une autre source.

2.1.3. Contexte des inversions communes

Pour ce faire, et toujours en fonction de critères strictement ordinaux, reprenons les textes synoptiques afin de déterminer dans quels contextes plus larges se situeraient les passages détectés et si, en fonction de ces contextes, l'éventualité d'une autre source a des chances de paraître vraisemblable.

Ces quatre blocs totalisent 11 versets de Marc répartis comme suit.

		Thèmes	Inversions engendrées
a	= 1^2	*Citation d'Isaïe*	14
b	= 3^{22-27}	*Controverse sur Belzéboul*	13
c	= 3^{29}	*Logion : blasphème contre l'esprit*	13
d	= 4^{30-32}	*Parabole : le grain de sénevé*	11

Pour déterminer les contextes, étudions uniquement les concordances de la double recension Luc/Matthieu qui contiennent ces fragments de Marc en segmentant ces textes en fonction de ces seules concordances.

1°   *Contexte A du bloc a* (citation d'Isaïe)

Tableau VII.5

Marc	Matthieu	Luc	Thèmes
	7^4 ———— 7^{22}		Questions de Jean-Baptiste et Témoignage de Jésus sur Jean
	9 ———— 26		
1^2 == 10 ======= 27			"Voici que moi j'envoie mon messager devant ta face"
	11 ———— 28		Conclusion de Matthieu et Luc

2°   *Contexte B du bloc b* (controverse sur Belzéboul)

Tableau VII.6

Marc	Matthieu	Matthieu	Luc	Luc	Thèmes
.	9^{32} ———— 12^{22}		11^{14}		Expulsion d'un démon
.	33 ———— 23				
3^{22} === 34 ======= 24 ======= 15					"C'est par Belzéboul..."
23					
24 ========================= 25 ======= 17					"Tout royaume divisé en lui-même"
25					
26 ========================= 26 ======= 18					"Si donc Satan..."
.	27 ———— 19				"Et si moi..."
.	28 ———— 20				
27 ========================= 29 ==== {21 / 22}					Entrer dans la maison du fort
9^{40}	30 ———— 23 =9^{50}				"Qui n'est pas avec moi"

212 Les schémas de filiation

3° *Contexte C du bloc c* (blasphème contre l'Esprit)

Tableau VII.7

Marc	Matthieu	Luc	Thèmes
	12³²ᵃ ———	10¹⁰ᵃ	*Contre le Fils de l'homme*
3²⁹ ════	32b ════	10b	*Contre l'Esprit-Saint*

4° *Contexte D du bloc d* (le grain de sénevé)

Tableau VII.8

Marc	Matthieu	Luc	Thèmes
13³⁰	13³¹	13¹⁸	
31⎫ 32⎭	32	19	*Le grain de sénevé*
	33	⎧20 ⎩21	*Parabole du levain*

Manifestement, trois de ces blocs au moins ont tous un point commun indubitable et dont le lecteur se convaincrait encore plus aisément en ayant recours à une synopse : les fragments de triple recension sont tous insérés dans des contextes plus larges de la double recension Luc/Matthieu. Commentons-en rapidement quelques aspects.

Contexte A

Avec une majesté un peu solennelle, l'évangile de Marc débute par une citation du prophète Isaïe :

1² : *"Voici que moi j'envoie mon messager devant
       ta face pour préparer ta route"*

1³ : *"Voix de celui qui crie dans le désert :
       Préparez les chemins du Seigneur, aplanissez
       ses sentiers."*

Au début de leur narration de la vie publique de Jésus, Matthieu et Luc reprennent cette citation d'Isaïe, mais partiellement et en ne mentionnant que sa deuxième partie (verset 1³ de Marc). Pour la première, l'un et l'autre en font une parole prononcée par Jésus lors de son témoignage sur Jean :

> *"Qu'êtes-vous allés contempler au désert ?*
> *Un roseau agité par le vent ?*
> . . . .
> *C'est celui dont il est écrit :*
> *Voici que moi j'envoie mon messager*
> *devant ta face*
> *Pour préparer ta route."*

Or, si Luc et Matthieu avaient disposé du texte de Marc, ce déplacement simultané ne manquerait pas de surprendre. Ne serait-il pas plus simple de l'attribuer à une autre source qui, outre le "Livret sur Jean", comprendrait aussi l'épisode "Les enfants boudeurs" que tous deux placent à la suite :

> *"Nous avons joué de la flûte pour vous*
> *et vous n'avez pas dansé.*
> *Nous avons entonné des chants de deuil*
> *et vous n'avez pas pleuré."*

Contexte B

La "Controverse avec les pharisiens sur Belzéboul", prince des démons, est précédée en Luc comme en Matthieu de la guérison d'un possédé muet (objet d'un doublet en Matthieu), et à l'issue de laquelle certains spectateurs s'exclament :

> *"C'est par Belzeboul, le Prince des démons,*
> *qu'il expulse les démons."*

En réponse, Jésus développe un thème de triple recension :

> *"Tout royaume divisé en lui-même*
> *court à la ruine."*

Toutefois, l'argumentation reprise par Luc et Matthieu est plus complète que celle de Marc puisqu'elle comporte une justification supplémentaire :

> *"Si j'expulse les démons par Belzeboul; alors vos fils,*
> *par qui les expulsent-ils? Mais si c'est par le doigt de Dieu*
> *que je les expulse, alors c'est que le royaume de Dieu*
> *est arrivé sur vous".*

Enfin, l'ensemble de la péricope se termine par une sentence, objet d'un doublet en Luc, et qui est reprise par Marc en un tout autre contexte :

> *"Qui n'est avec moi est contre moi*
> *Et qui n'amasse pas avec moi, dissipe."*

Contexte D

Il en va également de même, quoique pour un contexte plus court, avec la parabole du grain de sénevé. Celle-ci est suivie, en Luc comme en Matthieu d'une seconde parabole sur le même thème :

> *"Une autre parabole il leur raconta :*
> *Semblable est le royaume des cieux*
> *à du levain qu'une femme, l'ayant pris*
> *a caché dans trois mesures de farine,*
> *jusqu'à ce que tout ait levé."*

Matthieu 13[33]

Contexte C

Par contre le contexte du "Blasphème contre l'Esprit" est pratiquement inexistant en se réduisant à une seule proposition dans le moment même où les concordances sont plus délicates à établir en raison d'une répétition par Matthieu d'une même phrase en deux versets successifs. La synopse de la Bible de Jérusalem adopte la solution :

Matthieu 13[33]	Marc 3	Luc 12
31[b] *Mais le blasphème* *contre l'Esprit ne* *sera pas remis*		

32
*Et qui dirait une
parole contre le
fils de l'homme
lui sera remis
mais qui en dirait
une*

*contre l'Esprit-
Saint ne lui sera
remis
ni en ce monde
ni dans celui à
venir*

29

mais qui blasphèmerait

*contre l'Esprit-Saint
il n'aura pas de rémission*

*éternellement
mais il est coupable
d'un péché éternel.*

10
*Et quiconque dira une
parole contre le fils
de l'homme*

*mais à celui qui a
blasphémé
contre le Saint-Esprit
ne lui sera pas remis*

On peut admettre, ici encore, mais cela est moins net que pour les trois autres exemples, que Luc et Matthieu ont en commun la phrase : "Et quiconque dira une parole contre le Fils de l'homme, cela lui sera remis". Par contre le contexte de ces sentences n'est plus du tout le même entre les deux recensions : si en Matthieu, le logion suit immédiatement la controverse sur Belzéboul, comme en Marc, en Luc, il relève d'un ensemble présentant rupture de concordance et doublets comme l'indique le relevé ci-après :

		Matthieu	Marc	Luc	
		10^{26}		12^2	
		33		9 —— 9^{26}	
C		12^{32a} ———— 3^{29} ———— 10^a			
		32^b ———————————— 10^b			
		10^{19} ———————— 13^{11} ——— 11 ——— 21^{14}			

L'absence de continuité dans les concordances, les répétitions rendent peu vraisemblable l'appartenance de cette parole à une source bien précise et commune à Luc et Matthieu. Sans doute ce fragment de la Grande Incise de Luc témoigne-t-il de l'interférence de traditions diverses mais leur détection ne saurait être entreprise d'une manière parcellaire et nécessite une autre méthode d'approche.
Pour le moment, il paraît difficile de soutenir que ce bloc relève du même type d'interprétation que les trois autres. On conviendra donc de ne pas retenir les inversions dont il est l'origine. Dès lors, celles-ci passent de : 51 à 38. Nous retrouvons de ce fait un effectif ne différant que d'une unité avec celui donné par le calcul des inversions "en trop". Qui veut bien admettre cette coïncidence entre les résultats d'un calcul théorique et le relevé effectif des inversions engendrées par ces trois blocs se demandera d'une part si ces blocs relèveraient d'une seule et même source et, d'autre part, quelle serait la composition de cette deuxième source, *cf.* infra, p. 271.

2.2. Sur une théorie des deux sources

2.2.1. Premiers résultats

De l'ensemble des analyses de ce chapitre qu'importe-t-il de retenir en définitive ?
Au niveau d'une interprétation globale, il apparaît que :

1) Les choix effectués par Luc et Matthieu ne dépendent pas uniquement de leur commune référence à Marc.
2) Les accords de ces deux recensions contre celle de Marc sont difficilement explicables par un contact direct entre elles.

Etudiant ensuite de plus près ces inversions communes, celles-ci paraissent se subdiviser en deux groupes et à propos de l'un d'entre eux on constate que :

3) Trois blocs de triple recension sont contenus dans des contextes de double recension et à eux seuls ils suggéraient l'existence d'une source complémentaire simultanément utilisée par Luc et Matthieu.

Cette hypothèse d'une deuxième source serait encore renforcée par un fait qu'il convient maintenant de prendre en considération : l'importance des épisodes figurant simultanément en Luc et Matthieu seulement. En effet, la répartition des versets de recension triple, double et simple est la suivante.

Recensions		Matthieu	Marc	Luc
Triple		330 --------- 330 ------ 330		
Matthieu/Luc	Doubles	230 ------------------ 230		
Matthieu/Luc		193 --------- 193		
Marc/Luc			88 ------ 88	
Simples		315	50	502
Total		1068	661	1150

Sur un total de 560 versets communs à Matthieu et Luc, il en est donc 230 qui peuvent avoir été empruntés à Marc. Doit-on et peut-on leur attribuer une origine commune ? Telle fut du moins la thèse d'une interprétation connue sous le nom de "théorie des deux sources".

2.2.2. Nouvelles questions

De prime abord, il semblerait que les divers résultats obtenus ci-dessus ne soient pas en contradiction avec une telle interprétation. En effet, si l'on retire les trois blocs A, B et D qui sont à l'origine des inversions "en trop", alors Luc et Matthieu vérifieraient le critère d'indépendance statistique et l'on pourrait donc admettre qu'ils ont, indépendamment l'un et l'autre, utilisé la recension de Marc.

Accepter cette interprétation a pour conséquence une répartition des épisodes communs à Luc et Matthieu en deux classes directement reliées à deux sources distinctes. La première, dérivant de Marc, comprendrait tous les épisodes à trois témoins, moins les trois groupes de versets cités plus haut. La seconde, dérivant de la source complémentaire, comprendrait les seuls épisodes uniquement mentionnés par Luc et Matthieu, éventuellement complétés par quelques fragments de textes relatés aussi par Marc.
Cette subdivision est, en fait, étroitement reliée au nombre de témoins qui mentionnent un épisode donné. Pour qu'elle soit légitime, trois problèmes au moins devraient être résolus au préalable.
Tout d'abord, l'appartenance des trois blocs A, B et D à une même source. Or, si pour le moment, il est vraisemblable de supposer que les inversions communes de Luc et de Matthieu s'expliquent par un recours à d'autres documents, rien, jusqu'à présent, ne permet d'affirmer avec suffisamment de preuves qu'il s'agit d'un texte unique.
Ensuite, quels épisodes la source complémentaire comprendrait-elle exactement ? Il a déjà été possible de détecter trois passages dont Marc ne relate qu'un fragment. Ces passages ne sont pas les seuls. Il en est quelques autres qui n'engendrent pas d'inversions simultanées de Luc et de Matthieu. Signalons par exemple : "La tentation au désert", "Parler ouvertement et sans crainte", "Le signe de Jonas", "Discours contre les pharisiens". L'existence de passages de cette nature rend assez peu légitime une subdivision en deux classes dont chacune aurait une explication généalogique simple.
Enfin, quelle serait donc l'ordonnance générale des épisodes dérivés de cette deuxième source ? Pour une analyse qui se veut strictement ordinale, cette dernière question prédomine sur les deux autres. Seulement convient-il de réduire l'étude de cette ordonnance à la seule classe des épisodes de double recension alors qu'aucun critère ne permet de la délimiter avec précision ? Aussi, récusant cette dichotomie qui n'a que l'apparence de la rigueur, préférons-nous étudier l'ensemble des épisodes communs à Luc et Matthieu, à quelque classe qu'ils appartiennent, et esquisser une interprétation de l'ensemble de leurs inversions.

2.2.3. Résultats principaux et leurs calculs

Le tableau VII. 10 du paragraphe 2.2.1. indique la répartition du nombre de passages communs à partir du verset choisi comme unité de mesure. Bien que les versets n'aient pas tous exactement la même longueur, ils permettent néanmoins une estimation quantitative du volume de ces passages communs à deux ou trois évangiles. Pour une analyse de corrélations par rangs, il convenait de choisir une unité de décompte de type ordinal et non pas quantitatif. C'est la raison pour laquelle les décomptes de ce chapitre ont été éffectués à partir des blocs dont le tableau VII. 11 ci-dessous donne la répartition :

Tableau VII.11

Recensions		Matthieu	Marc	Luc
Triple		88	88	88
Matthieu/Luc	Doubles	86 - 86		
Matthieu/Marc		50 - - - - - - - - - - - 50		
Marc/Luc			29 - - - - - - - - - 29	
Simples		73	36	68
Total		297	202	271 .

Si le total des blocs communs à deux ou trois recensions permet le calcul du nombre théorique des inversions possibles, les coefficients de corrélation font aussi intervenir les inversions relevées entre deux textes (corrélations directes), et les inversions communes à deux textes contre l'ordonnance d'un troisième (corrélations partielles, cf. chapitre I, paragraphe 3.2.2.). Quoique ces relevés figurent déjà soit dans le tableau VII. 1 pour les premières soit dans le tableau VII. 4 pour les secondes, il est préférable de les regrouper en un tableau unique qui comportera, en outre, un relevé utilisé au chapitre suivant, celui des inversions entre Matthieu et Luc l'ensemble des 174 blocs qu'ils ont en commun.

220 Les schémas de filiation

Tableau VII.12

Inversions entre	Inversions communes
Matthieu-Marc : 384	Matthieu/Marc contre Luc : 277
Marc-Luc : 348	Marc/Luc contre Matthieu : 313
Matthieu-Luc : 590	Matthieu/Luc contre Marc : 71
Matthieu-Luc pour 174 blocs : 3 590	

On se contentera de rappeler ici les formules de calcul des coefficients de corrélations présentées au chapitre I, paragraphe 3.2. En désignant par d(x,y) le nombre d'inversions entre deux textes x et y et par n le nombre de blocs communs à ces textes, le coefficient τxy de corrélation par rangs est donné par :

$$\tau xy = 1 - 4\, d(xy) / n(n-1)$$

Par ailleurs, le coefficient de corrélation partielle de x et y à z constant peut se calculer par :

$$\tau_{xy,z} = \tau_{xy} - (\tau_{xz} \times \tau_{yz}) \Big/ \sqrt{(1 - \tau_{xz}^2) \times (1 - \tau_{yz}^2)}$$

L'ensemble des coefficients de corrélations directes et des coefficients de corrélations partielles sont regroupés dans le tableau VII. 13.

Tableau VII.13

Corrélations directes	Corrélations partielles
Matthieu - Marc : .80	Matthieu/Marc contre Luc : .55
Matthieu - Luc : .82	Marc/Luc contre Matthieu : .62
Matthieu - Luc : .69	Matthieu/Luc contre Marc : .117
Matthieu - Luc pour 174 blocs : .53	

Une impression générale se dégage de ce rappel et de ce regroupement des résultats purement statistiques : l'évangile de Marc joue, parmi les trois synoptiques, un rôle particulier. Une interprétation globale des relations entre ces trois textes devrait tenir compte des valeurs de ces coefficients, assez différents pour que l'on puisse les tenir pour significatives. Il semble bien que l'ordonnance de Marc n'est pas sans influer sur celle adoptée par Matthieu comme sur celle adoptée par Luc, encore que cette influence s'exerce de manière distincte sur l'un et sur l'autre comme en témoigne le graphique annexe n° 2. Doit-elle pour autant être interprétée en termes de contacts littéraires ? Au seul vu des résultats du paragraphe 1.3.3. de ce chapitre une telle conclusion serait abusive puisque l'on relève une quarantaine d'inversions statistiquement en trop pour une hypothèse d'indépendance. Certes ce nombre est faible et l'on ne saurait, par ailleurs, se fier trop aveuglément aux seuls résultats d'un calcul qui, dans son intention même, est un calcul d'approximation. A lui seul, il ne peut que guider et non pas décider. Aussi convient-il de tenir moins compte de ce résultat chiffré que des analyses qu'il suscite même si ces dernières n'ont pas la même rigueur apparente. Il se trouve néanmoins qu'elles permettent de dépister, dans l'imbroglio des inversions, trois passages qui, en l'absence de concordance avec Marc, auraient constitué un seul bloc en Matthieu et Luc[2]. Un tel fait suggère que ces blocs ont pu parvenir à la connaissance de ces deux rédacteurs par l'intermédiaire d'une source totalement indépendante de Marc et qu'il pourrait en être de même pour certains autres passages présentant une caractéristique similaire. Cette hypothèse reste à vérifier et tel est le but du chapitre suivant qui, n'envisageant que Matthieu et Luc, généralise systématiquement la démarche simplement amorcée dans le présent chapitre.

2. La concordance avec Marc conduit à subdiviser chacun de ces passages en plusieurs blocs.

Chapitre VIII

LES SEQUENCES SYNOPTIQUES

1. **CLASSIFICATION DES BLOCS**

1.1. **Buts et Moyens**

1.1.1. Limitations et perspectives

Une analyse qui se voudrait exhaustive de tous les aspects des concordances entre les synoptiques et qui, de ce fait, serait fort longue, intéresserait certes les spécialistes du problème synoptique mais vraisemblablement lasserait maint autre lecteur. Or, notre but actuel n'est pas d'apporter une nouvelle réponse à une question centenaire mais de proposer une technique d'analyse pour des problèmes d'un certain type : la recherche de processus latents de composition par la comparaison ordinale de divers documents relatifs à un même ensemble d'événements. Le problème synoptique en est un exemple, mais un simple exemple parmi d'autres et il n'est ici que le prétexte permettant de vérifier l'utilité d'un modèle théorique qui se voudrait plus général et susceptible de s'adapter à d'autres contenus, les plus divers.
Cette étude se limitera donc à certains aspects des concordances entre les seuls épisodes simultanément mentionnés par Luc et Matthieu, qu'ils figurent ou non en Marc. Seront exclues les doubles recensions Marc/Luc et Marc/Matthieu ainsi que les recensions uniques et bien que toutes deux contribuent à l'élucidation des rapports entre Luc et Matthieu. Ainsi, les exégètes du Nouveau Testament ne disposeront-ils ici que d'une simple notice sur l'interprétation des inversions et des répétitions uniquement destinée à

attirer éventuellement leur attention sur les régularités qu'il est possible de mettre au jour.

Le volume des phénomènes qu'il convenait de considérer simultanément contraignait à ce choix. S'il est relativement aisé de présenter brièvement des résultats statistiques pour les trois recensions puisqu'ils s'expriment par un nombre restreint de coefficients, il n'en est plus de même dans l'analyse des séquences, des inversions et des répétitions car il faut alors tenir compte de plusieurs blocs et de leurs contextes. De plus, même en se restreignant à Luc et Matthieu, il est encore nécessaire d'élaborer divers systèmes de simplification dans le seul but d'éliminer des détails qui feraient perdre au lecteur une vue d'ensemble des phénomènes les plus importants.

1.1.2. Miniaturisation

Etudiant, cette fois-ci, les textes eux-mêmes et non plus des exemples théoriques, un problème technique de présentation des données se posait. Si l'on se reporte au tableau général de la répartition des versets entre chaque type de rencension (cf. chapitre VII; paragraphe 2.2.1.), l'on constate que le texte de Matthieu comprend 1 068 versets et celui de Luc 1 150. Même en n'attribuant à chaque verset qu'un millimètre, les représentations graphiques, qu'elles soient linéaires ou cartésiennes, occupent une grande surface. Comment, dès lors, analyser les concordances en évitant d'avoir à se reporter à chaque page aux graphiques hors textes construits à cette échelle ? Il était indispensable de trouver des procédés de miniaturisation qui, tout en permettant une insertion des graphiques dans le texte, en respectent les caractéristiques les plus importantes.

Comme celles-ci résident dans les inversions et les répétitions, la longueur des blocs, exprimée en termes de versets a été négligée et à chaque bloc, quelle que soit son importance, a été attribué un demi-millimètre. En deuxième lieu les blocs de recension unique et ceux des deux recensions doubles Marc/Matthieu et Marc/Luc n'ont pas été reportés et les graphiques de ce chapitre ne contiennent que les blocs communs à Luc et Matthieu. Comme ils sont au nombre de 174, la taille de ces graphiques réduits n'excédait pas le format du texte. Enfin, pour éviter toute surcharge et difficulté de lecture, les inversions et les répétitions ont été représentées sur deux graphiques différents, le premier ne reportant que les séquences de blocs et le second ne mentionnant que les deux localisations d'un doublet.

Ces contraintes techniques de la reproduction des documents concordent, d'ailleurs, avec les nécessités de l'analyse théorique. Si l'on veut bien se reporter au chapitre III, celle-ci désigne l'ordre de succession des étapes à effectuer puisqu'il convient de procéder d'abord à la répartition des blocs en classes et ensuite à la localisation des doublets entre ces classes.

1.1.3. Déroulement

L'analyse des relations d'ordre entre les recensions de Matthieu et de Luc comportera deux grandes phases. La première, exclusivement technique et application stricte du cadre théorique, se situe au niveau des blocs sans référence explicite aux parties de l'évangile qu'ils représentent. Il s'agira donc uniquement d'étudier les caractéristiques d'une répartition de points graphiquement représentables par leurs rangs sur les deux recensions. La deuxième phase, entreprise au chapitre IX, se propose de retrouver à quels contenus correspondent les séquences abstraites préalablement détectées et quelle pourrait alors être la composition des sources présynoptiques.

La première phase développée dans le présent chapitre fera appel à certaines notions des chapitre II et III respectivement consacrés à la théorie des insertions et à celle des répétitions. Intervenant dans cet ordre, le premier point à vérifier sera l'existence, sur les blocs synoptiques, de séquences qui correspondraient à la solution d'une décomposition minimale et le second point consistera à rechercher si la répartition des doublets confirme, et de quelle façon, la subdivision des blocs en séquences.

1.2. Décomposition en séquences

1.2.1. Première classification

Luc et Matthieu ont donc en commun 174 blocs, dont 88 de triple recension et 86 de double recension. Le nombre des inversions entre ces blocs est élevé puisqu'il se monte à 3 590 [1]. Toutes les analyses de ce chapitre vont porter sur la répartition de ces inversions, en partant de l'hypothèse qu'elles résultent d'insertions différentes d'un certain nombre de sources distinctes qu'il s'agit précisément de reconstituer. Cependant, au niveau théorique auquel se situe cette analyse, il est encore prématuré de parler de "sources" au sens littéraire de ce terme. Il ne doit, ici, être question que de séquences, ou sous-ensembles de blocs totalement ordonnés se rapprochant au mieux de la solution d'une décomposition minimale.

---

1. La corrélation directe entre ces 174 blocs est de .53 alors que pour les 91 blocs de triple recension, elle s'élève à .69.

Selon les indications du chapitre II, paragraphe 2.2.3., le premier critère à utiliser est celui de la différence des rangs entre les passages. Bien entendu, pour le calcul de cette différence, il ne saurait être question de prendre le rang d'un bloc dans la rédaction de Luc ou dans celle de Matthieu, tel qu'il figure dans les deux index placés à la fin de ce volume. Puisque parmi les 296 blocs de Matthieu ou les 269 de Luc n'ont été retenus que les 174 blocs qu'ils ont en commun, il est nécessaire de procéder préalablement à une re-ordination de ces 174 blocs et de calculer les différences entre ces nouveaux rangs qui iront de 1 à 174. Par opposition au rang absolu d'un bloc au sein de la totalité d'une recension, ces nouveaux rangs seront qualifiés de "rangs relatifs". Par convention, on calculera :

"(rang relatif de Luc) − (rang relatif de Matthieu)".

Si cette différence est positive, il s'agit d'un bloc que Luc a tendance à placer plus tardivement dans sa rédaction que Matthieu. Réciproquement, si la différence est négative, il s'agit d'un bloc que Matthieu situe plus tardivement que Luc.

La première classification est uniquement destinée à dégager l'allure générale de la répartition des écarts entre les rangs relatifs. Aussi les classes ont-elles été choisies de faible amplitude et regroupant des écarts n'excédant pas 5 rangs. Ainsi la première classe comprend les différences s'échelonnant de 0 à 4. bornes comprises, la seconde les différences de 5 à 9, et ainsi de suite, seule la dernière regroupe des écarts égaux ou supérieurs à 100. Les mêmes bornes étant adoptées pour les différences positives et négatives (sauf pour la première de celles-ci qui regroupe les écarts de −1 à −4), l'on aboutit à un total de 42 classes. Le tableau ci-après indique pour chacune des 21 classes de différences positives et pour chacune des 21 classes de différences négatives les effectifs qu'elles regroupent.

A) *Différences positives* : Rang Luc > Rang Matthieu (total : 110 blocs)

1°	2°	3°	4°	5°	6°	7°	8°	9°	10°
25	25	17	10	3	5	2	3	2	1

11°	12°	13°	14°	15°	16°	17°	18°	19°	20°	21°
0	2	1	0	2	2	2	2	0	1	5

B) *Différences négatives* : Rang Luc < Rang Matthieu (total : 64 blocs)

1°	2°	3°	4°	5°	6°	7°	8°	9°	10°
3	3	2	2	3	7	4	7	10	5

11°	12°	13°	14°	15°	16°	17°	18°	19°	20°	21°
7	1	4	0	2	1	0	0	2	0	1

La répartition des écarts est loin d'être identique pour les différences positives et pour les différences négatives : sur les premières, les effectifs importants se regroupent sur les quatre classes initiales alors que pour les secondes ce sont les classes de 6 à 11 qui contiennent la majorité des effectifs. Cette dissymétrie des deux distributions entraîne pour la deuxième classification un choix d'intervalles et de bornes distincts pour les deux catégories de différences.

1.2.2. Deuxième classification

Cette nouvelle classification regroupe en 8 classes les 42 classes précédentes. Encore qu'il y ait toujours un certain arbitraire dans les regroupements de cette nature, dans la mesure du possible, les limites de classes ont été choisies en fonction des particularités de la première distribution et, en définitive, les classes retenues sont les suivantes ·

Différences positives

	Bornes		Classes regroupées	Effectifs
Classe A	0	19	1, 2, 3, 4	77
Classe B	20	49	5, 6, 7, 8, 8, 10	16
Classe C	50	89	11 à 18	11
Classe D	90 et plus		19 à 21	6

228 Les séquences synoptiques

Différences négatives

	Bornes	Classes regroupées	Effectifs
Classe E	−1 −19	1, 2, 3, 4,	10
Classe F	−20 −34	5, 6, 7	14
Classe G	−35 −64	8, à 13	34
Classe H	−65 et plus	14 à 21	6

Composition des classes : En dépit de son caractère fastidieux et monotone, il convient néanmoins d'effectuer le relevé des blocs appartenant à chacune de ces huit classes. Toutefois, comme la répartition des blocs importe plus que leur énumération, le lecteur pourra, s'il le désire, se reporter immédiatement au paragraphe suivant qui comporte la représentation graphique de cette répartition.

Les tableaux des pages suivantes comprennent : le numéro d'identification du bloc tel qu'il figure dans le document annexe : "Organisation des concordances" et les rangs relatifs de ce bloc en Luc et en Matthieu, rangs à partir desquels sera construite leur représentation graphique.

Exemple d'utilisation du tableau VIII.1, ci-après : Prenons le bloc numéro 40, dont le rang relatif en Luc est 19 et en Matthieu 14. Dans le tableau de l'"Organisation des concordances" de l'annexe 1 le numéro du bloc est indiqué dans la dernière colonne de droite. On y relève que ce bloc n° 40 correspond à un fragment de triple recension, localisé en Marc au chapitre 1, verset 39, en Luc, chapitre 4, versets 44 et 15, enfin en Matthieu, chapitre 4, verset 23 avec un doublet en 9[35]. Ayant ces localisations, il suffit alors de se reporter à l'une des synopses pour retrouver le texte lui-même. Il s'agit ici d'un "sommaire" qui figure dans la synopse des RR.PP. Benoit et Boismard à la page 31, sous le numéro 37, avec pour titre : "Prédications, Guérisons, Concours de foule", qui regroupe des fragments pour lesquels, d'ailleurs, le parallélismes aussi bien internes qu'externes sont assez délicats à établir.

Classification des blocs

Différences positives : Rang Luc − Rang Matthieu > o

N° bloc	Rg Luc	Rg Mt	N° bloc	Rg Luc	Rg Mt	N° bloc	Rg Luc	Rg Mt
Classe A								
5	1	1	101	44	41	358	137	132
4	2	2	102	45	44	327	138	127
9	3	3	104	46	45	328	139	126
11	4	4	105	47	47	329	140	130
12	5	5	143	59	49	331	141	131
16	7	6	144	60	51	361	149	133
18	8	7	149	61	52	364	151	134
19	9	8	152	62	53	365	152	136
20	10	10	154	63	55	369	153	138
21	11	9	157	64	56	375	154	140
23	12	11	159	65	57	381	157	141
25	13	12	170	66	61	386	158	142
40	19	14	172	67	63	395	159	144
31	20	13	173	68	65	397	160	145
72	28	15	242	83	75	399	161	147
74	29	16	257	92	81	400	162	148
76	30	17	260	93	82	403	163	151
83	31	24	116	98	89	404	164	150
85	32	23	117	99	90	405	165	152
87	34	25	118	100	91	409	166	154
89	35	31	269	101	95	413	167	163
136	36	32	272	103	95	416	168	164
92	39	33	289	118	113	417	170	165
95	40	38	140	120	102	418	171	166
96	41	37	303	121	103	421	172	169
100	43	39	319	133	129			
Classe B								
131	55	20	254	90	60	362	150	124
246	65	50	256	91	66	377	155	128
248	86	58	288	112	71	373	173	139
249	87	67	120	113	92	374	174	135
251	88	64	198	117	72			
252	89	62	312	126	86			
Classe C								
265	96	26	294	115	27	317[a]	130	73
268	97	34	305	122	36	324	135	79
274	104	28	307	124	40	339	145	74
291	114	30	308	125	46			

N° bloc	Rg Luc	Rg Mt	N° bloc	Rg Luc	Rg Mt	N° bloc	Rg Luc	Rg Mt
Classe D								
301	119	22	322	134	29			
349	131	18	325	136	21			
350	132	19	415	168	68			

Différences négatives : Rang Luc − Rang Matthieu < o

N° bloc	Rg Luc	Rg Mt	N° bloc	Rg Luc	Rg Mt	N° bloc	Rg Luc	Rg Mt
Classe E								
86	33	35	210	111	115	343	148	156
133	56	70	367	126	137	379	156	174
262	94	100	314	129	146			
208	102	114	391	142	143			
Classe F								
34	16	42	91	38	69	335	143	167
36	17	48	108	48	76	337	144	170
45	21	43	3	49	77	340	146	171
50	22	54	109	50	78	341	147	168
69	27	59	112	51	80			
Classe G								
52	23	83	185	71	109	401	95	149
55	24	84	186	72	110	276	105	159
56	25	85	187	73	111	278	106	158
59	26	87	214	74	116	281	107	160
99	42	93	78	75	77	284	108	153
126	52	97	221	76	118	285	109	161
127	53	99	224	77	119	286	110	157
130	54	101	228	78	120	296	116	172
137	57	98	233	79	121	306	123	173
124	58	96	237	80	122	310	125	162
175	69	106	239	81	123			
182	70	108	241	82	125			

N° bloc	Rg Luc	Rg Mt	N° bloc	Rg Luc	Rg Mt

Classe H

178	6	107	63	18	88
161	14	104	90	37	112
163	15	105	238	84	155

1.2.3. Répartition des blocs

Le recours au critère de la différence des rangs a un seul but : la détection de sous-ensembles totalement ordonnés, ou séquences, qui correspondraient à la solution d'une décomposition minimale. Mais la subdivision des blocs en huit classes n'entraîne aucunement que les blocs de chacune d'elles constituent précisément de telles séquences. C'est donc un point dont il convient de s'assurer.

Cette vérification s'effectuera en deux étapes : d'abord par l'intermédiaire de la représentation graphique de cette répartition et ensuite par l'étude des inversions au sein de chaque classe. Cette deuxième étude ne fera d'ailleurs que préciser et justifier les résultats déjà obtenus par l'analyse de la représentation graphique.

Outre les procédés de miniaturisation et de simplification déjà mentionnés, cette représentation graphique a été construite pour en faciliter au maximum la lecture :

— Les classes A,B,C,D, et E,F,G,H, sont constituées par les zones du plan comprises entre les parallèles à la première bissectrice.

— Les blocs de la triple recension Marc/Matthieu/Luc sont représentés par des carrés noirs et ceux de la double recension Matthieu/Luc par des carrés blancs.

— Les coordonnées d'un bloc sont, en abscisse le rang relatif en Luc et en ordonnée le rang relatif en Matthieu.

Ainsi, pour obtenir le numéro d'identification d'un bloc, suffit-il de relever son abscisse et, comme la classe du bloc est portée sur le graphique, de se reporter aux relevés du paragraphe précédent qui mentionnent le numéro du bloc dont les annexes donnent le contenu en termes de chapitres et de verset. Ces conventions préliminaires étant faites, quelle est donc l'allure générale de la répartition des blocs ?

232 *Les séquences synoptiques*

Graphique VIII.1

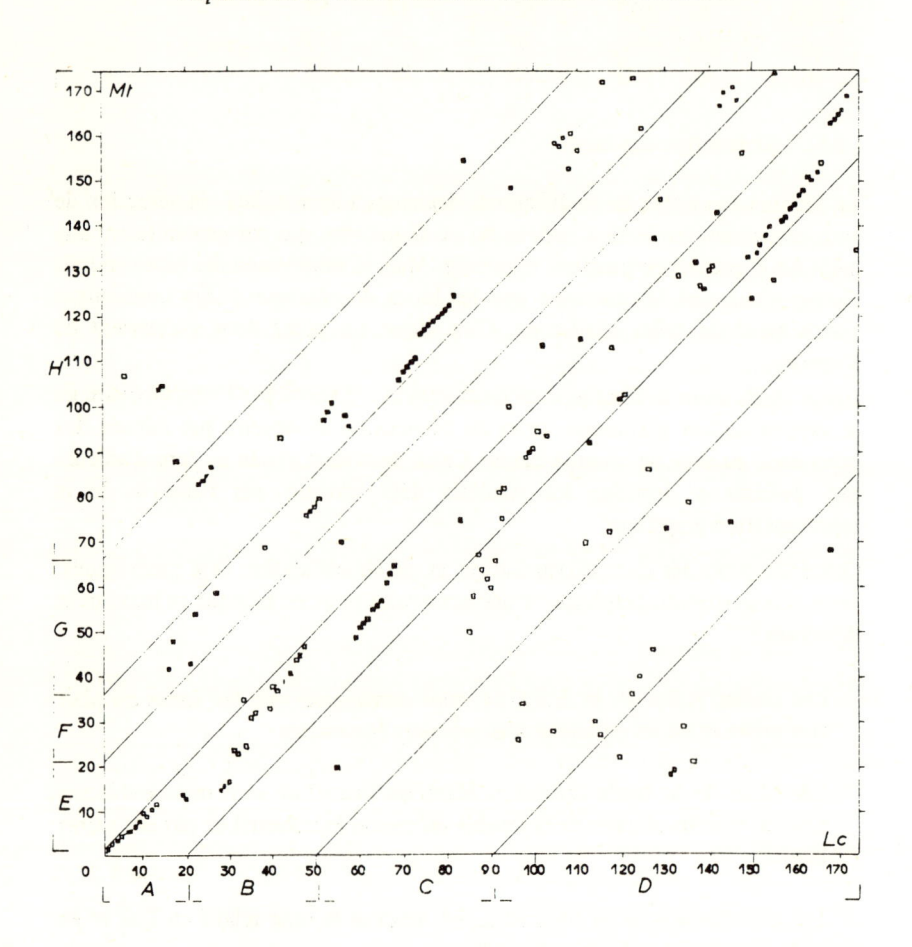

Répartition en classes des concordances Luc-Matthieu

Légende :
Un carré noir : bloc de triple recension.
Un carré blanc : bloc de double recension.

Bien que relativement intuitifs, certains résultats se dégagent de la seule lecture de ce premier graphique.
1) Le premier et le plus général concerne l'allure générale de la répartition des blocs : effectivement, la plupart des classes contiennent des successions de blocs qui correspondent à des séquences.
Ce fait est particulièrement net pour les classes A, F et G. Il est moins perceptible, mais il n'en existe pas moins pour les classes E, B, et C. Seules les classes extrêmes D et H, peut-être en raison de la faiblesse de leurs effectifs, paraissent récuser ce constat.
2) Le deuxième résultat est que toutes les classes contiennent, en des proportions diverses, des blocs à trois témoins et des blocs à deux témoins. Toutefois les blocs de recension triple (carrés noirs) appartiennent en majorité aux classes A, F et G.
3) Le troisième résultat, contrebalançant l'existence des séquences, est que toutes les classes contiennent aussi et encore des inversions entre deux blocs d'une même classe. En général, mais pas toujours, ces inversions portent sur des blocs de la double recension Matthieu/Luc.
4) Si l'on fait intervenir le nombre de blocs et le type de succession des blocs en chaque classe, trois d'entre elles sont dotées d'une assez forte homogénéité :
4a) tout d'abord la classe A qui, avec ses 77 blocs, apparaît comme une sorte de canevas principal organisant l'ensemble de l'évangile ;
4b) ensuite, la classe G (34 blocs), dont les 24 blocs de triple recension sont insérés avec peu d'inversions plus précocement par Luc et plus tardivement par Matthieu ;
4c) enfin la classe F, tout au moins pour les dix premiers de ces quatorze blocs (6 blocs à trois témoins et 4 à deux témoins), qui sont insérés par Luc comme par Matthieu entre les blocs de A et ceux de G.
L'importance de ces trois classes, qui ne sont ici représentées que très schématiquement, deviendrait encore plus évidente si l'on se référait au nombre de versets que regroupent leurs blocs. Le graphique cartésien hors-texte des concordances Luc/Matthieu permet une estimation de cette importance. Ce graphique montre, en outre, que la relative continuité de la succession des blocs de la classe A ne peut être révélée que si l'on fait abstraction des passages de recension unique placés par Luc dans la grande incise.
Ces résultats sont encore très généraux, mais avant toute conclusion plus précise, il est évidemment indispensable de se demander s'ils ne résultent pas uniquement de la construction des classes, ou, en d'autres termes s'ils ne sont pas simplement des artéfacts ?
Au premier abord, il semblerait qu'il n'en soit rien, et ceci du seul fait de ce que l'on pourrait appeler la physionomie particulière de chaque classe. En effet, celles-ci sont disposées à peu près symétriquement de part et d'autre de

234 *Les séquences synoptiques*

la diagonale principale et si aucun phénomène latent n'existait, la répartition des blocs à l'intérieur de deux classes symétriques ne devrait pas présenter de disparité frappante. Or, si l'on considère la classe A et la classe E, les effectifs sont très nettement différents : 77 et 10. Pour les classes B et F, les effectifs sont voisins, respectivement 16 et 14, mais cette fois-ci ce sont les types de succession des blocs qui ne sont pas les mêmes : dispersion en B, regroupement en E. Les classes C et G, enfin, diffèrent sous ces deux aspects simultanément : 11 blocs en C contre 34 en G et dispersion pour la première regroupement pour la seconde.

S'il paraît donc que les classes contiennent bien des séquences facilement isolables sur le graphique précédent, la subdivision en classes n'élimine cependant pas pour autant toutes les inversions. Certes, la présence de ces inversions est-elle une nouvelle preuve du fait que les séquences ne sont pas un artefact de la classification. Il n'en demeure pas moins que ces inversions résiduelles posent un problème qu'il importe de ne pas esquiver.

1.3. Ordre sur les classes

1.3.1. Principes de l'estimation

Uniquement pour poser le problème de l'estimation de l'ordre au sein de chaque classe, reprenons pour un temps les habitudes de la première partie en construisant un exemple théorique volontairement simple.

Soit donc deux couples de permutation (X,Y) et (X', Y'), composées de 12 objets étiquettés de a à j et ordonnés de telle sorte que le nombre des inversions soit le même pour chaque couple et égal à 15. A ce nombre d'inversions correspond une corrélation directe voisine de 55.

Supposons que les représentations graphiques soient les suivantes.

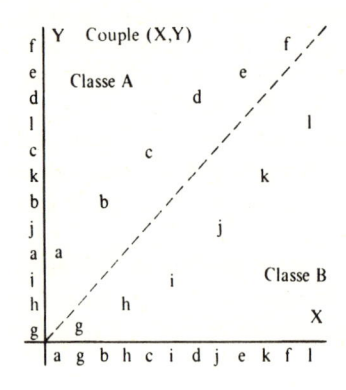

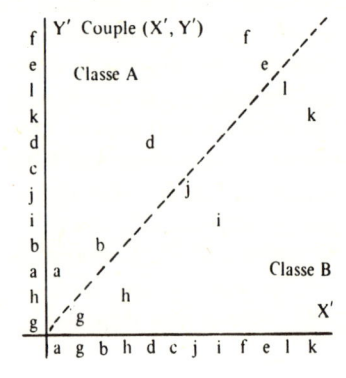

Figure VIII.1

Si nous voulons repartir les objets en classes par le critère de la différence des rangs, en l'un et l'autre cas, nous obtiendrons la même subdivision.

Tableau VIII.2

	a b c d e f g h i j k l	a b c d e f g h i j k l	
Rang X	1 3 5 7 9 11 2 4 6 8 10 12	1 2 6 5 10 9 3 4 8 7 11 12	X'
Rang Y	4 6 8 10 11 12 1 2 3 5 7 9	3 4 7 8 11 12 1 2 5 6 9 10	Y'
A	-3 -3 -3 -3 -2 -1	-2 -2 -1 -3 -1 -3	
B	1 2 3 3 3 3	2 2 3 1 3 1	

Si l'on est prêt à admettre que les classes du premier couple (X,Y) correspondent aux deux séquences d'une décomposition minimale, qui est ici unique, par contre il en ira tout autrement pour les deux classes du couple (X',Y'). Il suffit, en effet, de se reporter à la représentation graphique de ce couple de permutations pour constater que les objets de la classe A comme ceux de la classe B continuent de présenter des inversions entre eux. Sur cet exemple, d'ailleurs, une application stricte de la théorie des insertions conduirait à une décomposition en quatre séquences. Toutefois, l'on admet généralement que la réalité ne respecte pas toujours toutes les exigences du cadre théorique construit pour l'interpréter, mais il convient alors de fixer les limites de variations ou les marges d'incertitude au-delà desquelles le modèle perdrait toute valeur explicative. C'est la démarche que nous nous proposons d'entreprendre en élaborant un indice de cohérence intra-classe.

Cet indice, construit sur le modèle du coefficient de corrélation directe de Kendall, sera le rapport du nombre des inversions observées au sein d'une classe au nombre d'inversions théoriquement possible de cette classe.

En désignant par N le nombre d'inversions observées et par T leur nombre théorique, l'*indice de cohérence intra-classe*, désigné par **Cic**, sera calculé par la formule :

$$\text{Cic} = 1 - 2N/T.$$

Cet indice, qui est une fonction linéaire du nombre N des inversions qui varie de O T, est égal à 1 pour N = O, et à −1 pour N = T.

Le seul problème posé par cet indice est la détermination du nombre des inversions théoriquement possibles dans une classe donnée. Il est évident que les points relevant d'une même classe de différences des rangs présenteront une corrélation positive entre eux, mais cette corrélation peut être plus ou moins élevée et le niveau le plus bas qu'elle puisse atteindre est fonction de l'amplitude de la classe et du nombre d'objets qu'elle contient.

En effet, en ne considérant que les objets, ou les blocs d'une seule classe, par exemple la classe G du graphique VIII.1 ci-dessus, on peut supposer que, tout en respectant les bornes de l'intervalle de cette classe, les deux rédacteurs ont toujours choisi l'ordre inverse. En une telle hypothèse, à l'intérieur de cette classe, les blocs se répartiraient sur des lignes parallèles à la seconde bissectrice, comme sur le schéma ci-dessous.

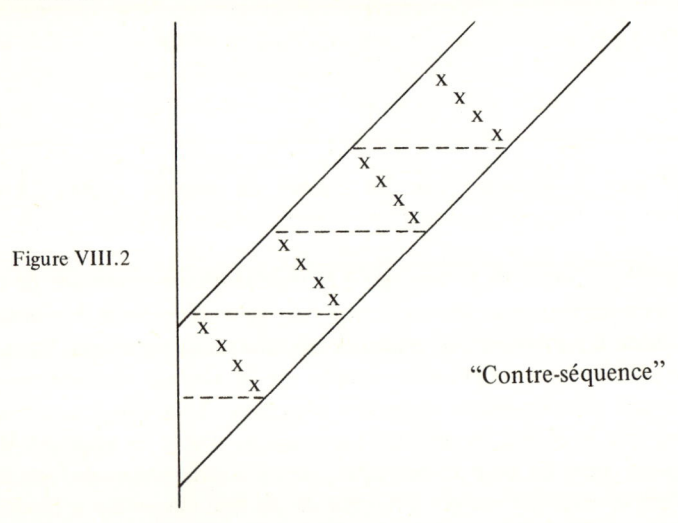

Figure VIII.2

"Contre-séquence"

Les blocs disposés de la sorte présenteront le maximum d'inversions entre eux au sein de la classe et le nombre de blocs qu'il est possible de situer de la sorte est fonction de l'amplitude de la classe.

Ainsi pour la classe G, qui regroupe les blocs dont les différences vont de -35 à -64, et dont l'amplitude est donc de 30, pourra-t-on disposer 15 blocs sur une ligne parallèle à la deuxième bissectrice. Comme cette classe contient 34 blocs, il sera nécessaire de constituer ce que l'on pourrait appeler deux "contre-séquences" complètes plus une contre-séquence partielle pour situer les quatre derniers blocs. Chaque contre-séquence engendre : $15 \times 14/2 = 105$ inversions et la contre-séquence de 4 blocs en engendre 6, ce qui donne un total théorique d'inversions possibles égal à 216.

Comme le nombre d'inversions de cette classe est de 16, son indice de cohérence intra-classe s'élève à

$$Cic = 1 - 32/216 = .81$$

1.3.2. Cohérence intra-classe

Pour rendre compte des inversions entre deux rédactions, la théorie des insertions les considère comme le résultat de processus d'insertions de divers sous-ensembles d'épisodes totalement ordonnés qu'il est possible de reconstituer en utilisant le critère de la différence des rangs. L'application de ce critère aux matériaux empiriques que sont les blocs synoptiques aboutit à une décomposition en 8 classes qui semblent effectivement contenir les séquences prévues mais qui n'en continuent pas moins de présenter des inversions entre deux blocs d'une même classe. Ces classes ne sont donc pas uniquement constituées de sous-ensembles totalement ordonnés. Est-il toutefois possible de considérer que ces sous-groupes de blocs sont l'équivalent empirique des séquences prévues par la théorie et que les inversions entre les deux recensions de Matthieu et de Luc résultent toujours, pour leur ensemble, de processus d'insertion différents de ces sous-groupes de blocs ?

Afin d'estimer à quel degré les classes sont une approximation des séquences théoriques, on propose d'étudier ce que l'on a appelé la cohérence interne de chaque classe en comparant simplement le nombre des inversions observé au total théorique des inversions possibles par l'intermédiaire d'un indice dit de cohérence intra-classe.

L'hypothèse intuitive latente de ce raisonnement est que, sur des sous-ensembles d'épisodes qui leur seraient parvenus dans un certain ordre, Matthieu et Luc auraient effectué quelques modifications d'ordre, mais de peu d'importance et que la répartition de ces blocs en classes permet la détection de ces sous-ensembles d'épisodes. Bien évidemment, si l'on connaissait par ailleurs l'ordonnance de ces sous-ensembles, il serait possible de construire un véritable test de leur utilisation par les rédacteurs des synoptiques, mais le problème, qui est le nôtre, de leur détection ne se poserait plus. Aussi, dans l'ignorance actuelle où nous sommes de cette ordonnance, ne peut-il s'agir que d'un simple indice d'estimation qui sera calculé classe après classe.

Classe A
Cette classe comprend 77 blocs dont les différences des rangs vont de 0 à 19. Son amplitude étant de 20, les contre-séquences seront constituées de 10 blocs. Il en faudra 7, plus une contre-séquence partielle de 7 blocs.

Sur 10 blocs, le nombre d'inversions est de : $10 \times 9/2 = 45$
et sur 7 blocs il est de : $7 \times 6/2 = 21$
Soit un total d'inversions théoriquement possibles s'élevant à :

$$(45 \times 7) + 21 = 336$$

Le nombre des inversions effectivement relevées entre les blocs de cette classe A étant de : 15, l'indice de cohérence intra-classe sera de :

$$1 - (2 \times 15)/336 = .91.$$

Classe B
Les 16 blocs de cette classe ont leurs différences des rangs compris entre 20 et 49. Soit donc une amplitude de 30 qui permet une contre-séquence de 15 blocs engendrant 105 inversions. Comme il n'y a pas d'inversions avec la contre-séquence partielle du 16e et du dernier bloc, le total des inversions théoriquement possible est de 105.
Le nombre des inversions effectivement relevé sur cette classe étant de 7, l'indice de cohérence intra-classe sera de :

$$1 - 14/105 = .87$$

Classe C
Cette classe regroupe 11 blocs dont les différences des rangs vont de 50 à 89. L'amplitude étant de 40, il suffit d'une seule contre-séquence de 11 blocs dont les inversions s'élèveraient à 55. Les inversions effectivement observées sont au nombre de 6 et l'indice de cohérence intra-classe est de :

$$1 - 12/55 = .77$$

Classe D
Les 6 blocs de cette classe dont les différences des rangs sont égales ou supérieures à 90, peuvent être mis sur une seule contre-séquence dont le total des inversions théoriques est de 15. Comme 4 inversions sont relevées entre ces 6 blocs, l'indice de cohérence est de :

$$1 - 8/15 = .47$$

Classe E
Les 10 blocs de cette classe dont l'amplitude est de 19 (bornes : -1 et -19), engendrent 45 inversions théoriques. Comme on n'en relève qu'une seule entre deux blocs de cette classe, son indice de cohérence sera élevé et égal à .95.

Classe F
Cette classe comprend 14 blocs qui sont à répartir en contre-séquences de 7 blocs (amplitude ; 15, correspondant aux bornes -20 et -34). On aura donc deux contre-séquences de 7 blocs qui, théoriquement, engendreraient 42

inversions alors que l'on dénombre effectivement 3. L'indice de cohérence sera ainsi égal à :
$$1 - 6/42 = .86$$

Classe G

L'indice de cohérence de cette classe a déjà été calculé à titre d'exemple au paragraphe précédent et il a été trouvé égal à .81. Mais si l'on se reporte au graphique 1 de la répartition des blocs, l'on constate qu'il est peu d'inversions sur les blocs à trois témoins (carrés noirs), et que celles-ci affectent principalement les blocs de la double recension Luc/Matthieu. Cette remarque nous a conduit à subdiviser cette classe G en deux sous-classes :
G_1 constituée par les 25 premiers blocs qui présentent 5 inversions
G_2 regroupant les 9 blocs restants entre lesquels existent 11 inversions.
Le nombre théorique des inversions de G_1 étant de 150, son indice de cohérence s'élèvera à .93. Pour G_2, le nombre théorique des inversions est de 36 et son indice de cohérence s'abaisse à .39.

Classe H

Entre les 6 blocs de cette dernière classe, on relève 5 inversions qui, par rapport à un nombre théorique de 15, déterminent un indice de cohérence égal à .30.

L'ensemble de ces résultats sera résumé dans le tableau ci-après :

Tableau VIII.3

Classes	Effectifs	Amplitude	Inversions Théoriques	Inversions Observées	Indice de Cohérence
A	77	20	336	15	.91
B	16	30	105	7	.87
C	11	40	55	6	.78
D	6	84	15	4	.47
E	10	19	45	1	.95
F	14	15	42	3	.86
G	34	30	216	16	.81
G_1	25	"	150	5	.93
G_2	9	"	36	11	.39
H	6	110	15	5	.30
Total des inversions intra-classes			829	57	

1.3.3. Classes et décomposition en séquences

Quelle information nouvelle les indices de cohérence apportent-ils et en quelle mesure permettent-ils d'avancer que les classes sont une approximation satisfaisante des séquences recherchées ? Bien que l'on ne dispose pas pour cet indice d'un seuil de significativité, il semble que les résultats obtenus autorisent les conclusions suivantes :
Il est au moins six classes sur huit dont le nombre d'inversions à considérer comme faible. Il s'agit, évidemment, des classes A, B et C d'une part, et E, F et G d'autre part dont les indices s'échelonnent de .78 pour la classe C à .95 pour la classe E.

Les deux classes extrêmes, D et H, par contre, ont un nombre d'inversions élevé relativement à leur effectif. Il ne semble donc pas que l'on puisse leur attribuer le même statut qu'aux classes précédentes.
En admettant la décomposition de la classe G en deux sous-classes il en irait de même pour la deuxième d'entre elles : G_2.
En définitive, de l'analyse du graphique 1 (répartition des blocs en classes), comme des indices de cohérence (estimation de l'ordre au sein des classes), on retiendra que :

> Les inversions peuvent effectivement être attribuées à des insertions différentes de six séquences composées par les blocs des classes A, B, C, E, F et G_1.

2. RÉPARTITION DES DOUBLETS

2.1. Les doublets retenus

2.1.1. Localisation des deux mentions

Le moyen le plus clair pour étudier la répartition des doublets entre les classes est encore de situer l'une et l'autre de leurs deux mentions sur un graphique dérivé du précédent graphique 1. Comme ce dernier ne comporte que des blocs, un problème préalable se pose pour les doublets simples mentionnés uniquement par Luc ou par Matthieu.

Les répétitions simultanément effectuées par les deux rédacteurs sont, en effet, déjà situées sur le graphique puisque l'une et l'autre de leurs mentions appartiennent à des blocs à deux témoins. Il suffit donc simplement de les retrouver et d'indiquer par un moyen ou par un autre que tel et tel blocs contiennent une répétition. Le moyen utilisé sera celui déjà décrit au chapitre 3 et dont on rappellera brièvement le principe par le schéma ci-après :

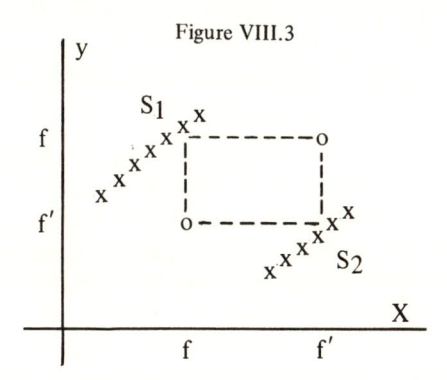

Figure VIII.3

Le doublet est représenté par quatre points : (f,f), (f,f') (f,f') et (f',f). Les classes auxquelles appartiennent les deux mentions du doublet seront celles des points (f,f) et (f',f'), ces deux points étant situés sur les séquences S_1 et S_2. Il en va tout autrement pour les doublets simples. En général, l'une des deux mentions d'un doublet est bien contenue dans un bloc à deux témoins mais par contre, l'autre mention est de recension unique et l'on ne peut donc, de prime abord, décider de la classe à laquelle elle appartient.

Ne retenir que les doublets simultanés serait une solution de facilité et qui n'apporterait guère de renseignements en raison de leur nombre restreint. De plus, l'interprétation des doublets en termes d'insertion de sources distinctes permet la localisation des deux mentions d'un doublet au sein de chacune des sources mais pour utiliser cette possibilité dans le cas de plusieurs sources, il est nécessaire de faire intervenir, à nouveau les contextes du doublet.

Prenons, pour exemple simple, le cas schématique de trois séquences dont la première contient un doublet simple. En supposant que chacune de ces séquences relève d'une classe distincte, demandons-nous dans quelle classe devrait être située la deuxième mention du doublet, mention qui est de recension unique :

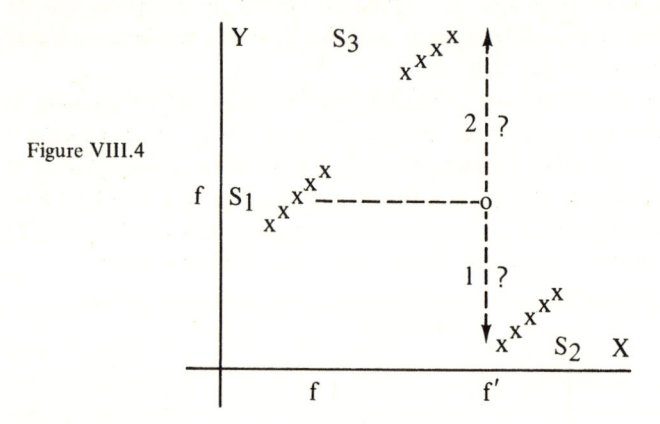

Figure VIII.4

Si l'on se réfère à la théorie des répétitions, ce schéma représente le cas d'un doublet simple avec élimination de la répétition dans la rédaction Y. Dans le cas simple de deux séquences, il est possible de localiser au sein de l'autre séquence la place du passage éliminé par Y. Cette localisation était représentée par une flèche surmontée d'un point d'interrogation. Mais dans le cas présent, cette deuxième localisation est incertaine. Il peut s'agir soit d'un doublet "intérieur" entre S_1 et S_2 (flèche 1), soit d'un doublet "extérieur" entre S_1 et S_3 (flèche 2). Pour résoudre cette alternative, faisons intervenir le contexte d'un doublet, c'est-à-dire les blocs qui le précèdent ou qui le suivent. Prenons ainsi pour premier exemple le doublet de Matthieu :

"*Miséricorde je veux
et non sacrifice.*" ($9_{13} = 12_7$)

Cette sentence est de recension unique car le texte de Matthieu est le seul à en faire état mais dans la première mention, en 9_{13}, elle est regroupée dans le bloc 50 avec 15 autres versets qui n'ont aucune rupture de concordance avec les textes de Marc et de Luc. Par contre, sa deuxième mention appartient au bloc 54 qui ne comporte aucun parallèle en Marc ou en Luc. Mais elle vient à la suite d'une série de versets concordants constituant la péricope "Les épis arrachés le jour du sabbat" et elle est suivie de la conclusion de cette péricope *"Car il est seigneur du sabbat, le Fils de l'homme"* qui, comme le reste de la péricope, est encore de triple recension. On localisera donc la deuxième mention du doublet sur le bloc représentatif de cette péricope, à savoir le bloc 53.

Pour deuxième exemple, prenons le doublet de Luc "La ruine du temple". Sa première mention est de recension unique :

Luc 1943-44 *"Car viendront des jours sur toi...*
                et ils ne laisseront pas pierre sur pierre"

mais cette prédiction est précédée et suivie de deux épisodes à trois témoins et pris dans le même ordre par Matthieu et Luc : "Entrée à Jérusalem" et "Expulsion des vendeurs du temple". Elle sera donc localisée entre les blocs représentatifs de ces épisodes.

Pour sa deuxième mention, en 21_6 :

        "Viendront des jours
          où il ne restera pas pierre sur pierre",

la localisation sera celle du bloc correspondant à la péricope de triple recension "La ruine du temple".

Il existerait encore un autre type de doublet simple qui réalisera ce que nous avons appelé un "doublet de condensation" (ou doublet-charnière), et dont la représentation schématique serait :

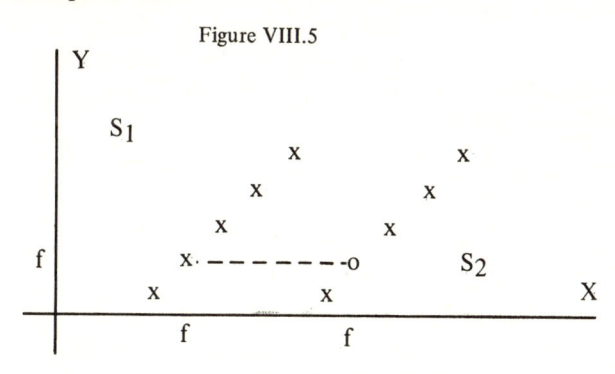

Figure VIII.5

En ce cas, la deuxième mention du doublet est localisée sur la ligne associée à la deuxième séquence sans qu'il soit besoin d'abaisser une perpendiculaire sur cette séquence.

Encore que ce dernier type de doublet soit d'une interprétation plus délicate, il semble bien que les doublets de Luc sur les deux discours aux 12 et aux 72 entrent dans ce cadre, de même que le doublet de Matthieu sur "L'arbre et le fruit".

Le recours à ces considérations purement théoriques nous a permis de retenir en définitive 21 doublets de Luc, 20 doublets de Matthieu parmi lesquels 11 sont des doublets simultanés, soit donc un total de 30 doublets.

2.1.2. Les doublets de Luc

L'énumération des doublets de Luc (ainsi que celle des doublets de Matthieu), comportera les indications suivantes disposées sur huit colonnes :

Colonne 1 : numéro d'identification du doublet par des chiffres de 1 à 30, les numéros des doublets simultanés étant soulignés.

Colonnes 2 et 3 : indiquent en termes de chapitres et de versets la localisation des deux mentions du doublet dans la rédaction de Luc.

La colonne centrale indique sommairement le thème général de la répétition.

Colonnes 5-8 : indiquent les coordonnées du doublet en termes de rangs relatifs, compte tenu des remarques théoriques du paragraphe précédent. Les deux premières de ces colonnes mentionnent la localisation du point représentatif de la première mention du doublet et les deux dernières la localisation de la deuxième mention.

L'énumération des doublets retenus suit l'ordre de leur apparition dans la rédaction de Luc.

DOUBLETS DE LUC

N°	Mentions 1ère	2e	Thèmes	Rangs relatifs de : 1ère ment. Lc	Mt	2e ment. Lc	Mt
1	3^{22}	9^{35}	Celui-ci est mon fils	7	6	74	116
2	4^{15}	4^{44}	Sommaire	13	13	19	13
3	5^{30}	15^{2}	Il mange avec des pécheurs	22	54	133	129
4	6^{11}	19^{47}	Comment le faire périr ?	26	87	158	145
		20^{19}				160	
5	6^{46}	8^{21}	Accomplir la volonté du Père	43	39	58	96
6	8^{16}	11^{33}	Sentence sur la Lampe	55	20	104	28
7	8^{17}	12^{2}	Il n'est rien de caché	56	101	112	71
8	8^{18}	19^{26}	A celui qui a	57	98	156	174
9	9$^{3-5}$	10$^{4-10}$	Discours aux 12 et aux 72	67	63	88	63
10	9^{23}	14^{27}	Prendre sa croix	74	116	130	73
11	9^{24}	17^{33}	Qui voudra sauver son âme	74	116	145	74
12	9^{26}	12^{9}	Qui m'aura renié	74	116	112	71
13	9^{46}	22^{27}	Qui est le plus grand ?	80	122	173	139
14	9^{50}	11^{23}	Qui n'est pas avec moi	81	123	98	89
15	10^{25}	18^{18}	De la vie éternelle	95	149	151	134
16	12^{11}	21^{12}	LES PERSECUTIONS	113	163	168	68
17	12^{33}	18^{22}	Se faire un trésor au ciel	114	30	151	134
18	16^{17}	21^{33}	Pas un trait de la Loi	136	21	172	169
19	17^{23}	21^{8}	Voici qu'ils diront...	143	167	167	163
20	17^{31}	21^{21}	Qui sera sur sa terrasse	144	166	171	166
21	19^{44}	21^{6}	La ruine du Temple	157	141	167	163

2.1.3. Les doublets de Matthieu

Une disposition évidemment identique a été adoptée pour l'énumération des doublets retenus chez Matthieu qui, comme pour ceux de Luc, sont mentionnés selon l'ordre d'apparition de leur première mention dans la rédaction de Matthieu. Les doublets ayant les mêmes coordonnées que ceux de Luc sont identifiés par les mêmes numéros.

Tableau VIII.5

DOUBLETS DE MATTHIEU

N°	Mentions 1ère	Mentions 2e	Thèmes	1ère ment. Lc	1ère ment. Mt	2e ment. Lc	2e ment. Mt
22	3^2	4^{17}	*Convertissez-vous*	1	1	13	9
23	3^7	23^{23}	*Qui vous a appris à fuir ?*	3	13	161	109
24	3^{10}	7^{19}	*Tout arbre...*	3	3	37	41
1	3^{17}	17^5	*Celui-ci est mon fils*	6	7	116	74
25	4^{23}	9^{35}	*Sommaire*	14	19	57	65
18	5^{18}	24^{35}	*Pas un iota de la Loi*	21	136	169	172
26	7^{18}	12^{33}	*L'arbre et le fruit*	37	41	93	42
5	7^{21}	12^{50}	*La volonté du Père*	39	43	96	58
27	9^{13}	12^7	*Miséricorde je veux*	54	22	85	25
28	10^{15}	11^{24}	*Sodome et Gomorrhe*	66	91	81	91
16	10^{22}	24^9	LES PERSECUTIONS	68	168	163	113
12	10^{33}	16^{27}	*Qui m'aura renié*	71	112	116	74
10	10^{38}	16^{24}	*Prendre sa croix*	73	130	116	74
11	10^{39}	16^{25}	*Qui perdra son âme*	74	145	116	74
4	12^{14}	21^{46}	*Comment le faire périr ?*	87	26	145	160
29	12^{38}	16^{1-4}	*Le signe de Jonas*	93	102	114	118
8	13^{12}	25^{29}	*A celui qui a*	98	57	174	156
30	14^{21-3}	15^{34-38}	*1e et 2e multiplications*	111	73	117	73
15	19^{19}	22^{39}	*Tu aimeras ton prochain*	134	151	149	95
19	24^4	24^{23}	*Ils diront : "C'est moi..."*	163	167	167	143

Pour faciliter le repérage des doublets en termes de nos unités d'analyse, il aurait été utile d'indiquer aussi le numéro des blocs auxquels appartiennent les doublets ou près desquels est localisée l'une de leur deux mentions. Par manque de place, cette information complémentaire n'a pu être reportée sur les deux relevés précédents mais chapitres et versets aussi bien que rangs relatifs permettent de retrouver la situation d'un doublet sans qu'il soit nécessaire de dresser un nouveau tableau. Disposant de l'essentiel, qui est de pouvoir situer graphiquement les points représentatifs d'un doublet, nous étudierons donc sans plus tarder cette localisation.

2.2. Les doublets et les classes

2.2.1. Localisation des doublets

Les points représentatifs d'un doublet seront reportés sur un graphique de même échelle que le graphique VIII.1 et construit sur le même principe. Toutefois, pour éviter toute difficulté de lecture, les points représentatifs des blocs ont été supprimés afin qu'apparaisse avec plus de clarté le seul phénomène actuellement analysé : les deux classes dont relèvent les mentions d'un doublet.

Le principe de lecture du graphique VIII.2 ci-après, simple dans son principe, utilise directement les résultats obtenus lors de l'étude de la genèse théorique d'un doublet (*cf.* chapitre III, section 2).

Pour un doublet simultané, représenté par quatre points, deux d'entre eux, diamétralement opposés, doivent être situés sur les lignes associées aux séquences et, selon que le doublet est "intérieur" ou "extérieur", l'un ou l'autre des deux schémas se réalise :

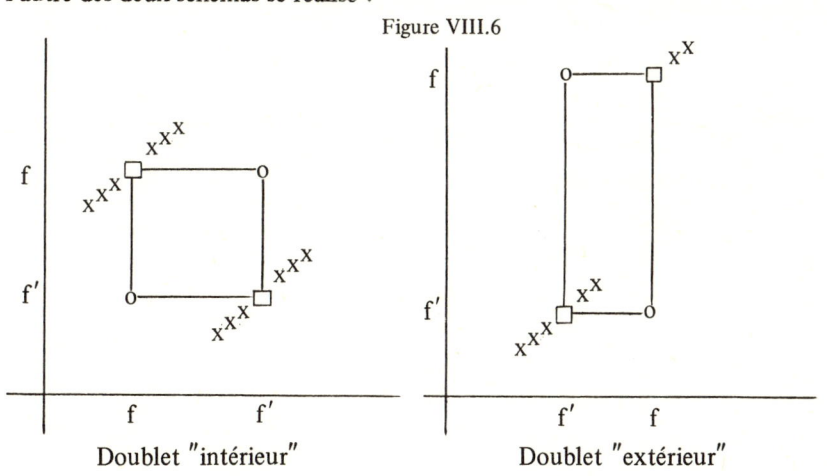

Figure VIII.6

Doublet "intérieur"   Doublet "extérieur"

248 *Les séquences synoptiques*

Comme les séquences ne sont pas reportées sur le graphique, les points associés aux séquences et les points hors-séquences seront représentés différemment, les premiers par un carré, les seconds par un rond. Les deux classes dont relève le doublet seront déterminées par la localisation des "carrés" dans telle et telle zone du plan.

Ces deux localisations diamétralement opposées résultent uniquement de considérations théoriques et si celles-ci correspondent à un certain type d'interprétation. elles n'ont toutefois aucunement à intervenir dans la construction effective de la représentation graphique des doublets. Pour situer graphiquement les deux points d'un doublet, il convient uniquement de tenir compte de leurs coordonnées indiquées dans les deux paragraphes précédents, c'est-à-dire, en définitive, en fonction du seul jeu des concordances synoptiques que rien, a priori, ne contraint à respecter ce type très particulier de répartition.

Le même type de représentation sera utilisé pour les doublets simples, qu'ils soient d'élimination ou de condensation. Pour les premiers la localisation du deuxième point, déterminée par le contexte, sera indiquée par une flèche en pointillé. Pour les seconds, la localisation du deuxième point est immédiate.

Figure VIII.7

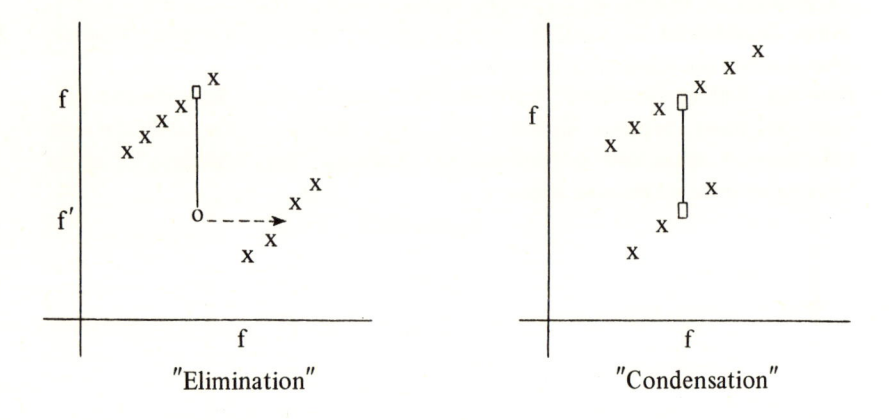

"Elimination"   "Condensation"

Répartition des doublets 249

Graphique VIII.2

Doublets et classes

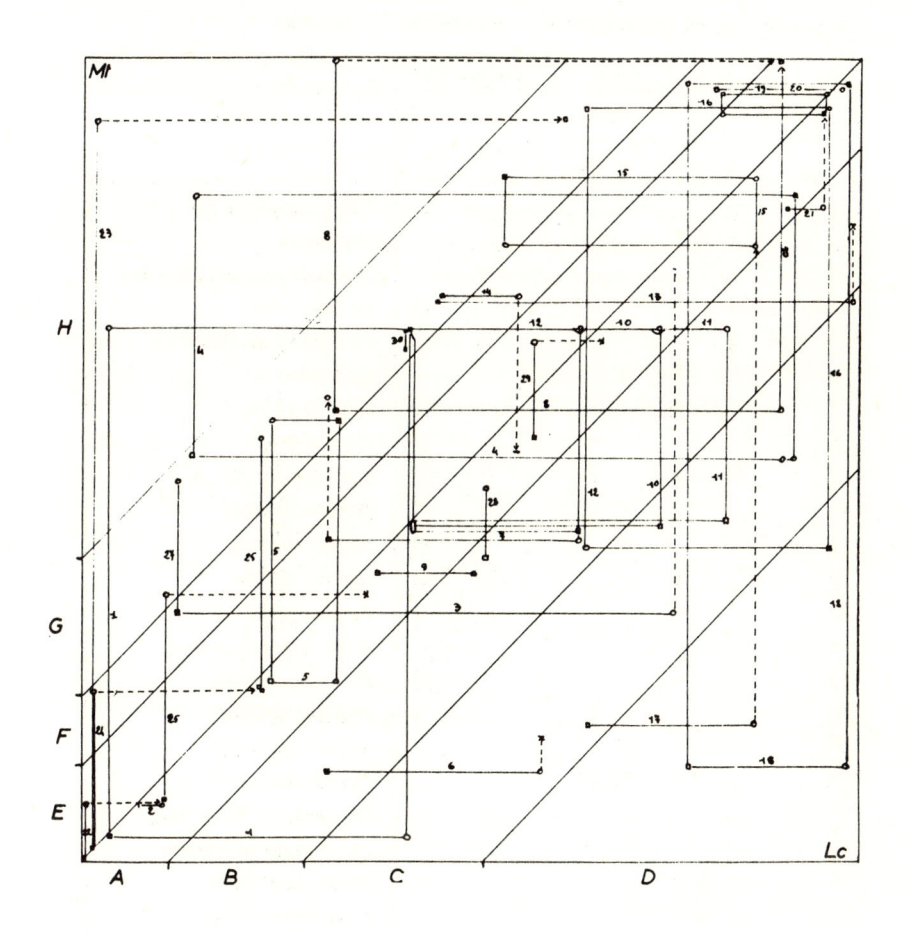

Légende :
Doublet de Luc   : un trait plein horizontal.
Doublet de Matthieu : un trait plein vertical.
Un trait en pointillé : localisation du contexte de la deuxième mention d'un doublet.

2.2.2. Répartition entre les classes

Avant tout commentaire de ce deuxième graphique, il est préférable de résumer ses résultats dans le tableau ci-après où sont reportées les classes auxquelles appartiennent les deux mentions d'un doublet :

Tableau VIII.6

N°	Classes A B C D E F G	Thèmes
1	A — — — — — — — — — G	Celui-ci est mon fils
2	A A	Sommaire
3	A — — — — — — — F	Il mange avec des pêcheurs
4	A — — — — — — — — G	Le faire périr
5	A — — — — — — — — G	La volonté du Père
6	B — C	La Lampe
7	B — — — — — — — G	Rien de caché
8	E — — — G	A celui qui a
9	A — B	Les 12 et les 72
10	C — — — — — — G	Prendre sa croix
11	C — — — — — — G	Sauver son âme
12	B — — — — — — — G	Qui me reniera
13	B — — — — — — — G	Le plus grand
14	A — — — — — — — — G	Avec moi, contre moi
15	A — — — — — — — — G	De la vie éternelle
16	D — — — — G	PERSECUTIONS
17	A — — — C	Se faire un trésor
18	A — — — D	Pas un trait de la Loi
19	A — — — — — — — F	Ils diront : "C'est moi..."
20	A — — — — — — — F	Qui sera sur sa terrasse
21	A A	Ruine du Temple
22	A A	Convertissez-vous
23	A — — — — — — — — G	Qui vous a appris à fuir
24	A A	Tout arbre
25	A A	Sommaire
26	A — — — — — — — G	L'arbre et le fruit
27	F — G	Miséricorde je veux
28	A — B	Sodome et Gomorrhe
29	A A	Signe de Jonas
30	G –G	1ère et 2e multiplications

Le premier résultat à relever sur ce tableau est que 23 doublets sur 30, soit les trois-quarts, appartiennent à deux classes différentes et 7 doublets, soit le quart, ont leur deux mentions dans la même classe dont 6 dans la classe A et 1 dans la classe G. Toutes les classes contiennent des doublets, à la seule exception de la classe H.

Ainsi donc, de ce premier relevé il ressort que la répartition des doublets confirme les résultats de la décomposition en séquences puisque les trois-quarts d'entre eux ont, comme le prévoit le cadre théorique, leurs deux mentions en deux classes différentes. Seule la classe A vient contredire partiellement cette confirmation.

Les effectifs des doublets entre deux classes et le nombre de mentions par classes permettront d'apprécier simultanément et l'importance de cette confirmation empirique de prévisions théoriques et l'importance de la contradiction apportée par la classe A.

Le relevé de ces dénombrements sera reporté sur une table à double entrée dont les deux marges porteront l'indication des classes. Le nombre de doublets entre deux classe X et Y sera porté à l'intersection de la ligne de la classe X et de la colonne de la classe Y. Pour les doublets dont les deux mentions sont dans une même classe, on reportera le nombre de mentions et non pas le nombre de doublets.

Tableau VIII.7

Classes	A	B	C	D	E	F	G	Total des mentions :
A	12	2	1	1	1	3	7	
B	2	0	1	0	0	0	3	
C	1	1	0	0	0	0	2	
D	1	0	0	0	0	0	1	
E	0	0	0	0	0	0	1	
F	3	0	0	0	0	0	1	
G	7	3	2	1	1	1	2	
Total par classe	26	6	4	2	1	4	17	60

252 *Les séquences synoptiques*

De ce relevé il ressort que :

1) Les deux classes A et G regroupent la majorité des mentions des doublets 43 mentions sur un total de 60.

2) Ces deux classes ont pratiquement des doublets avec toutes les autres classes :
   2a) entre A et G, on relève 7 doublets ;
   2b) entre A et les autres classes 7 doublets ;
   2c) entre G et les autres classes 8 doublets.

3) Pour la classe A, sur un total de 20 doublets :
   — 14 ont lieu avec d'autres classes ;
   — 6 sont des doublets intra-classe (= 12 mentions) ;
   — pour la classe G, sur un total de 15 doublets, il n'en est qu'un seul intra-classe, et tous les doublets, sauf un, sont regroupés dans la sous-classe G_1.

En définitive
Cette étude de la répartition des doublets entre les classes confirme, dans l'ensemble, les résultats de la décomposition en séquences en ce sens que, comme prévu, la majorité des doublets ont leurs mentions qui appartiennent à deux classes distinctes.
Il est toutefois une classe, la classe centrale A, dont 6 doublets sur 20 (un peu moins du tiers), ont leurs deux mentions dans cette classe. Ce phénomène doit être retenu, car il pose un nouveau problème au sujet des 77 blocs qu'elle contient : respectant le critère de la différence des rangs, mais non celui des doublets, peut-on les considérer comme une séquence de même nature que les autres ?
Au stade actuel, nous ne pensons pas que ce problème puisse être résolu par une analyse strictement ordinale et sans aucun recours au contenu représenté par ces blocs. Mais, si ce type d'analyse n'a pas la prétention de tout résoudre, il n'en a pas moins l'avantage de révéler et l'existence de cette trame et cette particularité qui attire à nouveau l'attention sur elle.

2.3. Les enclenchements de doublets

2.3.1. Principes de l'enclenchement

Une particularité assez inattendue de la répartition des doublets entre deux recensions avait été signalée au début de l'étude théorique des doublets, (*cf.*

chapitre III, paragraphe 1.2.) : les enclenchements qui permettent de parcourir l'évangile par un cheminement tout au long duquel se succederaient routes et ponts, les doublets jouant un rôle de pont entre les séquences et les contextes celui de route sur ces séquences selon un schéma du type :

Figure VIII.8

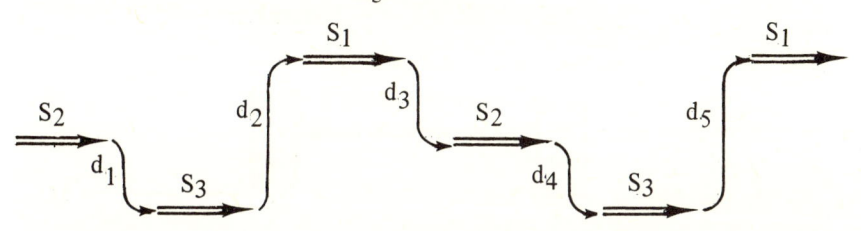

dans lequel les séquences 1, 2, et 3 sont reliées par les doublets de d_1 à d_5. Après la présentation de deux exemples d'enclenchements (*cf.* chapitre III, paragraphe 1.2.1.), il avait été montré que cette particularité était reliée aux processus d'insertion et qu'il était ainsi possible de reconstituer le mécanisme d'un enclenchement (*ibid*, paragraphe 2.3.2. du chapitre III).

Pour avoir quelque objectivité, la recherche empirique des enclenchements **entre les recensions de Luc et de Matthieu demande à être effectuée systématiquement. Il convient donc de préciser les règles qui délimiteront le contexte d'un doublet lorsque seuls sont pris en considération les 174 blocs communs à ces deux recensions.**

Supposons, tout d'abord, qu'un certain doublet d_1 aboutisse dans sa deuxième mention à un bloc de Luc de numéro x_2 auquel correspond un bloc y_2 de Matthieu. La consultation de la liste des concordances des rangs relatifs montre alors que x_2 est précédé de x_1 et suivi de x_3 qui ont encore leurs parallèles en Matthieu dans le même ordre et sans interruption. Un tel sous-ensemble de blocs dont les rangs relatifs se succèdent sans discontinuité dans les deux recensions sera appelé une "suite". Les deux sous-ensembles :

$$X = (x_1, x_2, x_3)$$
$$Y = (y_1, y_2, y_3)$$

seront alors le contexte de la deuxième mention de ce doublet d_1 dont la première mention sera supposée être dans le bloc de numéro x_i.

Supposons, en outre, que le bloc suivant y_4 de Matthieu contienne la mention d'un doublet d_2 dont l'autre mention est dans un bloc y_j relevant d'une autre suite de blocs concordants. Par convention, l'on considérera que le contexte de ce doublet d_2 dans sa mention en y_4 est encore constitué par les mêmes sous-ensembles X et Y.

254 *Les séquences synoptiques*

Ce type de correspondance, très fréquent sur les synoptiques, se représentera de la manière suivante et l'on conviendra de dire que d_1 nous fait passer de x_i à x_2 et que par l'intermédiaire des contextes X et Y, nous passons par d_2 de y_4 à y_j.

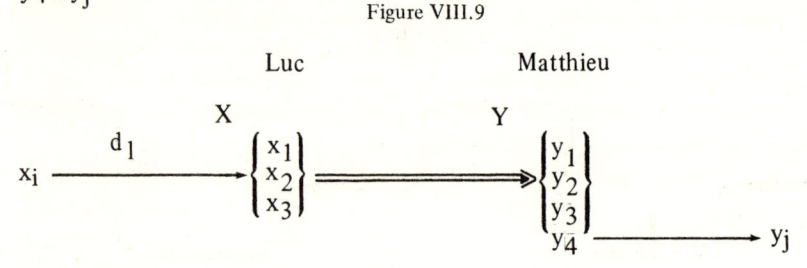

Figure VIII.9

$$x_i \xrightarrow{d_1} \overset{\text{Luc}}{\overset{X}{\left\{\begin{matrix} x_1 \\ x_2 \\ x_3 \end{matrix}\right\}}} \Longrightarrow \overset{\text{Matthieu}}{\overset{Y}{\left\{\begin{matrix} y_1 \\ y_2 \\ y_3 \\ y_4 \end{matrix}\right\}}} \longrightarrow y_j$$

Une fois le vocabulaire précisé, les conventions en définitive retenues pour la recherche des enclenchements sont les suivantes :

1) *Suite :* Toute série de blocs dont les rangs relatifs se succèdent sans discontinuité sur les deux recensions ou marquent un "saut" dans la numérotation de *un* rang au plus.

2) *Adjonction :* A une suite contenant un doublet, on "adjoindra" toute suite contenant un doublet précédant ou succédant immédiatement à la première en l'une et l'autre des deux recensions.

Prenons un exemple schématique d'adjonction dans lequel un doublet d_1 conduit de x_i à une suite X en concordance avec une suite Y. Le bloc qui suit immédiatement le dernier de la suite X se trouve être le premier d'une suite X' en concordance avec Y' dont l'un des blocs contient un doublet d_2 allant vers y_j mais les blocs de Y' sont dans une situation quelconque par rapport à ceux de Y. Dans le schéma ci-dessous, ils sont supposés présenter une inversion :

Figure VIII.10

$$x_i \xrightarrow{d_1} \overset{X}{\left\{\begin{matrix} x_1 \\ x_2 \\ x_3 \end{matrix}\right\}} \Longrightarrow \overset{Y}{\left\{\begin{matrix} y_7 \\ y_8 \\ y_9 \end{matrix}\right\}}$$

$$\overset{X'}{\left\{\begin{matrix} x_4 \\ x_5 \end{matrix}\right\}} \Longrightarrow \overset{Y}{\left\{\begin{matrix} y_1 \\ y_2 \end{matrix}\right\}} \xrightarrow{d_2} y_j$$

2.3.2. Liste des enclenchements

La liste des enclenchements, effectués selon les règles du paragraphe précédent a été établie en deux étapes :
La première dresse le relevé des suites et adjonctions à partir du doublet n° 1 de Luc et ce, pour la première mention du doublet par référence à Luc.
La deuxième étape dresse le relevé des suites correspondant à la deuxième mention d'un doublet et qui n'aurait pas été mentionnée dans le premier relevé. Il s'agit donc d'une liste complémentaire.
Chaque enclenchement se présente sous forme d'un tableau construit sur le modèle de l'exemple schématique ci-dessus. Chaque tableau porte les indications suivantes :
a) pour *titre*, le numéro du (ou des) doublets à partir desquels il est construit.
b) le *numéro des suites*, par référence à l'ordre des blocs en Luc. Les suites de la liste complémentaire ont des numéros indiciés par des lettres car elles viennent s'intercaler entre des suites de la première liste : colonne S.
c) Les *éléments d'une suite* sont exprimés en termes de rangs relatifs des blocs communs à Luc et Matthieu. L'ordre de ces blocs est celui de Luc : colonne Luc et colonne Matthieu.
d) *Un doublet* est indiqué par une flèche portant le numéro d'un doublet et orientée du bloc de rang le plus faible vers le bloc de rang le plus élevé, c'est-à-dire de la première mention vers la deuxième. Ainsi un doublet peut-il faire entrer dans une suite, ou sortir d'une suite.
e) *Une adjonction* est indiquée par une flèche sur la colonne de la recension permettant cette adjonction.
f) Les *sauts* dans la numérotation sont indiqués par un petit crochet : "<".

En raison des critères retenus pour la construction des suites, le tableau VIII.8 ci-après ne mentionne que les rangs relatifs des blocs de Luc et de Matthieu. Pour obtenir le numéro de ces blocs, il est donc, d'abord nécessaire de se reporter au tableau VIII.1. Ayant ce numéro, le tableau de l'organisation des concordances de l'annexe 1 indique la localisation par chapitre et versets qui, à son tour permet de recourir à une synopse pour retrouver le texte. Ce recours successif à plusieurs documents est des plus malencontreux. Pour l'éviter, il conviendrait de disposer d'un jeu de fiches qui, à raison d'une fiche par bloc, aurait regroupé sur chaque fiche tous ces renseignements dispersés sur plusieurs listes. Il n'a malheureusement pas été possible de publier ce fichier de travail.
Exemple d'utilisation du tableau VIII.8 : Prenons le doublet numéro 1 de Luc dans la suite n° II. Il relève du bloc de rang relatif 7 et le tableau VIII.1

indique que ce bloc porte le numéro 16 (classe A). L'organisation des concordances mentionne qu'il s'agit d'un fragment de triple recension, localisé au chapitre 3, versets 21 et 22 de Luc et au chapitre 3, versets 16 et 17 de Matthieu. Les deuxièmes mentions sont situées dans des blocs de rangs relatifs 74 pour Luc et 116 pour Matthieu. Ces blocs relèvent de la classe G et le tableau VIII.1 indique que le numéro en est 214. L'organisation des concordances mentionne qu'il s'agit encore d'un fragment de triple recension, localisé, pour Luc en son chapitre 12, versets 18 à 36, et pour Matthieu en son chapitre 16, versets 13 à 25 et chapitre 17, versets 5 à 9. Ce dernier bloc contient d'ailleurs trois autres doublets simultanés de Luc et de Matthieu.

Répartition des doublets 257

Première liste   Tableau VIII.8

S	Luc - Matthieu	S	Luc - Matthieu

I	*Doublet 1*
	
	1 1 $\xrightarrow{22}$ 13
	2 2
	
	3 3 $\begin{array}{c}\xrightarrow{23} 161\\ \xrightarrow{24} 37\end{array}$
	
	4 4
	
	5 5
		IX	*Doublets 10, 11, 12, 13, 14*
			
			10, 11, 12, 69 106 $<$
			13 et 14 70 108
			            71 109
			            72 110 $\xrightarrow{29}$
			            73 111 $\xrightarrow{29}$ 117

II	↑
	74 $\xleftarrow{1}$ 7 6 $\xrightarrow{1}$ 116
	        8 7
	        9 8
		X	120 $\xleftarrow{10}$
			145 $\xleftarrow{11}$ 74 116 $\begin{array}{c}\xrightarrow{10} 73\\ \xleftarrow{11} 74\\ \xleftarrow{12} 71\end{array}$
			112 $\xleftarrow{12}$ 75 117
			        76 118
			        77 119
			        78 120
			        79 121
			
			173 $\xleftarrow{13}$ 80 122
			98 $\xleftarrow{14}$ 81 123 $<$
			        82 125

III	*Doublet 4* 25 85 $\xleftarrow{27}$ (54)		
IV	160 $\xleftarrow{4}$ 26 87 $\xrightarrow{44}$ 145		
V	*Doublet 5* 42 93 $\xleftarrow{26}$ (37)	XI	*Doublet 15* 151 $\xleftarrow{15}$ 95 149 $\xrightarrow{15}$ 134
VI	↑ 58 $\xleftarrow{5}$ 43 39 $\xrightarrow{5}$ 96		
		XII	*Doublets 16, 17* (74) $\xRightarrow{12}$ 112 71 $\xLeftarrow{12}$ 116
VII	*Doublet 8* 156 $\xleftarrow{8}$ 57 98 $\xrightarrow{8}$ 174	XIII	168 $\xleftarrow{16}$ 113 163 $\xrightarrow{16}$ 68
VIII	(43) $\xRightarrow{5}$ 58 97 $\xLeftarrow{5}$ (39)	XIV	151 $\xleftarrow{17}$ 114 30

258 Les séquences synoptiques

Première liste (suite) Tableau VIII.8 (suite)

	Doublet 20		Doublet 21
XV	171 ←—20— 144 166 ↓	XVII	(57) ═8═▶ 156 174 ⇐══ (98)
XVI	(74) ═▶ 145 74 ⇐══ (116)	XVIII	167 ←—21— 157 141 158 142 (26) ═4═▶ 159 144 160 145 ⇐══ (87) 4 161 147 162 148
	Doublets 22, 23, 24 cf : Doublet 1		
	Doublet 26 cf : Doublet 5		Doublet 29
	Doublet 27 cf : Doublet 4		cf : Doublets 10 à 14

Deuxième liste Tableau VIII.9

II^b	20 13 ⇐—22— (1)	XVI^b	(95) ═15═▶ 151 134 ⇐15═ (149) (114) ═▶ 17 152 136 <
II^c	22 54 ——▶ 85		153 138 <
IV^b	24 (3) 41 37 ⇐ 26 (93)	XXII	(80) ═13═▶ 173 139
XI^b	(81) ═14═▶ 98 89 99 90 100 91	XIX	(157) ═21═▶ 167 163 (113) ═16═▶ 168 68 ⇐16═ (163)
		XX	169 164
XIV^b	(74) ═10═▶ 130 73 ⇐10═ (116)	XXI	170 165 (144) ═20═▶ 171 166

2.3.3. Schémas d'enclenchements

Tout suite est un regroupement de plusieurs blocs pris dans le même ordre de succession en deux recensions et les blocs sont eux-mêmes un regroupement de versets. Ainsi s'achève la construction d'un dernier étage d'un processus de condensation des concordances synoptiques systématiquement entrepris pour rendre compte des relations entre ces concordances, chaque étage correspondant à une des particularités de ces concordances : celui des blocs, aux inversions et celui des suites, aux répétitions entre les blocs. Ce faisant, on dispose ainsi de nouveaux objets, peut-être fort éloignés des contenus qu'ils représentent mais qui permettent du moins d'expliciter clairement les relations qui existent entre eux par l'intermédiaire de représentations graphiques qui, bien que schématiques, retiennent l'essentiel de ces relations. Après la répartition des blocs en classes et la localisation des doublets entre ces classes, les enclenchements qui, pour les concordances synoptiques, associent les inversions aux répétitions, seront schématisés en considérant que : toute suite est le point d'arrivée d'une ou plusieurs flèches venant d'autres suites ainsi que le point de départ de flèches allant vers d'autres suites. Les suites deviennent ainsi les "noeuds" du réseau des relations engendrées par les doublets.

Ce point admis, il n'est rien de plus simple que de construire le schéma de l'ensemble des enclenchements à partir des listes du paragraphe précédent puisque pour chaque enclenchement est indiqué le point de départ et le point d'arrivée de chaque flèche correspondant à un doublet. Il suffit donc tout simplement d'associer les flèches "entrant" dans une suite à celle "sortant" d'une autre suite.

Nous ne pensons pas utile de donner un exemple de ce processus très simple de raccordement à partir duquel est contruit le graphique VIII.3 ci-après et sur lequel :
— les flèches doubles indiquent une adjonction ;
— les flèches simples renvoient au doublet mentionné par le numéro qu'elles portent.

260 Les séquences synoptiques

Graphique VIII.3

Enclanchements de doublets

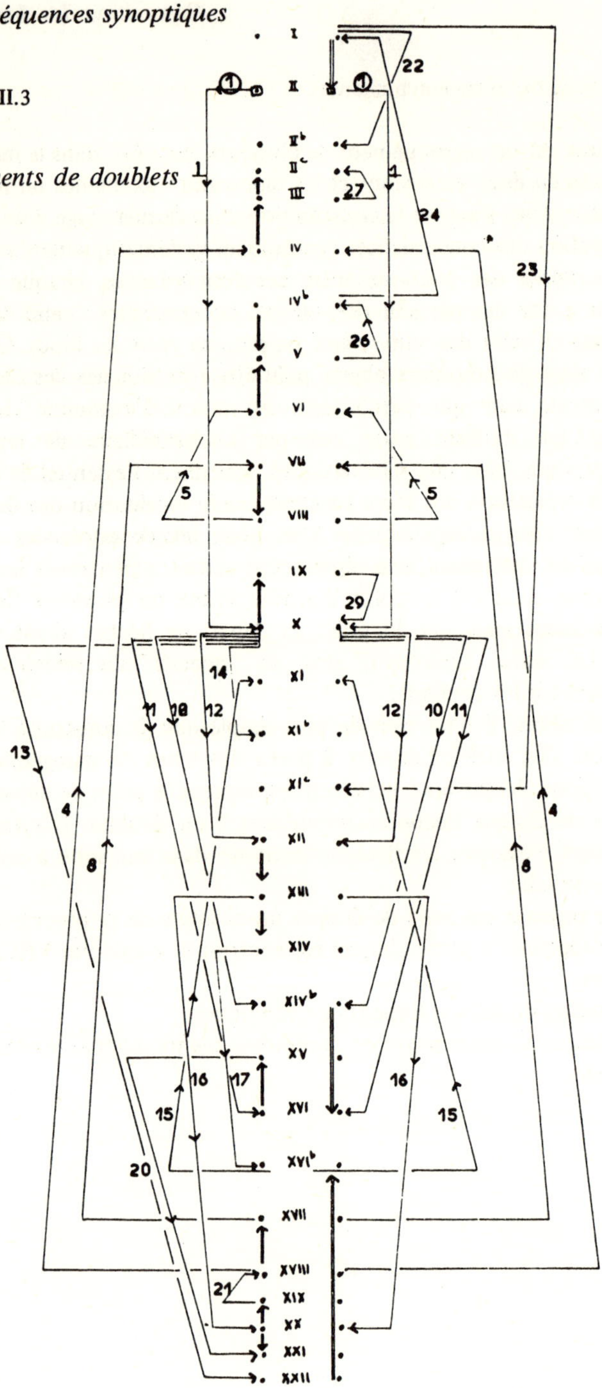

Que retenir de ce graphique VIII.3 ? Essentiellement, que ce phénomène très particulier de l'enclenchement se manifeste sur l'ensemble des concordances Luc/Matthieu et non pas uniquement sur telle ou telle de leurs parties comme on aurait pu le penser à partir de l'exemple partiel déjà cité (chapitre III, paragraphe 1.2.1.). S'il ne permet pas de parcourir *stricto sensu* la totalité des deux recensions puisque les suites ne recouvrent pas tous les blocs, à tout le moins il permet un survol de ces deux recensions en passant d'une suite à l'autre par l'intermédiaire soit d'un doublet, soit d'une adjonction.

Ainsi le doublet 1 conduit-il de la suite II à la suite X, une adjonction renvoie à la suite IX, avec retour en X par le doublet 29. A nouveau, le doublet 12 conduit à la suite XII, une adjonction à la suite XIII et par le doublet 16 à la suite XX. De celle-ci, on passe par adjonction à XIX, puis par le doublet 21 à XVIII, par adjonction à XVII d'où le doublet 8 conduit à la suite VII, et ainsi de suite... Ce parcours, choisi à titre d'exemple parmi bien d'autres se "déploierait" de la manière suivante .

Figure VIII.11

Doublet	Suites	Rang Luc	N° des blocs
	II	7 ---- 9	16 ---------- 19
1	↓		
	X ←	74 ---- 82	175 ---------- 187
29	⇓		
	IX ⎦	69 ---- 73	214 --------- 241
12			
	↳ XII	112	288
	⇓		
	XIII	114	291
16	↓		
	XX	168	416
	⇓		
	XIX	167	413
21	↓		
	XVIII	157---162	381 --------- 400
	⇓		
	XVII	156	343
8	↓		
	VII	57	159

Si l'on veut bien se souvenir de la reconstruction théorique de ce phénomène de l'enclenchement par le biais des mécanismes d'insertion (*cf.* p. 94, chapitre III, paragraphe 2.3.2.), l'enclenchement des doublets par leurs contextes n'est que la simple expression de l'association étroite qui unit les répétitions aux insertions de sources comportant des passages parallèles. Or, une nouvelle justification empirique de cette hypothèse selon laquelle les doublets et inversions relèvent d'un système d'interprétation unique est encore apportée par les synoptiques lorsque l'on étudie les inversions entre les blocs comprenant des doublets.

D'une part, si l'on construit la représentation graphique linéaire de ces 44 blocs en les replaçant dans leur ordre d'apparition en l'un et l'autre des synoptiques et que l'on réunisse par un trait les blocs concordants, le graphique obtenu a la même allure générale que celui de l'ensemble des 174 blocs.

D'autre part, cette impression encore subjective, est renforcée par le fait que les résultats des calculs des coefficients de corrélation directe sont très voisins :
— Pour les 44 blocs, le nombre des inversions est de 215.
— Le total de leurs inversions théoriquement possibles est de 946, d'où une corrélation directe égale à .545.
— Pour les 174 blocs, le nombre des inversions est de 3 590.
— Le nombre de leurs inversions théoriquement possibles de 15 051, d'où une corrélation directe égale à .530.

De ces deux constatations, similitude de la répartition graphique des inversions et voisinage des corrélations directes, il semble que l'on puisse légitimement conclure que les doublets et les suites construites à partir d'eux sont en quelque sorte *un modèle réduit* de l'ensemble des concordances de Luc et de Matthieu et qu'effectivement doublets et inversions sont à interpréter simultanément dans le cadre d'une théorie générale des insertions.

Chapitre IX

A LA RECHERCHE DES SOURCES

Qui se satisferait d'une étude purement formelle considérerait comme accomplie dans ses grandes lignes la tâche dévolue à la dernière partie de cette étude puisque le modèle construit pour interpréter le jeu des concordances entre les synoptiques a, d'ores et déjà, permis d'aboutir à un certain nombre de résultats qui fournissent une interprétation satisfaisante des inversions et des répétitions. Cependant, comme toutes les analyses du chapitre VIII se situent volontairement à un niveau théorique et sans aucune référence au contenu, il semblerait normal de rejoindre un niveau plus empirique qui, au lieu de classes et de séquences, traiterait directement et concrètement du problème synoptique et des sources réelles qui seraient à l'origine des recensions analysées.

1. DES SEQUENCES VERS LES SOURCES

1.1. La répartition des thèmes

1.1.1. Limites de l'analyse ordinale

A vrai dire il ne revient pas à l'analyse ordinale de résoudre par ses propres moyens et en fonction de ses seuls critères le problème délicat et complexe de la délimitation précise des sources présynoptiques. Si l'on peut admettre avec Monsieur le pasteur J.W. Doeve que : "écrire un évangile consistait avant tout à collectionner et à réunir des morceaux de tradition" [1], le problème de ce qu'étaient ces morceaux de tradition est loin d'être résolu. S'agissait-il de souvenirs transmis par voie uniquement orale selon les modalités de l'enseignement rabbinique ? [2]. S'agissait-il au contraire de textes écrits analogues aux épîtres du Nouveau Testament ? Quelle pouvait être la longueur de ces premiers récits ? Recouvraient-ils l'ensemble de la vie du Seigneur ou au contraire ne rapportaient-ils que certains épisodes ? Autant d'hypothèses et de controverses entre lesquelles une analyse uniquement ordinale ne peut prendre parti. Pour la détection et la reconstitution de ces sources hypothétiques son rôle se borne uniquement à proposer un principe heuristique adaptant directement l'hypothèse du respect de l'ordre qui est à l'origine même de la théorie des insertions et que l'on formulera de la manière suivante : Quel que soit le type de la source (document écrit ou tradition orale), et quelle que soit son importance, l'ordre de cette source se retouve dans les recensions étudiées et la répartition des blocs en classes ainsi que les séquences détectées au sein de ces classes constituent l'un des meilleurs indicateurs de l'existence de cette source.

Mais classes et séquences ne sont que de simples indicateurs uniquement destinés à orienter des recherches ultérieures portant sur le contenu des textes synoptiques eux-mêmes. De plus, ces indicateurs ne concernent que le canevas, ou la trame, d'une source plutôt que sa composition exacte puisque seules ont été étudiées les recensions de Luc et de Matthieu et uniquement pour les épisodes qu'elles avaient en commun. Il n'est donc guère nécessaire de souligner que ces canevas exigent d'être complétés aussi bien par les recensions uniques que par les épisodes que soit Luc, soit Matthieu ont en commun avec Marc.

Si donc les résultats du chapitre précédent ou la démarche suivie pour les obtenir venaient à retenir l'attention des spécialistes, ce serait à eux qu'il incomberait de vérifier par leurs propres critères le bien-fondé des classifications obtenues au terme de l'analyse ordinale des inversions et des répétitions. Il leur suffirait, pour ce faire, de se reporter aux diverses annexes qui leur indiqueraient la correspondance à établir entre les blocs de l'analyse théorique et les fragments de l'Evangile qu'ils représentent. Ici pourrait donc s'interrompre une recherche qui se proposait simplement de détecter quelles régularités masquait le désordre apparent des inversions et des répétitions et quels processus latents étaient susceptibles d'être à l'origine de ces régularités. Toutefois, et sans pour autant prétendre que les sources se réduisent à ces seuls regroupements d'épisodes, il est dès à présent légitime de mentionner

---

1. Dans *"La Formation des évangiles"*, p. 75.
2. Voir, exemple M. Jousse, *Etudes de psychologie linguistique*.

quelle est la composition des classes et comment elles s'agencent les unes aux autres. Aussi, dans une première partie dresserons-nous la liste des thèmes généraux auxquels correspondent les blocs de chaque classe en indiquant pour chacun d'eux leur situation en Luc et en Matthieu, puis, dans une seconde partie seront étudiés les modes d'insertion des séquences sur un fragment de l'Evangile où ce processus est aisément schématisable.

1.1.2. Classification des thèmes

Ce paragraphe comporte un relevé des thèmes principaux, sommairement résumés par un titre, que contiennent les blocs appartenant à chacune des huit classes décelées précédemment. Ces relevés n'indiquent donc pas la composition exacte de ces classes, ce qui requérrait une présentation comparable à celle des synopses, mais uniquement les grandes lignes de leur contenu, dans le seul but de donner une première idée de leur organisation générale. Par souci de simplification, les concordances sont présentées globalement et mentionnées par des unités qui se rapprochent autant que possible des péricopes usuelles. Le lecteur soucieux de correspondances précises devra donc rechercher les détails du découpage et des concordances dans l'annexe A.1.

Ces relevés sont tous répartis sur quatre colonnes. La première mentionne le, ou les numéros des blocs concernés. Les deux suivantes, la localisation de ces blocs dans les recensions de Luc, pris comme rangement-témoin, puis de Matthieu. La dernière colonne est réservée à l'intitulé sommaire du thème.

Classe A

Blocs	Luc	Matthieu	Thèmes
			Début de la vie publique de Jésus
4 à 12	3^3 à 3^{17}	3^1 à 3^{12}	*Jean-Baptiste et sa prédication*
16	$3^{21\text{-}22}$	$3^{13\text{-}17}$	*Baptême de Jésus par Jean-Baptiste*
18 à 25	4^1 à 4^{14}	4^1 à 4^{12}	*Tentation de Jésus au désert*
31	$5^{10\text{-}11}$	$4^{19\text{-}20}$	*Premiers disciples*

Blocs	Luc	Matthieu	Thèmes
			Discours inaugural selon Luc
72 à 76	6 20-23	5 1-12	*Les Béatitudes*
83	6 27-28	5 43-44	*Aimez vos ennemis*
85	6 29-30	5 38-41	*A qui te frappe sur la joue*
87	6 32-36	5 46-48	*Et si vous aimez ceux qui vous aiment !*
89 et 136	6 37-38	7 1-2	*Ne jugez pas*
92	6 41-42	7 3-4	*La paille et la poutre*
95	6 43-45	7 18-21	*L'arbre et le fruit*
101 à 103	6 47-49	7 24-27	*Construire sur le roc*
			Fin du Discours inaugural
104 et 105	7 1-10	8 5-13	*Centurion de Capharnaüm (miracle)*
143, 144 et 149	8 22-25	8 23-27	*La tempête apaisée (miracle)*
152, 154 et 157	8 26-39	8 28-34	*Les démoniaques géraséniens (miracle)*
159	8 41-56	9 18-26	*Fille de Jaïre, hémoroïsse (miracle)*
170 à 173	9 3-5	10 9-14	*Discours aux douze*
242	9 48	10 40	*Et qui m'accueille*
257	10 13-15	11 21-23	*Malheur aux villes du lac*
260	10 21-22	11 25-27	*Père, je te bénis*
116	11 14	12 22-23	*Guérison d'un muet*
117 et 118	11 15-23	12 24-30	*Controverse sur Belzéboul*
269	11 24-26	12 43-45	*L'esprit impur*
272	11 29-32	12 38-42	*Le signe de Jonas*
299	12 54-56	16 2-3	*Les signes des temps*
140	13 18-19	13 31-32	*Parabole du grain de sénevé*
303	13 20-21	13 33	*Parabole du levain*
319	15 3-7	18 12-14	*Parabole de la brebis perdue*
358	16 18	19 9	*De l'adultère (logion)*

Des séquences vers les sources 267

Blocs	Luc	Matthieu	Thèmes
327	17²	18⁶	*Du scandale (logion)*
331	17³⁻⁴	18¹⁵⁻²¹	*Du pardon des offenses (logion)*
361	18¹⁵⁻¹⁶	19¹³⁻¹⁵	*Laissez les petits enfants*
364	18¹⁸⁻²⁷	19¹⁶⁻²⁶	*Dangers de la richesse*
365	18²⁹	19²⁹	*Qui aura tout quitté*
369	18³¹⁻³³	20¹⁷⁻¹⁹	*3e annonce de la Passion*
375	18³⁵⁻⁴³	20²⁹⁻³⁴	*Guérisons d'aveugles*
			Ministère à Jérusalem
381	19²⁹⁻³⁸	21¹⁻⁹	*Entrée à Jérusalem*
386	19⁴⁵⁻⁴⁸	21¹²⁻¹³	*Expulsion des vendeurs du temple*
395	20¹⁻⁸	21²³⁻²⁷	*Questions sur son autorité*
397	20⁹⁻¹⁹	21³³⁻⁴⁶	*Parabole des vignerons homicides*
399	20²⁰⁻²⁶	22¹⁵⁻²²	*Rendez à César...*
399	20²⁷⁻⁴⁰	22²³⁻³³	*Sur la résurrection*
404	20⁴¹⁻⁴⁴	22⁴¹⁻⁴⁵	*Le fils de David*
409	20⁴⁵⁻⁴⁷	23¹⁻⁷	*Contre les pharisiens*
			Discours eschatologique selon Luc
413	21⁵⁻¹¹	24¹⁻⁸	*Ruine du temple, commencement des douleurs*
317	21²⁰⁻²³	24¹⁵⁻²²	*La grande tribulation*
421	21²⁵⁻²⁸	24²⁹⁻³¹	*La parousie*
421	21²⁹⁻³²	24³²⁻³⁴	*Parabole du figuier*
421	21³³	24³⁵	*"Le ciel et la terre passeront mais mes paroles ne passeront point"*

Classe B

Blocs	Luc	Matthieu	Thèmes
131	8¹⁶	5¹⁵	*La "lampe"*
246	9⁵⁷⁻⁶⁰	8¹⁹⁻²²	*De la vocation apostolique*
248	10²	9³⁷	*Moisson abondante*

Blocs	Luc	Matthieu	Thèmes
249 à 256	10³-12	10⁷-16	Discours aux 72
288	12²-9	10²⁶-33	Parler ouvertement et sans crainte
120	12¹⁰	12³²	Blasphème contre l'Esprit Saint
	12¹¹-12	10¹⁹-20	Ne vous inquiétez pas
298	12⁵¹-53	10³⁴-36	Non la paix, mais le glaive
312	14⁵	12¹¹	Un boeuf dans le puits
362	18¹⁷	18³	Devenir comme un enfant
377	19¹⁰	18¹¹	Sauver ce qui était perdu
373	22²⁵-27	20²⁵-28	Qui est le plus grand ?
374	22²⁸-30	19²⁸	La récompense des apôtres

Classe C

Blocs	Luc	Matthieu	Thèmes
265	11²-4	6⁹-13	Le Notre-Père
268	11⁹-13	7⁷-11	Demandez et vous recevrez
274	11³⁴-35	6²²	Si donc ton oeil est simple
291	12²²-31	6²⁵-34	La providence du Père
294	12³²-34	6¹⁹-21	Se faire un trésor au ciel
305	13²³-24	7¹³-14	La porte étroite
307	13²⁶-27	7²²-23	Retirez-vous loin de moi
308	13²⁸-29	8¹²,11	Beaucoup d'autres viendront
317ᵃ	14²⁶-27	10³⁷-38	Haïr son père, porter sa croix
324	16¹⁶	11¹²-13	La Loi et les prophètes
339	17³³	10³⁹	Qui perdra son âme la gardera

Classe D

Blocs	Luc	Marc	Thèmes
301	12⁵⁸-59	5²⁵-26	Se réconcilier à temps
349	14³⁴-35	5¹³	Sentence sur le sel
322	16¹³	6²⁴	Servir deux maîtres
325	16¹⁷	5¹⁸	Pas un seul trait de la Loi
415	21¹²-19	10¹⁷-22	Les disciples persécutés

Classe E

Blocs	Luc	Marc	Thèmes
86	6^{31}	7^{12}	*Faites pour eux pareillement*
133	8^{17}	10^{26}	*Rien de caché* (+ Luc 12^2)
262	10^{23-24}	13^{16-17}	*Heureux les yeux qui voient...*
208	11^{29}	16^4	*Signe de Jonas* (+ Matthieu 12^{38})
210	12^1	16^6	*Gardez-vous des pharisiens*
367	13^{30}	20^{16}	*Derniers premiers* (+ Matthieu 19^{30})
314	14^{15-23}	22^{1-14}	*Le festin des pauvres (parabole)*
391	17^6	21^{21}	*Si vous aviez de la foi* (+ Matthieu 17^{20})
342	18^{14}	23^{12}	*Qui s'élève* (+ Luc 14^{11})
379	19^{11-27}	25^{14-30}	*Mines et talents (parabole + doublets)*

Classe F

Blocs	Luc	Matthieu	Thèmes
34	4^{32}	7^{28}	*Il parle avec autorité (sommaire)*
36	4^{38-40}	8^{14-15}	Guérison *de la belle-mère de Pierre*
45	5^{12-14}	8^{2-4}	Guérison *d'un lépreux*
50	5^{18-26}	9^{1-8}	Guérison *d'un paralytique*
50	5^{27-32}	9^{9-13}	*Vocation de Matthieu*
50	5^{33-39}	9^{14-17}	*Les compagnons de l'époux*
69	6^{13-16}	10^{1-4}	*Institution des 12*
91	6^{40}	10^{24}	*Disciple et maître (logion)*

Livret sur Jean-Baptiste

108	7^{18-26}	11^{2-9}	*Questions du Baptiste*
3	7^{27}	11^{10}	*"J'envoie mon messager..."*
109	7^{28}	11^{11}	*Conclusion du Livret*
112	7^{31-35}	11^{16-19}	*Les enfants boudeurs*

Le jour du Fils de l'homme

335	17^{23-24}	24^{26-27}	*En un éclair fulgurant*
	17^{26-27}	24^{37-39}	*Comme aux jours de Noé*
à	17^{34-35}	24^{40-41}	*L'un sera pris, l'autre laissé*
341	17^{37}	24^{28}	*"Où sera le corps, là aussi se rassembleront les vautours"*

Classe G

Blocs	Luc	Matthieu	Thèmes
52	6$^{1-5}$	12$^{1-8}$	*Les épis arrachés (controverse)*
56	6$^{6-11}$	12$^{9-14}$	*La main sèche (controverse)*
99	6$^{43-45}$	12$^{33, 35}$	*L'arbre et le fruit*
			Paraboles du royaume
126	8$^{4-8}$	13$^{1-9}$	*Le semeur*
126	8$^{9-10}$	13$^{10-15}$	*Les mystères du royaume*
130	8$^{11-15}$	13$^{18-23}$	*Explication du semeur*
137	8^{18}	13^{12}	*A celui qui a...*
124	8$^{19-21}$	12$^{46-50}$	*Les vrais parents*
175	9$^{9-7}$	14$^{1-2}$	*Opinion d'Hérode*
187	9$^{12-17}$	14$^{15-21}$	*1ère Multiplication des pains*
			Autour de la transfiguration
214	9$^{18-21}$	16$^{13-16}$	*Déclaration de Pierre*
214	9^{22}	16^{21}	*1ère annonce de la Passion*
214	9$^{23-25}$	16$^{24-26}$	*Prendre sa croix*
214	9$^{26-27}$	16$^{27-28}$	*La venue du royaume*
214	9$^{28-36}$	17$^{1-9}$	*La transfiguration*
221	9$^{38-42}$	17$^{14-21}$	*L'enfant épileptique*
233	9$^{44-45}$	17$^{22-23}$	*2e annonce de la Passion*
237	9$^{46-48}$	18$^{1-5}$	*Qui est le plus grand ?*
401	10$^{25-28}$	22$^{34-40}$	*De la vie éternelle*
276	11$^{39-52}$	23$^{25, 36}$	*Malheur aux légistes*
296	12$^{39-40}$	24$^{43, 44}$	*Le maître de maison (parabole)*
296	12$^{41-46}$	24$^{45-51}$	*L'intendant fidèle (parabole)*
306	13^{25}	25$^{11-12}$	*Seigneur, ouvres-nous*
310	13$^{34-35}$	23$^{37-39}$	*Apostrophe à Jérusalem*

"Voici que votre maison vous est laissée
or, je vous dis : Vous ne verrez plus
jusqu'au jour où vous direz :
Béni celui qui vient au nom du Seigneur".

Classe H

Blocs	Luc	Matthieu	Thèmes
178	3 19-20	14 3-4	*Jean-Baptiste en prison*
161	4 16, 22,	13 54-58	*Jésus à Nazareth*
163	24		
63	4 41	12 16	*Ne pas le faire connaître*
90	6 39	15 14	*Les deux aveugles* *(logion)*
238	9 48	23 11	*Le plus petit parmi vous tous*

1.1.3. Brefs commentaires

Sans entreprendre une analyse systématique du contenu de chaque classe, les relevés du paragraphe précédent permettent, d'une part, de répondre à une question encore en suspens, et autorisent, d'autre part, quelques rapides commentaires sur l'organisation interne de ces regroupements de thèmes.

1° *les inversions communes de Luc et de Matthieu*

La question non encore résolue a été soulevée au chapitre VII et concernait l'appartenance de trois passages de triple recension à une source autre que Marc (*cf.* p. 216 chapitre VII, paragraphe 2.1.3.). Rappelons que si quatre épisodes sont à l'origine de certaines des inversions communes de Luc et de Matthieu contre l'ordonnance de Marc, trois d'entre eux, insérés dans des contextes plus larges de la double recension Luc/Matthieu, suggéraient un emprunt à une source complémentaire. La question alors posée à la page 216 demandait s'il était légitime d'attribuer ces passages à une seule et même source ? Au terme de cette étude d'ensemble des inversions entre les recensions de Luc et de Matthieu, la réponse à cette question est apportée par les classes auxquelles appartiennent les épisodes considérés.

Le premier est une citation d'Isaïe : *"Voici que j'envoie mon messager"*. Luc et Matthieu la situent dans le "Livret sur Jean-Baptiste" qui appartient à la classe F. Les deux suivants sont "La controverse sur Belzeboul" et la parabole du "Levain". L'une et l'autre relèvent de la même classe A.

Si donc l'on admet que les classes sont des indicateurs de sources pré-synoptiques, ces trois passages n'ont pas été empruntés à une seule et même source mais dériveraient de deux sources distinctes.

2° *Homogénéité des classes A et E*

Les deux classes centrales A et E, bien que symétriques et d'amplitude équivalente, diffèrent nettement l'une de l'autre. Si la première contient 77 blocs, la seconde n'en comporte que 10 et cette différence est encore plus accusée si l'on fait intervenir le nombre des versets que regroupent ces blocs. Alors que pour une part importante les blocs de la classe A sont relatifs à des épisodes assez longs, la majorité des blocs de la classe E, à l'exception de deux paraboles, ne concerne qu'une sentence, en général brève et qui, dans la plupart des cas est composée de l'une des mentions d'un doublet.

Ces différences conduisent, d'une part, à penser que la classe A ne résulte pas d'un artéfact de classification (*cf.* p. 234), et, d'autre part, que si les classes A et E se réfèrent à des sources, elles ne doivent pas en être des indicateurs de même nature.

En effet, pour la classe E, la présence d'un nombre aussi élevé de doublets (6 doublets pour 10 blocs), ainsi que la répartition très dispersée des points représentatifs des blocs, suggèrent que, à l'exception peut être des deux paraboles, les blocs de cette classe résultent de l'interférence de diverses sources entre elles et que les épisodes ne comportant pas de répétition peuvent être interprétés comme ces "quasi-doublets" dont la définition est donnée page 92.

La classe A, par ailleurs, soulève un problème d'homogénéité interne dû aussi bien à la présence de doublets intra-classe qu'à des ruptures dans la succession de ses blocs. Ces deux particularités sont-elles conciliables avec l'hypothèse d'une source unique ? Une analyse ordinale ne saurait résoudre ce problème. Aussi reviendrait-il à une étude comparative des textes d'envisager deux hypothèses : ou bien cette classe réunit plusieurs sources fragmentaires successivement placées à la suite les unes des autres par les rédacteurs de Luc et de Matthieu, ou bien cette classe constitue effectivement une vaste synthèse présynoptique qui aurait constitué la trame principale des rédactions actuelles enrichies par les apports de diverses autres sources.

3° *Homogénéité des autres classes*

Les mêmes problèmes d'homogénéité interne se posent à propos des quatre autres classes retenues au cours du chapitre 8. Deux d'entre elles, les classes B et C, paraissent, à la simple lecture des thèmes qu'elles regroupent, présenter une certaine unité thématique.

La classe B pourrait, en effet, être désignée par le titre "De la vocation apostolique" car toutes les sentences qu'elle contient, à l'exception du bloc

312, sont adressées à ceux qui veulent suivre le Seigneur, depuis le logion initial sur "La lampe", précédé en Matthieu de *"Vous êtes la lumière du monde"* et placé par Luc après l'explication du "Semeur" aux disciples, jusqu'au logion terminal "La récompense promise aux apôtres" : *"Vous siègerez sur des trônes, jugeant les 12 tribus d'Israël".*

La classe C regroupe des thèmes relatifs soit à la manière de prier (dont le "Pater"), soit à la difficulté d'entrer dans le Royaume (la "porte étroite"), soit enfin à la manière d'y accéder *("qui perdra son âme...").* Cette classe permet, en particulier, de distinguer dans la seconde partie du "Sermon sur la Montagne" de Matthieu deux sous-ensembles dont l'un est relatif à la manière de traiter son prochain et l'autre à la manière de s'adresser à Dieu. Placés par Luc, le premier dans le "Discours inaugural", le second à divers endroits de la Grande incise, ils ont toutes chances d'avoir été empruntés à des sources distinctes.

Pour la classe G, la répartition des inversions a déjà conduit (*cf.* P. 239), à une subdivision en deux sous-classes G_1 et G_2, la première se terminant au bloc 401 et la seconde comprenant les quatre derniers blocs : "Discours contre les légistes" et les deux paraboles sur "Le maître de maison et l'intendant fidèle". En outre, tous les épisodes de la première sous-classe sont de triple recension, à l'exception du logion sur "L'arbre et le fruit", alors que les épisodes de la seconde sont uniquement mentionnés par Luc et Matthieu. Il semble donc bien ici que la répartition des inversions, particulièrement nombreuses dans le "Discours contre les légistes", et le nombre de témoins d'un épisode soient deux critères qui, dans le cas présent conduisent tous deux à retenir l'hypothèse de deux origines distinctes aux épisodes de cette classe. Cependant, la sous-classe G_1 contient encore l'épisode de la "Multiplication des pains", mentionné à deux reprises par Matthieu. Ce doublet indiquerait-il qu'il est nécessaire de subdiviser à nouveau cette sous-classe ? Nous pensons qu'il n'en est rien. En effet, si l'on fait intervenir la recension de Marc, on constate qu'il existe toute une série de passages mentionnés uniquement par Marc et Matthieu et sans correspondant en Luc. Tout semble donc se passer comme si, après la première multiplication, Marc et Matthieu avaient inséré au même endroit le contenu d'une autre source, non connue de Luc, et qui aurait aussi comporté la mention d'une multiplication des pains.

Pour la classe F enfin, la localisation de ses blocs suggère encore une subdivision en deux sous-classes dont la première se terminerait par la péricope des "Enfants boudeurs" et dont la seconde serait composée par les passages communs à Luc et Matthieu sur "Le jour du Fils de l'homme".

2. L'AGENCEMENT DES SOURCES

2.1. Les processus d'insertion

2.1.1. Représentations cartésiennes des concordances

Après avoir analysé quel pouvait être le canevas général des sources pré-synoptiques éventuelles, une dernière démarche consiste à déceler quelles furent les synthèses effectuées par Luc et Matthieu pour agencer des sources entre elles lors de leurs rédactions respectives.
Le graphique no 4, reporté en annexe sous le titre "Concordances synoptiques. Luc-Matthieu", a été construit dans ce but. Si l'on se reporte à la légende de ce graphique, celle-ci mentionne que chaque verset, choisi comme unité de base, est représenté par un carré de un millimètre de côté, carré qui est noir pour les versets à trois témoins et blanc pour ceux de la double recension Luc-Matthieu. Sur ce graphique, la situation d'un verset est fonction de sa localisation dans tel chapitre de Luc, pris comme abscisse, et dans tel chapitre de Matthieu, pris comme ordonnée. Tout chapitre comprenant soit un verset, soit l'une des mentions d'un doublet est représenté par deux petits axes perpendiculaires à l'intersection desquels sont reportés les numéros des chapitres en question, numéros figurant déjà sur les deux grands axes principaux. L'identification de tout point s'effectue ainsi au moyen d'une simple règle graduée en lisant le nombre de millimètres, horizontalement pour Luc et verticalement pour Matthieu à partir des deux petits axes de chaque chapitre.
Les doublets sont, pour leur part, représentés par deux points réunis par un trait horizontal pour les doublets de Luc et vertical pour ceux de Matthieu. Lorsque le contexte permet, en outre, de déterminer la localisation de l'une des mentions d'un doublet simple, cette localisation est indiquée par une flèche en pointillé. Un doublet simultané est évidemment représenté par quatre points réunis par des traits pleins.
Prenons pour exemple le doublet de Luc *"Il n'est rien de voilé qui ne sera révélé"* dont la première mention figure au chapitre 8, verset 17 et la seconde au chapitre 12, verset 2. Dans cette deuxième mention, il se trouve être le verset introductif de la péricope de double recension : "Parler ouvertement et sans crainte" et son parallèle en Matthieu est au chapitre 10, verset 26. Cette ordonnée sera commune aux deux points représentatifs du doublet de Luc, dont les abcisses respectives seront 8^{17} et 12^2. Mais, par ailleurs, la première

mention vient à la suite d'une péricope à trois témoins "L'explication du semeur", qui est située par Matthieu en son chapitre 13, des versets 18 à 23. Une flèche en pointillé partira donc du point ($8^{17} - 10^{26}$) vers le point (8^{17}-13^{23}).

2.1.2. Regroupements de versets et sources

Les péricopes de l'exemple ci-dessus comprennent plusieurs versets dont les concordances se succèdent sans interruption, elles sont alors représentées graphiquement par un alignement de points parallèles à la première bissectrice. Il en sera de même pour tout regroupement de versets pris dans le même ordre par Luc et Matthieu et ne présentant ni inversion ni omission. Ainsi en serait-il pour les trois péricopes "Guérison d'un paralytique", "Vocation de Matthieu" et "Les compagnons de l'époux".
S'il arrive qu'au sein de ces successions de versets parallèles, l'une des recensions présente une omission par rapport à l'autre, ou qu'existe une inversion non négligeable entre elles, la succession présentera alors une interruption. S'il s'agit d'une inversion, le passage interverti se retrouvera en un autre chapitre et tel serait, par exemple le cas des deux versets *"Heureux les yeux qui voient ce que vous voyez"*. Matthieu intercale ce passage entre les deux péricopes "Les mystères du royaume" et "L'explication du semeur" figurant à la suite l'une de l'autre dans les deux recensions (Luc chapitre 8 et Matthieu, chapitre 13), alors que Luc situe ce passage au chapitre 10, versets 23 et 24.
Il y aura, de même interruption des concordances lorsque l'une des recensions est plus complète que l'autre, Ainsi en serait-il pour la péricope "La fille de Jaïre et l'Hémoroïsse" où le texte de Luc est plus complet que celui de Matthieu.
Il convient enfin de mentionner que le graphique no 4 et présente parfois des approximations qu'il était difficile d'éviter pour certains passages où les concordances entre les textes sont elles-mêmes délicates à établir. Un exemple parmi d'autres en est donné par les deux discours aux disciples figurant en Luc sous les titres "Mission des douze" et "Mission des soixante-douze" ainsi que par la péricope des "Disciples persécutés".
Ces précisions apportées sur les regroupements de versets, la détection des sources s'effectuera en utilisant simultanément les relevés du paragraphe 1.1.2. et le graphique no 4. Une source étant par convention une succession d'épisodes pris dans le même ordre par les deux rédacteurs, ses points représentatifs, constitués par un seul verset ou par des regroupements de versets, seront situés sur des lignes approximativement parallèles à la première

bissectrice. Pour faciliter la détection de ces sources, le graphique n⁰ 4 comporte la mention des thèmes principaux pour chaque regroupement de versets ainsi que le thème sommaire des doublets. Il est donc aisé de reconstituer la situation générale des sources en réunissant par exemple leurs différents points par des traits de couleurs diffférentes.

2.1.3. Recherche des processus d'insertions

Une certaine accoutumance à la lecture du graphique n⁰ 4 permettrait de déceler aisément comment les différentes sources s'agencent entre elles en l'une et l'autre des deux recensions, et, par là-même, quels ont pu, être les processus d'insertions de leurs rédacteurs.

En effet, après avoir dégagé et situé les sources comme il vient d'être indiqué, il suffirait simplement de projeter sur les deux axes principaux leurs éléments constitutifs pour détecter aussitôt comment chacun des rédacteurs passe d'une source à une autre et comment les doublets jouent entre les sources un double rôle de liaison et d'opposition.

Mais cet exercice demandant quelque dextérité, nous avons jugé utile de présenter à titre d'exercice un exemple schématique de la recherche des processus d'insertion, exemple directement construit sur une partie de l'Evangile.

2.2. Exemple d'insertions

2.2.1. Construction du schéma d'analyse

Etudier les particularités des concordances sur une partie seulement de l'Evangile présente toujours quelque arbîtraire puisque toute section découpée sur l'un des synoptiques a des passages concordants répartis sur l'ensemble de l'autre recension. Cette caractéristique a déjà été mentionnée au chapitre IV et l'on pourra se reporter par exemple à la figure IV.1. où les concordances établies à partir du "Discours" de Luc renvoient au "Sermon" de Matthieu, lequel, à son tour renvoie à la "Grande incise" de Luc.

En dépit de cette difficulté, nous avons arbitrairement choisi d'étudier un sous-ensemble de passages pour lesquels les épisodes sont, d'une part, suffisamment nombreux pour appartenir à la plupart des sources et, d'autre part, en nombre suffisamment réduit pour donner lieu à une représentation schématique où les processus d'insertion soient particulièrement faciles à mettre en évidence.

Nous avons donc isolé sur le graphique n° 4 un rectangle ayant pour limites :

En fonction de Luc

    4^38 *"Guérison de la belle-mère de Pierre"*

                                              (en Matthieu 8_{14})

    13^{29} *Beaucoup viendront*...

                                              (en Matthieu 8_{12})

En fonction de Matthieu

    7^1 *Ne jugez pas*...

                                              (en Luc 6_{37})

    14^{21} *" 1ere multiplication"*

                                              (en Luc 9_{17})

Pour construire une représentation schématique des processus d'insertion en jeu sur ce sous-ensemble, le plus simple est de procéder à un regroupement des divers éléments en négligeant certaines omissions pour les passages d'une même classe et toutes les omissions mais en retenant, par contre, toutes les inversions entre passages appartenant à deux classes distinctes. Ces nouvelles unités sont évidemment très grossières et elles ne sont constituées que pour mieux suivre le déroulement de la recherche des processus d'insertions qui s'effectuera en trois étapes :

a) désignation et contenu des unités ;
b) représentation cartésienne ;
c) processus d'insertion.

2.2.2. Désignation des unités.

Des numéros de 1 à 37 désigneront ces unités. Cette numérotation suit l'ordre d'apparition en Luc des péricopes ou des versets qu'elles regroupent. Leur contenu est indiqué, classe après classe par le lexique ci-après dont la première colonne mentionne le numéro attribué aux versets concordants de Luc et Matthieu mentionnés respectivement sur les deuxième et troisième colonnes et le thème général de ces passages est reporté sur la dernière colonne.

278 *A la recherche des sources*

Classe A

N°	Luc	Matthieu	Thèmes
1	6 37-38	7 1-2	*Ne jugez pas*
2	6 41-42	7 3-4	*La paille et la poutre*
3	6 43-45	7 18,21	*L'arbre et le fruit*
	47-49	24-27	*Construire sur le roc*
4	7 1-10	8 5-13	*Centurion de Capharnaum*
5	8 22-25	8 23-27	*La tempête apaisée*
	26-39	28-34	*Les démoniaques géraséniens*
6	8 41-46	9 18-26	*Fille de Jaïre et hémoroïsse*
7	9 1	10 1	*Appel des douze*
8	9 3-5	10 9-14	*Discours aux douze*
9	9 48	10 40	*Qui m'accueille*
10	10 13-15	11 21-23	*Malheur aux villes du lac*
	21-22	25-27	*Père je te bénis*
11	11 14-23	12 22-30	*Controverse sur Belzéboul*
12	11 24-26	12 43-45	*L'esprit impur*
13	11 29-32	12 38-48	*Le signe de Jonas*
14	13 18-21	13 31-33	*Senevé et levain*

Classe F

15	4 38-40	8 14-15	*Guérison belle-mère de Pierre*
16	5 12-14	8 2-4	*Guérison d'un lépreux*
17	5 18-26	9 1-8	*Guérison d'un paralytique*
	27-32	9-13	*Vocation de Matthieu*
	33-39	14-17	*Les compagnons de l'époux*
18	6 13-16	10 2-3	*Institution des douze*
19	6 40	10 24	*Disciple et maître*
20	7 18-28	11 2-11	*Livret sur Jean-Baptiste*
	31-35	16-19	*Les enfants boudeurs*

Classe G

21	6 1-5	12 1-8	*Les épis arrachés*
	6-11	9-14	*Guérisons le jour du sabbat*
22	6 43-45	12 33,35	*L'arbre et le fruit*

L'agencement des sources

N°	Luc	Matthieu	Thèmes
23	84-10	131-15	*Le semeur, le royaume*
24	811-15	1318-23	*Explication du semeur*
25	819-21	1246-50	*Les vrais parents*
26	97-9	141-2	*Opinion d'Hérode*
	12-17	15-21	*1ère Multiplication*

Classe B

27	957-60	8 19-22	*De la vocation apostolique*
28	102	932	*Moisson abondante*
29	103-12	107-16	*Discours aux 72*
30	122-9	1026-33	*Parler ouvertement*
31	1211-12	1019-20	*Ne vous inquiétez pas*
32	1251-53	1034-36	*Non la paix mais le glaive*

Classe C

33	119-13	77-11	*Demandez et vous recevrez*
34	1323-24	713-14	*La porte étroite*
	26-27	22-23	*Loin de moi*
35	1328-29	1034-36	*Beaucoup viendront*

Classe E

36	817	1026	*Il n'est rien de caché*
37	1023-24	1316-17	*Heureux les yeux...*

Doublets

a	646=821	721=1250	*Accomplir la volonté de Dieu*
b	817=122	:1026	*Il n'est rien de caché*
c	93-5=103-12	109-14	*Discours aux douze et aux soixante-douze*
d	643-45	718,21=1233	*L'arbre et le fruit*
e	1012	1015=1124	*Sodome et Gomorrhe*

2.2.3. Représentation graphique

L'ordre de succession de ces 37 unités dans la recension de Luc comme dans celle de Matthieu se lira directement sur les deux axes du graphique cartésien associé à ces deux rangements, celui de Luc ayant été porté en abscisse et celui de Matthieu en ordonnée.

Chacune des unités est localisée à l'intersection de ses deux coordonnées et celles qui appartiennent à une même classe dont elles relèvent, à la seule exception des deux unités de la classe E.

Les doublets existant entre certaines de ces unités sont représentés par des traits horizontaux pour ceux de Luc et verticaux pour ceux de Matthieu. Pour le doublet b de Luc dont il a déjà été question précédemment *("Il n'est rien de caché...")*, la localisation de sa première mention est indiquée par une flèche en pointillé. Pour le sous-ensemble considéré, un seul des doublets est un doublet simultané, le doublet a *"accomplir la volonté de Dieu"*, et encore est-il parfois contesté pour Luc. Les quatre autres doublets sont des doublets simples et il en est trois qui vont directement d'une séquence à une autre séquence, réalisant ainsi l'un des schémas de la page 90 (*cf.* Figure III.23).

Graphique IX.1

Séquences Luc/Matthieu

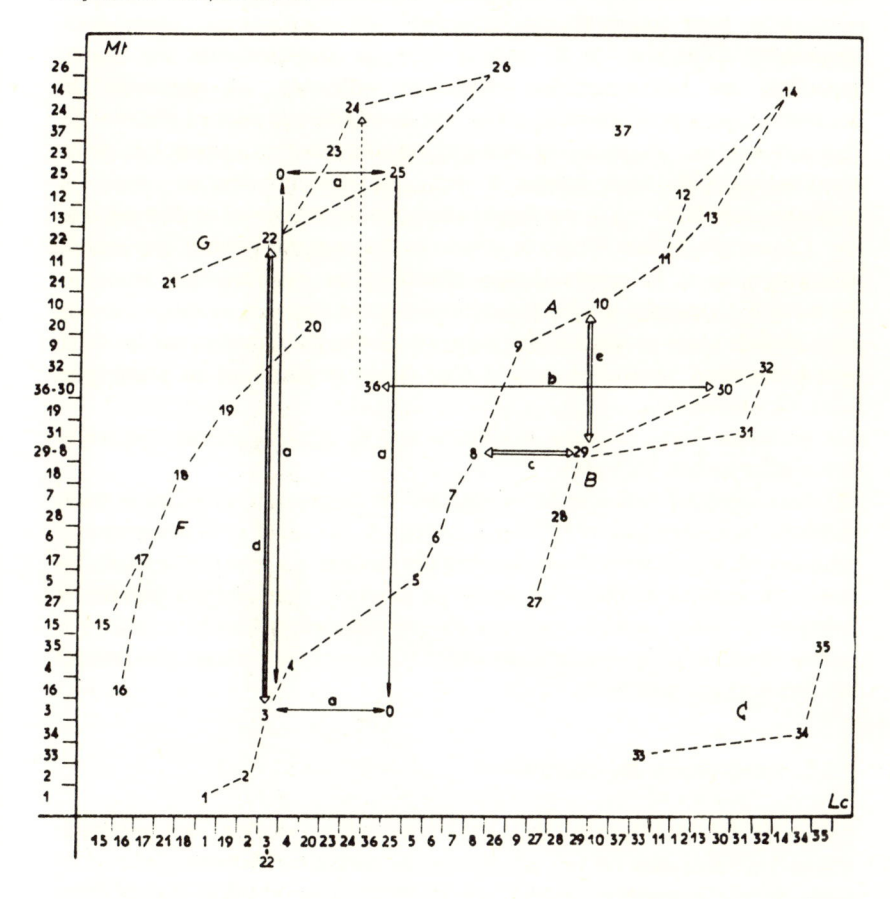

Légende
Se reporter au texte, paragraphe 1.2.2.3.

2.2.4. Les processus d'insertion

Si l'on se reporte à la deuxième partie du chapitre II, intitulé "A la recherche des pôles", et plus particulièrement au paragraphe 2.213 (p. 60-61), la représentation cartésienne et la représentation linéaire sont deux procédés isomorphes pour exprimer graphiquement les concordances entre deux rangements d'épisodes. Si le premier type de représentation fait mieux apparaître les sous-ensembles totalement ordonnés, ou séquences, le deuxième type a pour avantage d'être mieux adapté à la mise en évidence de l'agencement des séquences et des processus d'insertion utilisés lors de la construction d'un récit unique à partir de plusieurs sources. Aussi, le graphique précédent ayant confirmé l'existence des séquences et donnant une vue d'ensemble de leur situation respective les unes par rapport aux autres, passerons-nous à la représentation linéaire pour retrouver les processus d'insertion. Ce passage d'une représentation à une autre est un moyen simple pour réaliser cette projection des éléments de chaque séquence sur les deux axes principaux, projection dont il était question plus haut au paragraphe 1.2.3. de ce chapitre.

Les séquences étant connues, la construction de cette deuxième représentation n'offre aucune difficulté.

Sur deux colonnes centrales seront disposés les rangements selon Luc et selon Matthieu (colonnes Luc et Matthieu), classes A, B, C, E, F et G occuperont 6 colonnes où seront reportés les numéros des passages qu'elles contiennent. En raison du manque de place, les lignes qui devraient normalement joindre les passages de même numéro n'ont pas été reportées sur le graphique, mais, par contre, dans la partie centrale, des traits réunissent les passages comportant des doublets (*cf.* graphique IX.2).

2.2.5. Particularités des insertions

La recherche des sources et, corrélativement, l'analyse des processus d'insertions sont-elles un jeu gratuit ou, au contraire, fournissent-elles d'un point de vue strictement ordinal une explication satisfaisante des relations entre Luc et Matthieu ? Reprenant une argumentation déjà développée dans la première partie de cet essai, nous sommes convaincus que le mécanisme de l'insertion de sources distinctes a pour avantage principal de rendre simultanément compte des inversions et des répétitions.

Pour les inversions, il n'est guère nécessaire d'y insister. Remarquons simplement qu'au niveau des 37 unités construites pour cet exemple schématique, on ne relève pas moins de 267 inversions. Il y correspond une corrélation directe qui, quoique toujours positive, est très faible et ne dépasse

L'agencement des sources 283

Graphique IX.2

Processus d'insertions

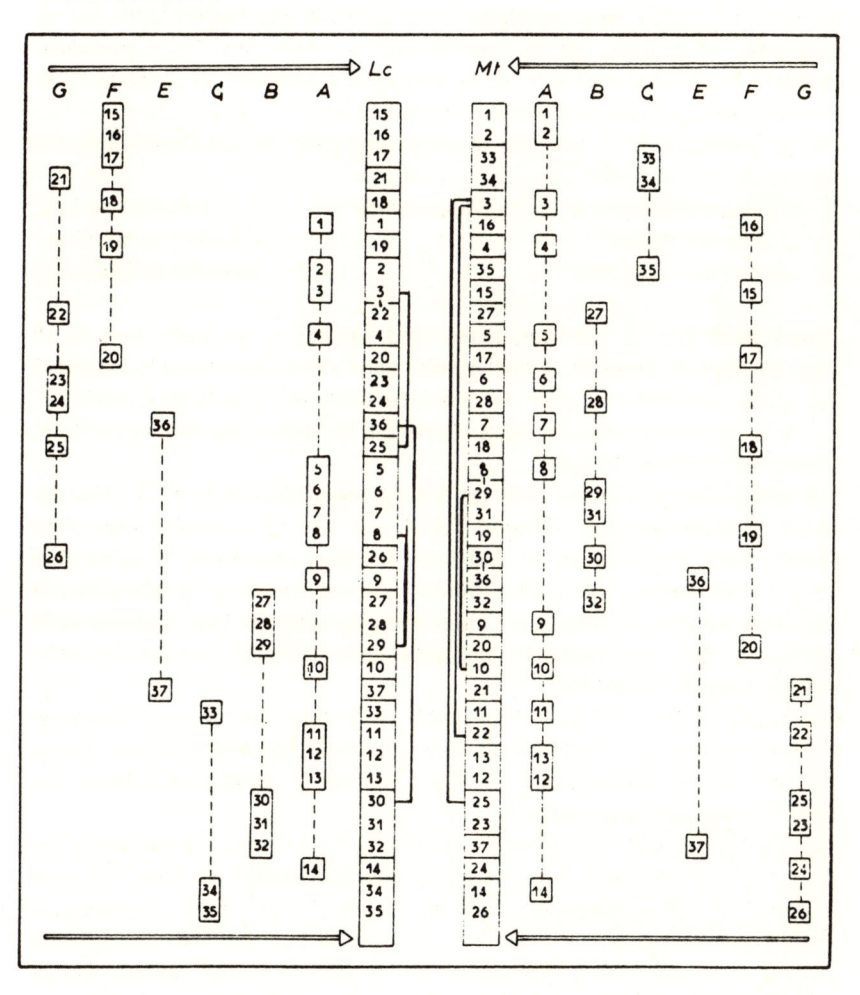

pas .20. Comment donc justifierait-on de ce désordre apparent d'une manière plus satisfaisante que par l'utilisation de sources distinctes différemment agencées entre elles ?

Toutefois, la valeur explicative de la théorie de l'insertion resterait partielle si elle n'était en quelque sorte confirmée par la répartition des doublets. Ne prenons ici qu'un seul exemple, mais exemple particulièrement net et nullement obligatoire, de la correspondance entre la notion purement ordinale de *doublet-charnière* et la conception littéraire de *condensation,* l'une et l'autre définies au cours des pages 89 à 93.

Sur le graphique IX.1, les trois doublets soulignés par des flèches à double trait :

c *"Discours aux douze et aux soixante-douze"*   (doublet de Luc)
d *"L'arbre et le fruit"*   (doublet de Matthieu)
e *"Sodome et Gomorrhe"*   (doublet de Matthieu)

apparaissent comme des charnières dans l'insertion de deux sources. Il s'agirait donc de passages parallèles entre deux sources distinctes qui auraient été utilisés par l'un ou l'autre des rédacteurs comme "charnières d'insertion" (p. 89), dans lesquelles les deux versions d'un même épisode auraient été réunies en un texte unique.

Tel semble bien être le cas pour les deux premiers doublets c et d, Matthieu ayant construit un seul "Discours" alors que Luc en conservait deux et ce dernier ayant regroupé en un seul texte les deux versions de "L'arbre et le Fruit". Par contre, une analyse moins grossière conduirait à interpréter le troisième doublet comme une élimination effectuée par Luc en raison de la proximité, dans son processus d'insertion, de la deuxième mention du thème sur "Sodome et Gomorrhe".

L'exemple le plus clair et le plus simple de doublet-charnière est fourni par "L'arbre et le fruit", dont les deux versions partielles de Matthieu sont réunies en un seul et même texte de Luc, comme le montre le tableau des concordances de la page suivante.

On remarquera que ce doublet de Matthieu, objet d'une "condensation" en Luc, est l'un des rares à ne pas comporter de parallèle en Marc. Or pour Vaganay [3], la condensation, qui ne se rencontrerait qu'en Matthieu, se définit par référence aux versions de Marc et de Luc que Matthieu auraient réunies en un seul texte. Cet exemple de "L'arbre et le fruit" montre que les interférences entre sources peuvent se produire indépendamment de toute référence à Marc qui, de ce point de vue tout au moins, ne doit se voir attribuer aucun rôle privilégié.

---

3.   L. Vaganay, *Le Problème synoptique,* p. 124.

L'ARBRE ET LE FRUIT

Matthieu 7	Matthieu 12	Luc 8
18 Un arbre bon ne peut porter des fruits mauvais ni un arbre pourri produire des fruits beaux	33 Ou rendez l'arbre beau et son fruit sera beau ou rendez l'arbre pourri et son fruit sera pourri	43 Car il n'est pas d'arbre beau produisant du fruit pourri ni non plus d'arbre pourri produisant du fruit beau
16 C'est à leurs fruits que vous les reconnaîtrez Cueille-t-on sur des épines des raisins ou sur des chardons des figues ?	Car c'est à partir du fruit qu'on connaît l'arbre	44 Car chaque arbre se connaît à son propre fruit Car sur des épines on ne cueille pas des figues ni sur de la ronce on ne vendange du raisin
	35 L'homme bon du bon trésor de son coeur tire de bonnes choses et l'homme mauvais du mauvais trésor tire des choses mauvaises	45 L'homme bon du bon trésor de son coeur profère le bon et le mauvais du mauvais profère le mauvais
	34b Car de la surabondance du coeur parle la bouche	Car de la surabondance du coeur parle la bouche

21	46
Ce n'est pas quiconque	*Pourquoi donc*
me dit :	*m'appelez-vous*
"Seigneur, Seigneur	*"Seigneur, Seigneur ! "*
qui entrera dans le	
royaume des cieux	
mais celui qui fait	
la volonté de mon	*et ne faites-vous pas*
père aux cieux	*ce que je vous dis ?*

Du point de vue qui est le nôtre, ce tableau est suffisamment explicite pour révéler à une inspection même superficielle que tout se passe effectivement comme si Luc avait agencé en un texte unique et en les complétant l'une par l'autre les données de deux sources insérées par Matthieu en deux endroits distincts de sa rédaction.

Une situation comparable se retrouve pour le "Discours de mission". Mais, cette fois-ci, la condensation est le fait de Matthieu qui, comme Marc, réunit en un seul sermon les directives aux apôtres que Luc répartit sur deux discours. La longueur de ces passages nous oblige à renvoyer le lecteur à la *Synopse des quatre Evangiles* de l'Ecole biblique de Jérusalem, paragraphe : 'Les Consignes de la mission" (p. 84–86), pour vérifier que le texte de Matthieu réunit bien les deux versions de Luc.

En ce qui concerne le doublet de Matthieu sur "Sodome et Gomorrhe", le procédé utilisé pour la construction du précédent graphique IX.1 le fait apparaître aussi comme un doublet-charnière. Il demande toutefois à être interprété d'une manière différente des deux précédents. En effet, si l'on se reporte soit à une synopse, soit au graphique annexe n° 4, il est clair que, contrairement aux deux doublets ci-dessus, il y a ici une *élimination* de la part de Luc de la phrase mentionnée à deux reprises par Matthieu :

"Il y aura moins de rigueur pour la terre
de Sodome et de Gomorrhe au jour du jugement
que pour cette ville-là"

(Matthieu 10₁₅ = 11₂₄),

cette élimination étant vraisemblablement due au fait que lors de la construction de son deuxième discours aux 72, Luc aurait été amené à la mentionner trois versets seulement après sa première mention.

Graphiquement, un deuxième doublet, celui de Luc sur la sentence "Il n'est rien de caché" (8₁₇ = 12₂), se présente aussi comme un doublet d'élimination. Doit-on pour autant supposer une intention délibérée de la part de Matthieu d'éviter une répétition comme précédemment pour Luc ? La comparaison avec la recension de Marc tendrait plutôt à suggérer que cette apparente élimination de Matthieu résulte plus vraisemblablement de son ignorance d'un fragment de l'une des sources utilisées par Luc. En effet, la première mention de ce doublet en Luc relève d'une péricope commune à Marc et Luc seulement "La révélation du mystère" (Marc 4^{21-25}). Cette péricope a pour particularité que les trois versets qui la composent en Luc sont tous l'objet d'un doublet dont la deuxième mention a un parallèle en Matthieu. Il paraît donc plus simple de supposer que Matthieu n'a pas eu connaissance de ce regroupement de logia plutôt que de faire l'hypothèse de l'élimination d'une répétition.

Pour en terminer avec les particularités des insertions signalons enfin que, si l'on admet la validité de la décomposition proposée, la connaissance des sources permet encore de préciser comment l'un et l'autre des rédacteurs agencent et utilisent ces sources.

Sans aucune référence au contenu, et à la composition d'un récit au sens littéraire du terme, il suffit simplement de prendre en considération la longueur d'un emprunt à une source donnée. Les différences entre Luc et Matthieu sont de ce point de vue très nettes : alors que Luc procède par emprunts massifs, Matthieu au contraire n'opère que des emprunts très courts et passe sans cesse d'une source à l'autre. Ceci est aisé à vérifier sur le précédent graphique IX. 2 en décomptant le nombre de fois où un rédacteur change de source. On relève pour Luc 21 changements et pour Matthieu 31. Cette proportion est stable quelque soit le niveau d'analyse choisi et on la retrouverait à peu près identique au niveau des blocs ou au niveau des versets.

Construit dans le seul but d'indiquer les diverses étapes à suivre pour la détection des sources et l'analyse des processus d'insertion, cet exemple est évidemment trop schématique pour constituer une étude précise de toutes les particularités des concordances d'ordre entre les recensions de Luc et de Matthieu. Il convient donc de l'apprécier comme un simple test de l'utilité d'une étude portant uniquement sur l'ordonnance générale des synoptiques. Si cet essai leur paraît concluant, les spécialistes du problème synoptique pourront alors le considérer comme un "mode d'emploi" des divers documents présentés en annexe et, plus précisément, comme un guide pour l'interprétation des graphiques cartésiens. En fait, et nous allons encore le souligner, notre rôle se borne à proposer un instrument assez général et susceptible de s'adapter à divers problèmes. S'il nous incombe d'en assurer la validité interne, par contre, l'appréciation de sa validité externe revient, en définitive, aux spécialistes des divers domaines auxquels il peut s'adapter.

Conclusion

PROBLEMATIQUE D'UNE ANALYSE ORDINALE

Selon les normes de la connaissance objective de notre époque, rien d'assuré ne peut encore être avancé concernant la genèse des évangiles synoptiques. Il convient toutefois de souligner que jusqu'à une date relativement récente ce problème n'était même pas posé et qu'il faut attendre le 19e siècle pour que soit soulevée dans toute son ampleur la "question synoptique" qui fut l'occasion de querelles passionnées entre ceux qui s'acharnaient à dénier toute valeur historique à ces écrits et ceux qui affirmaient et défendaient la révélation et l'authenticité du message[1]. Avec l'apaisement progressif des esprits, la recherche simplement et modestement historique reprend ses droits en associant aujourd'hui à la même entreprise les personnalités les plus diverses.

Or donc, un phénomène s'est un jour et quelque part produit : des écrits sont apparus, relatant de manière voisine les faits et les dits attribués à un personnage nommé Jésus. De ce phénomène initial, seules subsistent des traces tardives. Il ne peut être daté avec précision, il ne peut davantage être

---

1. Pour un résumé précis de la naissance de la critique scientifique des évangiles voir X. Léon-Dufour, *Les Évangiles synoptiques*, p. 145-162.

localisé. En quelle partie du pourtour méditerranéen chacun des synoptiques fut-il rédigé ? à quelle époque ? Rien pour l'instant ne permet de répondre avec précision à ces questions. Bien plus, en quelle mesure les manuscrits actuellement connus reproduisent-ils fidèlement les originaux ? "De l'avis unanime des critiques compétents, il n'y a pas un seul témoin qui nous ait conservé avec fidélité et dans tous ses détails le texte original du Nouveau Testament"[2].

De ces incertitudes sur les origines découlent des problèmes relevant de deux catégories : ceux de la première concernent l'histoire des textes depuis leur apparition, ceux de la seconde concernent la genèse de ces textes avant et jusqu'à leur apparition.

Les problèmes de critique textuelle relèvent sans conteste de la première catégorie. Leur origine tient à la multiplicité des versions d'un même évangile, toutes distinctes les unes que des autres et qui soulèvent les questions de leurs zones de diffusion, de leur filiation et de la reconstitution éventuelle du texte hypothétique unique dont elles dériveraient. En effet, malgré la valeur qu'ils pouvaient avoir pour les premières communautés où ils furent rédigés, rien ne subsiste, après deux millénaires, des originaux vraisemblablement écrits sur un support aussi fragile que le papyrus. Seules sont disponibles des copies de copies et "l'admirable effort de critique textuelle du Nouveau Testament a établi qu'aucun manuscrit en notre possession ne remontait, de copie en copie, jusqu'au texte original. Tous n'ont pour archétype que l'une des révisions anciennes que l'on nomme : la neutre, l'alexandrine, la syriaque et l'occidentale"[3].

Les problèmes regroupés sous le terme général de "question synoptique" relèvent de la seconde catégorie. De date récente, puisqu'ils n'ont fait l'objet de nombreux travaux qu'à partir du 19e siècle, ils ont pour origine les convergences et les divergences relevées entre ces trois narrations de la vie de Jésus que sont les évangiles synoptiques. Souvent appelé *concordia discors*, ce fait pose une question : "quelles sont les relations mutuelles entre ces divers écrits ?"[4] et comment interpréter ces relations ? Demeurant en tout état de cause hypothétiques, les solutions envisagées, quelles qu'elles soient et à quelque confession qu'appartienne son auteur, se situent d'emblée dans la perspective d'une genèse historique des évangiles et relèguent ainsi au magasin de l'imagerie naïve l'évangéliste écrivant sous la dictée de l'ange que l'on retrouve sur les bois gravés des premières bibles imprimées.

Quoique distinctes dans leurs buts comme dans leurs méthodes, ces deux

---

2. D.B.S., t. II, col. 263.
3. Charles Guignebert, *Le Christ*, Paris, Albin Michel, 1948, p. 35.
4. X. Léon-Dufour, *Les Evangiles et l'histoire de Jésus*, p. 225.

catégories de problèmes ne sont pas indépendantes. Si la critique textuelle repose principalement sur la comparaison des différentes versions d'un même évangile alors que le problème synoptique découle de la comparaison des recensions de Matthieu, Marc et Luc, toute solution de ce problème devrait prendre en considération le mode d'établissement de ces recensions et tenir compte des résultats comme des incertitudes de la critique textuelle. Toutefois, "si l'on trouve avec peine une seule phrase du Nouveau Testament dont la tradition textuelle soit tout à fait uniforme"(5), il convient de souligner que les variantes relevées entre les divers manuscrits portent le plus souvent sur des détails dont l'importance est fonction du mode d'approche adopté et qui, d'un certain point de vue tout au moins, peuvent être considérés comme mineurs.

En effet, l'analyse globale des relations qui existent entre les trois synoptiques est décomposable en analyses partielles situées à des niveaux différents, chacun d'eux ayant sa problématique propre et retenant certains aspects qui seront négligés à d'autres niveaux. Ainsi, pour prendre deux exemples extrêmes, l'on peut s'attacher à comparer le plan général des évangiles en ne retenant que la répartition des grandes sections ou, au contraire, s'intéresser à ce phénomène microscopique qu'est le "glissement de sens"(6) si bien étudié par Léon-Dufour qui relève plusieurs exemples pour lesquels "dans un même épisode les mots sont demeurés identiques mais ils ont changé de place, de sens même, de situation, de fonction". En ce dernier cas, l'analyse compare les phrases du texte mot par mot. Il se situe à un niveau que l'on qualifiera de microscopique et pour lequel le choix de la recension à partir de laquelle est effectuée cette confrontation n'est pas sans répercussion sur les résultats obtenus. Les méthodes statistiques, tout en recherchant une interprétation globale, sont également sensibles au choix des documents initiaux puisqu'elles commencent par dénombrer ces éléments microscopiques que sont les mots. Aussi est-ce l'une des critiques formulées à l'encontre de la tentative de Mgr de Solages : "Le texte adopté est celui de la synopse grecque du P. Lagrange. On le découpe, on le compare, on le compte, sans jamais envisager la possibilité de variantes (sauf pour quelques omissions de versets). Chacun sait pourtant que les harmonisations entre passages parallèles sont un des accidents les plus fréquents dans la transmission du texte"(7).

La reconnaissance et l'acceptation d'une "phénomènologie en niveaux", selon

---

5. D.B.S., t. II, col. 258.
6. X. Léon-Dufour, dans D.B.S., t. V, col. 1452 : "Le Récit de la Passion" et *Les Evangiles synoptiques*, p. 269.
7. P. Benoit, dans *Revue Biblique*, t. XLVII, p. 100, Mgr de Solages répond à cette critique dans *Bulletin de littérature ecclésiastique*, 1960, n° 4, p. 292.

l'expression de François Meyer[8], permet ici de résoudre en l'éliminant purement et simplement cette difficulté née de la diversité des témoins éventuellement disponibles. Elle permet aussi, et là réside son principal mérite, de situer par rapport à des travaux plus classiques le type de recherche entreprise ici, d'en élucider la problématique et d'en fixer les limites. Mais tout d'abord, qu'entendre sous cette expression, comment reconnaître la possibilité d'une telle phénoménologie à propos du problème synoptique et quelles sont les conséquences de son acceptation ?

La notion même d'une phénoménologie en niveaux a incontestablement pour origine les sciences physiques qui, les premières, ont été conduites à discerner des niveaux dans l'appréhension des phénomènes et à élaborer des modèles d'interprétation spécifiques de chaque niveau. Si son aspect le plus apparent réside dans l'ordre de grandeur du phénomène observé et la distinction entre des niveaux macroscopiques et microscopiques, son apport le plus essentiel réside dans l'acceptation de problématiques différentes qui sont directement fonction du niveau auquel se place le chercheur et ce alors même que la "réalité" extérieure demeure identique. Dans un stade préliminaire tout au moins, il n'est pas d'explication globale de la réalité, mais uniquement des structurations partielles de celle-ci. L'acceptation de cette limitation à des modes d'intelligibilité différents selon le niveau d'observation heurte peut-être le désir spontané d'une connaissance unitaire, mais elle est sans doute la leçon la plus importante que les autres sciences auraient à retenir de l'aventure de l'esprit humain dans son approche du monde physique.

Est-il légitime, est-il possible d'aborder la question synoptique en fonction d'une telle attitude épistémologique qui distinguerait plusieurs niveaux d'explication ? De prime abord, il semblerait que ce problème est suffisamment simple pour admettre une solution unitaire. Effectivement maints travaux en ce domaine, surtout parmi les plus anciens, ont consisté en la justification d'une hypothèse unique estimée suffisante pour rendre compte des observations. Les débats nés de la pluralité des hypothèses avancées ont abouti à des tentatives d'explication plus nuancées et qui tiennent mieux compte de la complexité réelle des relations intersynoptiques. Il est maintenant à peu près communément admis que plusieurs facteurs sont à prendre en considération dont certains sont reliés à l'activité rédactionnelle des évangélistes et d'autres à la naissance, à la diffusion et à l'évolution des récits présynoptiques. A l'heure actuelle les spécialistes de cette question admettent donc que des causes multiples sont intervenues dans l'élaboration des textes. Toutefois cet enchevêtrement de causalités multiples — pour

---

8. F. Meyer, *Problématique de l'évolution*, chap. III, p. 55-108 : "Une réflexion approfondie conduit à voir dans les structures en niveaux le statut le plus général de la phénomènologie positive" (p. 91).

lesquelles le domaine de validité n'est en général pas spécifié — concerne toujours le niveau des unités élémentaires ou microscopiques de par la méthode utilisée qui consiste le plus souvent en la comparaison et en la critique littéraire des recensions utilisées. S'il arrive parfois que l'analyse porte sur le thème de certaines unités ou qu'elle concerne l'ordonnance de certaines séquences, la distinction de niveau n'est pas opérée et les explications proposées s'efforcent d'être globalement valables. De toute façon, à notre connaissance et malgré le requisit de X. Léon-Dufour pour lequel "l'ordonnance des matériaux synoptiques requiert un examen de plus en plus minutieux"[9], aucune étude systématique de cette ordonnance n'avait été entreprise avant la tentative de Mgr de Solages[10], tentative dont les imprécisions, par défaut d'un instrument d'investigation efficace, sont à l'origine directe du présent travail. Or, l'analyse de cette ordonnance est évidemment de toute autre nature que l'analyse des matériaux eux-mêmes et si l'une et l'autre traitent du même "fait synoptique", elles constituent deux manières distinctes de l'aborder, distinctes aussi bien par les phénomènes retenus que par les problèmes que soulève leur interprétation. Cette fois-ci, les unités ne sont plus les phrases et les phénomènes relevés ne sont plus le déplacement d'un mot ou son remplacement par un autre, etc., les unités sont des regroupements plus ou moins longs de phrases et les phénomènes retenus sont les inversions ou les répétitions entre ces regroupements. Il y a donc effectivement passage d'un niveau d'observation à un autre qui, comparativement au précédent, sera qualifié de macroscopique et, a priori, rien ne permet d'affirmer que les hypothèses explicatives proposées au niveau inférieur seront à retenir au niveau supérieur.

Les divers niveaux d'une phénoménologie ainsi stratifiée n'apparaissent et ne se dévoilent, certes, que progressivement et dépendent tout autant de l'avancement des connaissances que des instruments d'investigation utilisables. Mais en supposant atteint un certain état du développement d'une science particulière et un certain outillage mental ou technique étant disponible, l'acceptation d'une phénoménologie en niveaux permet alors une organisation, une systématisation et une purification de la recherche en raison des conséquences que cette subdivision du réel entraîne et dont les principales nous semblent être :

— la délimitation de classes, ou strates, de phénomènes relativement indépendants les uns des autres,
— contre la tentation sans cesse renaissante d'une explication globale et diffuse, l'acceptation de modèles partiels mais rigoureux, le problème de leur synthèse ultérieure restant ouvert,

9. X. Léon-Dufour, *Les Evangiles et l'histoire de Jésus*, p. 228.
10. Bruno de Solages, *Synopse grecque des évangiles synoptiques*, 1958.

— la détermination précise du domaine de validité de ces modèles explicatifs, chacun d'eux étant associé à une classe particulière et éventuellement à un sous-ensemble de cette classe.

Dans le cas particulier de la question synoptique — et bien qu'il s'agisse là d'un problème limité — il y a tout lieu de penser que l'état actuel des connaissances en ce domaine après plus d'un siècle de recherches et de controverses devrait permettre de répartir l'ensemble des observations déjà recueillies en classes distinctes caractérisées par le mode d'approche à partir desquelles ces observations ont été mises à jour. Une telle classification aurait un double intérêt : mettre quelque ordre dans cette masse impressionnante de données et à spécifier à quels sous-ensembles de phénomènes s'appliquent les hypothèses avancées pour en rendre compte. Mais notre propos n'est pas de légiférer, plus modeste, il se limite à justifier la possibilité d'une telle classification et son utilité en isolant une classe particulière de phénomènes et en restreignant la validité du modèle proposé à cette seule classe au sein de laquelle les phénomènes observables sont déterminés par l'ordre d'apparition, au sein de chaque rédaction, d'unités d'un certain niveau et qui sont obtenues par un procédé de construction bien déterminé (*cf.* la deuxième partie). Cette restriction à une seule catégorie de phénomènes pour lesquels est construit un modèle explicatif en quelque sorte clos, conduit à négliger systématiquement tout autre information qui relèverait d'un autre mode d'approche et d'un autre type d'explication (quitte à en tenir ultérieurement compte en un stade final qui tenterait la synthèse des modèles partiels). Le fait de se situer dans une telle perspective épistémologique entraîne donc la non-pertinence des renseignements fournis par la critique textuelle des diverses versions d'un même évangile ainsi que la non-pertinence des renseignements fournis par la critique des trois évangiles d'une recension.

Sur le plan méthodologique, il convient toutefois de souligner que cette double affirmation n'est recevable qu'à une seule condition : les divergences relevées entre les textes disponibles n'ont aucune répercussion sur la construction des unités dont l'ordonnance sera étudiée par la suite. En d'autres termes, les phénomènes d'un niveau donné n'ont pas d'influence sensible sur les phénomènes d'un autre niveau et ils sont relativement indépendants les uns des autres. Or les unités du niveau qualifié de macroscopique sont construites à partir de la relation de parallélisme sémantique (*cf. supra*, chapitre IV, paragraphe 3.1.), entre les unités du niveau microscopique et sont constituées de fragments de textes ne présentant pas de rupture de concordance (*cf. supra*, chapitre IV, paragraphe 1.3.). Cette indépendance des deux niveaux aurait dû être vérifiée En raison de la longueur d'une telle vérification, elle a simplement été postulée. Il a donc été admis que les parallélismes sémantiques restaient invariants (*cf.*

supra chapitre IV, paragraphe 3.3.4.), quelles que soient les recensions à partir desquelles les exégètes les ont détectés. En outre, et dans un but de simplification, un autre présupposé, plus contestable celui-ci, a aussi été admis selon lequel les parallélismes entre unités élémentaires étaient indépendants de ceux qui les élaboraient. Bien qu'aucune analyse systématique n'ait été entreprise pour vérifier le bien-fondé de cette hypothèse, il semble néanmoins qu'elle soit globalement valable. En effet, pour l'essentiel, les diverses synopses mettent en parallèles les mêmes fragments de textes, parfois avec des découpages différents, ce qui est de peu d'importance puisque ces découpages ne sont pas retenus. Il existe certes quelques divergences entre elles qui, le plus souvent, concernent des doublets pour lesquels telle synopse sera plus complète et plus précise que telle autre. Il en irait ainsi pour la péricope "Faux christs et faux prophètes" (Marc13$_{21-23}$). La synopse de Deiss n'indique qu'un seul parallèle en Matthieu 24$_{23-25}$ alors que la synopse de Benoit et Boismard relève trois parallèles en Matthieu, deux en Luc et un doublet en Marc. Sans nier ces divergences, celles-ci sont assez peu nombreuses pour être décelées et éventuellement rectifiées. En toute rigueur, et malgré des justifications partielles toujours possibles mais jamais concluantes, ces deux hypothèses devraient être systématiquement vérifiées – et ce, d'autant plus que ces vérifications ne soulèveraient aucune difficulté particulière autre que leur longueur.

Telle serait l'une des conclusions qui se dégagerait de ce travail : la légitimité d'isoler une classe de phénomènes d'un type donné et correspondant à un niveau de la réalité observée, seul moyen de construire un modèle explicatif aussi rigoureux que possible et dont la validité sera limitée à cette seule classe de phénomènes. Cette conclusion ne fait d'ailleurs que rejoindre l'une des affirmations de l'épistémologie des sciences humaines. G-G. Granger l'exprime de manière similaire lorsque, à propos de cet instrument spécifique de la connaissance rationnelle qu'est le modèle, il considère que sa première caractéristique "est de figurer le fonctionnement d'un secteur *localisé* de l'ensemble des phénomènes"[11]. Avancée à l'occasion du problème synoptique, une telle affirmation risque de surprendre ou d'apparaître comme une idée générale, certes valable en elle-même, mais de peu de pertinence dans ce cadre précis. Les données de ce problème ne sont-elles pas en nombre relativement restreint ? Ne s'agit-il pas de trois textes seulement et au demeurant fort courts ? Dans ces conditions, leur genèse ne se ramènerait-elle pas à un processus simple et unique ? En fait la nécessité ou l'utilité de répartir des observations en classes distinctes ne dépend aucunement de leur nombre, elle dépend uniquement des questions que l'on se pose à leur sujet.

11. G.-G. Granger *La raison*, p. 85.

Si celles-ci relèvent d'une seule et même catégorie, quelque innombrables que soient les observations possibles elles seront regroupées en une classe unique. Inversement, si les questions relèvent de catégories distinctes — c'est-à-dire si elles conduisent à des modèles différents — les observations, si peu nombreuses soient-elles, seront à répartir en des classes différentes. Or, en fait, et sur un plan purement intuitif, les questions qui se rattachent à la genèse des synoptiques relèvent à tout le moins et en première analyse de deux catégories dont l'une concerne le contenu et l'autre les modalités d'expression de ce contenu[12]. Mais cette première distinction reste purement verbale tant qu'elle ne débouche pas sur l'élaboration d'une problématique spécifique de chaque catégorie. En définitive, d'ailleurs, seule la problématique est constitutive d'une catégorisation rationnelle. Une catégorisation n'est scientifiquement efficace que si elle résulte de questions précises étroitement reliées aux moyens de les résoudre et souvent placées sous la dépendance de ces moyens.

Si, comme le souligne parmi d'autres Jean Ullmo, "l'instrument guide celui qui l'utilise" [13], il est un constat courant qu'en maints secteurs des sciences humaines l'absence de moyens d'investigation retarde souvent l'élaboration d'une problématique efficace. Pour les cas qui semblent justiciables d'un traitement mathématique, cette problématique doit être intégralement construite par une épuration progressive des questions initiales au fur et à mesure que se dessine le cadre théorique susceptible de fournir un statut rationnel aux observations en définitive retenues et dont parfois la collecte est suggérée par le cadre théorique lui-même. Comme si Pallas-Athéna était sans cesse renaissante dans sa perfection adulte, il est de coutume de ne présenter un travail qu'achevé. Les premières démarches hésitantes, les changements de perspectives, les ébauches abandonnées sont soigneusement laissées dans l'ombre du gynécée où s'accomplit la maturation lente de l'interprétation finale. Pourtant en ces domaines où l'ensemble de l'outillage est à construire, où la raison s'exerce à devenir rationnelle, l'historique d'une recherche aide à l'élucidation des principes directeurs, initialement implicites, qui ont orienté son déroulement. Comment, donc, le problème synoptique a-t-il paru justiciable d'un traitement mathématique ? Comment une analyse d'abord descriptive est-elle devenue constructive ? Comment le schéma d'interprétation une fois entrevu a-t-il servi à façonner le donné initial pour l'adapter au cadre théorique ? Autant de questions qui se posaient dès l'introduction,

---

12. Par "contenu" on entendra ici le fait que tels épisodes sont mentionnés par un seul, par deux ou par les trois synoptiques; les "modalités d'expression" concernent les similitudes et différences littéraires entre contenus semblables.
13. J. Ullmo, *La Pensée scientifique moderne*, p. 13.

auxquelles ce travail a tenté d'apporter des réponses effectives et à propos desquelles il convient maintenant d'adopter une attitude réflexive.

*
* *

Tout commence par *La Synopse grecque des évangiles – Méthode nouvelle pour résoudre le problème synoptique*, achevée en 1951, publiée en 1958 par Mgr Bruno de Solages [14] et que R. Flacellière considère comme "les propylées plutôt sévères d'un édifice impressionnant par sa masse et par la rigueur de son architecture"[15]. Impressionnant par sa masse, car il ne comprend pas moins de 1 128 pages de textes français, latin et grec, de parallèles synoptiques, de relevés statistiques et de graphiques ; impressionnant par sa rigueur aussi, car la méthode nouvelle annoncée dans le sous-titre n'est autre qu'une méthode mathématique qui donne à ce livre "un aspect si différent de tous ceux (et ils sont légion), qui ont été consacrés jusqu'à maintenant au problème synoptique"[16]. Quel est tout d'abord le résultat de ce volumineux dossier ? Mgr de Solages le résume en ces termes : "Alors que, lorsque j'ai commencé mon travail, je voulais démontrer la fausseté de la théorie des deux sources, j'ai été amené moi-même, par l'objectivité de la méthode, à démontrer avec une précision et une rigueur nouvelles, une variante de la théorie des deux sources, Marc et "X", X n'étant d'ailleurs pas, du moins en son entier, une source unique"[17]. Ce résultat, qui s'exprime si simplement par la réhabilitation d'une ancienne hypothèse, est sans doute de moindre intérêt que la méthode utilisée pour la première fois en ce domaine si controversé. Par quels voies et moyens est-il donc obtenu ? Ou, si l'on préfère, quelles en sont les hypothèses initiales et à quelles constructions donnent-elles lieu ?
D'entrée de jeu, Mgr de Solages, sensible aux ressemblances textuelles entre les synoptiques, se situe dans la perspective de contacts littéraires entre les recensions : "Pourquoi ai-je ainsi classé ce passage ? – Parce que, quoiqu'en dise le P. Benoit, Luc en le rédigeant avait Marc sous les yeux"[18]. Le problème, dès lors, est le suivant : parmi les diverses filiations possibles, laquelle choisir ? La méthode pour le résoudre comporte deux niveaux : tout

---

14. Mgr Bruno de Solages, *Synopse grecque des évangiles*, Leyden, Brill, 1958.
15. R. Flacellière, dans *Revue d'études grecques*, t. LXXII, 1960, p. 303-305.
16. Mgr Bruno de Solages, dans *La Formation des évangiles*, Paris, Desclée 1967, p. 214.
17. Mgr Bruno de Solages, dans *Bulletin de littérature ecclésiastique*, 1960, n° 4, p. 294.
18. *Cf. supra*, chap. I, 3.1.

d'abord la construction par calcul combinatoire de l'univers des schémas de filiation possibles, ensuite le choix de l'un d'entre eux au moyen d'un critère de sélection, à savoir la méthode du quasi-zéro de Dom Quentin[19] appliquée aux relevés statistiques portant sur les mots d'une part et sur les concordances d'ordre d'autre part. L'essentiel étant ici les enseignements d'une telle démarche et le fait qu'elle comportait quelques lacunes qui nous ont incité à la compléter, le lecteur désireux de plus de détails se reportera soit à l'ouvrage de Mgr de Solages, soit au compte rendu très fidèle que lui a consacré le père Duthoit dans la *Nouvelle Revue Théologique*[20].

Le premier de ces enseignements réside évidemment dans la possibilité d'aborder le problème synoptique par le biais inhabituel d'une méthode mathématique : à une question précise et à une hypothèse explicite est associé un modèle permettant de répondre avec rigueur à cette question *dans le cadre de* l'hypothèse initiale. Dans le cas présent, le modèle, qui est constitué par la combinatoire des schémas de filiation, fournit le cadre rationnel de l'interprétation des relevés statistiques. Ceux-ci, situés au sein d'un univers des possibles, permettent d'isoler le sous-ensemble des filiations qui leur sont compatibles.

Le deuxième de ces enseignements réside dans la distinction opérée par Mgr de Solages entre les relevés statistiques sur les mots et les relevés sur l'ordre de mention des passages, dits "graphiques de concordance". Pour lui, et il le souligne fortement, ces deux systèmes de données sont totalement indépendants l'un de l'autre. Cette distinction correspond en fait à ce qui plus haut a été qualifié de niveau des observations et l'affirmation de l'indépendance de ces deux niveaux nous a, sans conteste, encouragé à ne retenir ultérieurement que le niveau macroscopique de l'ordre.

Ces remarques et quelques autres auraient pu être à l'origine d'une analyse critique systématique de ce recours aux mathématiques, mais à elles seules elles n'auraient pas conduit à reprendre ce travail si ne s'était révélée quelque lacune qui servit d'enclenchement à une recherche dont nul n'aurait pu prévoir qu'elle serait aussi longue. Mgr de Solages subdivise donc ses observations en deux classes formant deux systèmes indépendants : des décomptes sur les mots contenus dans les passages parallèles et l'étude de l'ordre de ces passages parallèles. Comment traite-t-il de cet ordre ? La description en est longue, la lecture malaisée, car c'est ici que le bât blesse, que l'instrument se révèle peu adéquat au but poursuivi : des pages quadrillées sont subdivisées en 7 colonnes ; la colonne centrale représente un chapitre entier de Marc à raison d'un carré par verset ; les trois colonnes de gauche

---

19. R. Duthoit, dans *Nouvelle Revue Théologique*, t. 82, 1960, n° 3, p. 247-268.
20. G. Bachelard : "L'observation scientifique est toujours une observation polémique; elle confirme ou infirme une thèse antérieure, un schéma préalable" *Le Nouvel esprit scientifique*, p. 12.

sont attribuées à Luc et symétriquement les trois colonnes de droite à Matthieu ; sur ces deux groupes de colonnes sont reportés les passages de Luc et de Matthieu parallèles à ceux de Marc de la manière suivante : sur la colonne la plus proche de la colonne centrale, on dispose les péricopes se succédant dans le même ordre qu'en Marc — sur la colonne la plus éloignée, on dispose les péricopes qui ne suivent pas l'ordre de Marc — la colonne intermédiaire sert à dégager la comparaison des parallélismes des textes communs à Luc et Matthieu sans parallèle en Marc. Quels résultats extraire de ce type de représentation ? Tout d'abord pour les péricopes à trois témoins : dans une écrasante majorité de textes, Luc, Marc et Matthieu suivent le même ordre — Luc et Marc sont quelquefois d'accord contre Matthieu, pareillement Marc et Matthieu contre Luc — et, résultat le plus important pour l'auteur, Luc et Matthieu n'adoptent *jamais* simultanément un ordre différent de celui de Marc(21). En ce qui concerne les péricopes mentionnées uniquement par Matthieu et Luc et sans parallèle en Marc, celles-ci, qui sont censées relever de la source "X" font l'objet de tableaux distincts sur deux colonnes dont la comparaison permet à l'auteur d'affirmer que : l'ordre est bien moins concordant que pour les textes de triple tradition, mais que, néanmoins, il y a pour une bonne partie des textes des concordances telles qu'elles ne peuvent s'expliquer par le hasard et que la source complémentaire "X" n'est vraisemblablement pas une source unique. En présence de ces derniers tableaux (mais aussi devant les graphiques des concordances à trois témoins), la réaction ne pouvait être que celle de P. Benoit : "Tout le classement des péricopes de double tradition Xe témoigne d'un effort louable, mais qui laisse à désirer. Le principe de les sérier selon leurs groupements ou leurs séquences dans Luc et Matthieu est excellent ; peut-être mieux pratiqué eût-il mis sur la voie de cette répartition de "X" en deux sources différentes"(22). Et à cette critique Mgr de Solages répondait : "Je demande : mieux pratiqué, comment? — Si c'est par un procédé mathématique, je demande lequel?"(23). Le présent travail s'efforce d'apporter une réponse motivée aux différentes questions de ce bref dialogue : comment traiter efficacement du classement des péricopes ? — comment faire apparaître les séquences ? — quel instrument mathémathique utiliser ?

De fait, la technique utilisée par Mgr de Solages ne lui permet guère de faire apparaître ce qu'il veut mettre en lumière : l'ordre commun *et* les changements d'ordre. Une rectification s'impose donc qui, au départ tout au moins, ne modifie en rien la problématique générale du problème synoptique

---

21. Ce résultat est, en effet, important puisqu'il marque l'indépendance de Luc et de Matthieu et le rôle de Marc comme source commune (*cf. supra.*).
22. P. Benoit, dans *Revue Biblique*, t. LXVII, 1960, p. 101.
23. Bruno de Solages, dans *Bulletin de littérature ecclésiastique*, 1960, n° 4, p. 304.

et consiste uniquement en l'utilisation d'un instrument d'investigation plus adéquat. Mais tout instrument repose sur une théorie sous-jacente(24). En certains cas, cette théorie informe le réel observé par l'intermédiaire de l'instrument qu'elle a servi à construire et conduit en définitive à situer les observations dans un cadre différent du cadre primitif. Tel est, brièvement décrit, l'axe épistémologique principal du déroulement de cette recherche. Pour l'essentiel, il se caractérise par le choc en retour d'une technique purement instrumentale à l'origine et qui, par référence à la théorie dont elle est issue, en vient à modifier complètement les perspectives et les données du problème initial.

Pour traiter convenablement de cette **Concordia discors** au niveau de l'ordre, les représentations par graphiques cartésiens ou linéaires paraissent effectivement plus appropriées que des tableaux. Les graphiques donnés dans l'annexe hors texte en sont la forme définitive, mais ils n'ont eux-mêmes été construits que progressivement quant à leur contenu et quant à leur forme. Sans décrire toutes les étapes de cette construction, leur rôle initial est de déceler des séquences dans la source "X" ou les changements d'ordre sur les textes à trois témoins. Ils servent simplement à détecter certains phénomènes et à les décrire avec plus de précision et ils ne sont donc que de simples instruments d'observation ; mais leur utilisation entraîne un nouveau langage et conduit à considérer les synoptiques comme la réalisation d'un être mathématique bien précis : des ensembles totalement ordonnés ou encore permutations de n objets et ceci par le fait qu'un graphique cartésien est la représentation de l'ordre-produit de deux ordres totaux et qu'un graphique linéaire est utilisé pour dénombrer les changements d'ordre entre deux permutations. Or le dénombrement des différences d'ordre entre deux permutations est effectué en termes d'inversions. Ce nouveau terme est à distinguer de celui d'interversion rencontré dans la littérature synoptique (*cf. supra*, chapitre I, paragraphe 1.3.). L'inversion a un contenu opératoire strictement défini : lorsque deux permutations sont décrites en termes de couples, à tout couple pour lequel les objets ne sont pas dans le même ordre correspond une inversion. L'interversion par contre est une notion intuitive mal définie : deux péricopes seront dites interverties si elles ne figurent pas dans le même ordre mais l'on ne se préoccupe guère des passages qui peuvent être situés entre ces péricopes. Ce remplacement d'une notion intuitive par un concept mathématique a une conséquence immédiate : alors que pour Mgr de Solages, Luc et Matthieu n'intervertissent jamais simultanément deux passages de Marc, par contre, on relève des inversions communes de Luc et Matthieu contre l'ordre de Marc. A lui seul ce résultat soulève une nouvelle question,

24. G. Bachelard : "Les instruments scientifiques ne sont que des théories matérialisées" *Le Nouvel esprit scientifique*, p. 12.

car il risque de mettre en cause l'indépendance de Luc et de Matthieu et le rôle de Marc comme source principale. Est-il possible d'y répondre sans changer de problématique ainsi que s'efforce de le faire Mgr de Solages dans son explication des mots que Luc et Matthieu ont en commun et qui ne figurent pas en Marc ? Est-il, d'autre part, possible de le faire sans recourir à une explication de type littéraire ?

Jusqu'à présent, le cadre général de l'interprétation est toujours fourni par l'univers des schémas de filiation possibles. La référence aux permutations introduit un nouvel univers : celui de toutes les permutations d'un ensemble de n objets. De quelle manière assurer la liaison entre ces deux univers ? Cet ensemble de permutations n'est pas amorphe, il posséde un certain nombre de propriétés et, en particulier, il est possible d'y définir des indices de corrélations directe et partielle (*cf. supra*, chapitre I, paragraphe 3.2.1. et 3.2.2.). Ces indices assureront la liaison entre les deux univers en permettant de sélectionner parmi les schémas de filiation ou, éventuellement, de les rejeter tous. Cette dernière possibilité de rejet est loin d'être sans importance sur le plan méthodologique, car elle ouvre la voie à une modification de la problématique initiale : si aucun schéma de filiation n'est acceptable, force sera bien de chercher une interprétation reposant sur d'autres hypothèses. Et en ceci réside l'une des faiblesses du modèle de Mgr de Solages : quel que soit le résultat des dénombrements, ils justifieront toujours au moins un des schémas possibles[25]. De ce fait, non seulement la réponse est toujours apportée dans le cadre de l'hypothése initiale, mais aucune réponse ne permet de sortir de ce cadre.

Pourtant les théories d'une filiation par contacts littéraires sont loin d'être unanimement acceptées et malgré "la rigueur de son architecture" la thèse de Mgr de Solages suscite maintes réserves. Si R. Flacellière se montre modéré dans ses appréciations, le père Benoit est plus intransigeant dans ses critiques et son article revêt parfois le ton d'un réquisitoire. "Le résultat immédiat d'une telle façon d'attaquer le problème est qu'on s'interdit par avance d'en trouver la solution"[26]. De son côté, X. Léon-Dufour conteste fermement les hypothèses de filiation et généralise sa critique à tout traitement mathématique : "Les statisticiens voudraient souvent aboutir à des résultats tels qu'on puisse appliquer au matériau évangélique les méthodes mathématiques"[27]. Il convient dans ces conditions d'envisager une problématique plus ouverte et

---

25. Au terme de ses calculs, Mgr de Solages retient cinq schémas et la sélection définitive est effectuée à partir d'une analyse des doublets qui sont d'ailleurs quelque peu extérieurs à la théorie et qui n'interviennent pas au niveau des concordances d'ordre.
26. P. Benoit, dans *Revue Biblique*, t. LXVII, p. 99.
27. X. Léon-Dufour, *Les Evangiles et l'histoire de Jésus*, p. 227.

de ne pas s'enfermer dans un modèle clos sur lui-même et que rien ne viendra infirmer. Mais cette problématique nouvelle ne s'ébauche que progressivement, pièce après pièce, avec de nombreux ajustements entre elles avant d'offrir un minimum de cohérence. Le graphique cartésien des concordances entre Luc et Matthieu (cf. graphique hors texte n° 4), suggère de lui-même une interprétation autre que celle de leur filiation à partir de Marc. En effet, si pour la source "X" traitée isolément, les séquences de passages sont interprétables comme des sources distinctes, pourquoi ne pas retenir ce type d'interprétation pour l'ensemble des passages que Luc et Matthieu ont en commun, qu'ils figurent ou non en Marc ? Question d'apparence naturelle et anodine mais qui ouvre pourtant la voie à un renversement des perspectives car elle conduit à : 1° abandonner la vieille classification des passages en deux classes, la triple recension et la double recension ; 2° changer de modèle explicatif en adoptant le point de vue de la documentation multiple ; 3° élargir le problème initial en se demandant non seulement pourquoi il y a des ressemblances mais aussi pourquoi il existe des divergences.

Une première publication de 1963 contient déjà ces différentes conséquences ainsi que les hypothèses qui seront ultérieurement retenues, mais les unes et les autres ne sont pas encore agencées entre elles pour former un système cohérent de significations internes. Si les relations entre Luc et Matthieu reçoivent une signification, cette dernière demeure en quelque sorte imposée de l'extérieur : "Une source est une séquence de passages dont s'est inspiré un rédacteur. S'il dispose de deux sources, il aura à les insérer l'une et l'autre, en les amalgamant lors de la rédaction de son récit. Lorsque l'on possède deux témoignages, leur comparaison apporte quelque lumière à condition que l'on admette : a) que chaque rédacteur a un procédé de composition qui lui est personnel, et : b) que, pour leur ensemble du moins, chaque rédacteur demeure fidèle à l'ordre des sources. Ceci admis, il en résulte que deux passages présentant entre eux une inversion, et principalement si celle-ci est de grande amplitude, seront supposés ne pas appartenir à la même source. Par contre, tous les passages pris dans le même ordre par les deux rédacteurs auront des chances d'avoir été empruntés au même document. Un procédé pratique de recherche des sources a été suggéré par les particularités mêmes des concordances d'ordre sur les synoptiques. Il consiste à attribuer un numéro d'ordre ou un rang à chaque passage concordant entre Luc et Matthieu, puis à calculer la différence des rangs obtenus par un même passage sur ces deux auteurs. Si l'hypothèse de deux sources ainsi que les conditions a) et b) sont réalisées, les passages doivent se répartir en deux classes, chacune d'elle constituant un sous-ensemble linéaire"[28].

---

28. L. Frey, dans *Annales, économie, sociétés, civilisations* 1963, n° 2, p. 295-306.

Que les divers éléments de l'interprétation ne sont pas systématiquement agencés les uns aux autres ressort avec évidence de cette longue citation. En particulier, des hypothèses a) et b), il "résulte", peut-être, que l'inversion de deux passages témoigne de leur appartenance à deux sources distinctes ? Mais cette conséquence est purement intuitive puisqu'il n'est pas encore montré comment construire effectivement des séquences à partir des processus d'insertion. Il en va de même pour le recours au critère de la différence des rangs, "suggéré par les particularités des concordances", et qui n'est pas davantage relié aux processus d'insertion. Certes, on décèle le désir d'une interprétation simultanée des ressemblances (séquences), et des divergences (inversions). Certes, les relations de Luc et de Matthieu sont traitées pour elles-mêmes et indépendamment de Marc. Certes les hypothèses de filiation sont remplacées par l'hypothèse du recours à des documents présynoptiques. On mentionne déjà l'hypothèse du respect de l'ordre, l'agencement des sources entre elles par des insertions, le critère qui permettra de délimiter des séquences. Pourtant les liens qui unissent ces diverses notions sont des plus lâches, des plus intuitifs puisque reste encore implicite l'idée maîtresse, celle de "processus d'insertion", qui seule conduira à une reconstruction des phénomènes observés à l'intérieur d'un système dont les divers éléments recevront leur signification de leur rôle et de leurs rapports avec les autres éléments.

Comment dégager cette notion de "processus d'insertion" ? Principalement en essayant de trouver une réponse à la question suivante : "Au fond, pourquoi les trois synoptiques ne suivent-ils pas le même ordre ? Pourquoi est-il impossible de reconstruire à partir d'eux une chronologie unique des gestes et paroles attribués au Christ ? " — Le personnage est-il légendaire et les premières communautés ont-elles créé de toutes pièces des souvenirs imaginaires recueillis ensuite par écrit ? Les évangiles sont-ils tardifs et les souvenirs sont-ils devenus imprécis dans ces communautés qui les transmirent oralement ? Le souci de faire oeuvre d'historien était-il étranger aux rédacteurs et ne voulaient-ils que transmettre un message ? Les réponses, qui sont avancées pour justifier les différences, ne satisfont guère devant les ressemblances. Pourquoi alors, en contre-partie, le désordre n'est-il pas plus grand ? Pourquoi détecte-on des séquences que rien ne semble imposer ? Contacts littéraires, répondent certains ! Mais si l'un des rédacteurs a connu un autre évangile, pourquoi en a-t-il modifié l'ordonnance ? Il est une caractéristique commune à toute les solutions du problème synoptique : toutes admettent l'éventualité de plusieurs sources diversement agencées entre elles. N'est-il pas plus simple d'accepter cette hypothèse dans toute sa généralité sans aucun à priori sur l'antériorité de telle rédaction et essayer simplement d'imaginer ce que peut faire un homme placé dans la situation de composer un récit en compilant des souvenirs d'origines diverses ? Que fait cet homme ? Il choisit un ou plusieurs épisodes de l'une des sources, le fait suivre d'épisodes d'une autre source, revient à la première, passe à une troisième qui, éventuellement, comprend un passage déjà mentionné dans la première source, etc. A quelque temps de là, un autre rédacteur, en un autre lieu, procède de même, sur des documents écrits ou oraux, comparables par leurs agencements mais transmis par d'autres voies qui ont pu en modifier peu ou prou la forme littéraire. Hypothèses ! Assurément, mais comment ne pas en avancer en ce domaine ? Et de plus, de peu d'intérêt sous cette formulation qui demeure intuitive et les rend comparables à bien d'autres ! [29] Elles ne conduiront à une analyse rigoureuse des relations d'ordre relevées sur les synoptiques que si l'on dispose d'un moyen de connaître à l'avance de quel type devraient être ces relations lorsque l'on se place dans la perspective d'une compilation de plusieurs sources.

Pour ce faire, il n'est d'autre moyen que d'organiser un système interprétatif complet construit selon des règles précises qui détermineront les conséquences de ces hypothèses. L'association de l'idée intuitive d'insertions de sources distinctes et des règles auxquelles sont soumises ces insertions correspond au "processus d'insertion" qui n'est, en fait, rien d'autre qu'une insertion régularisée. Bien que sa signification n'apparaisse qu'ultérieurement, ce moment du déroulement de la recherche mérite quelque attention, car il est celui où émerge l'idée de modèle et où s'effectue un renversement de la démarche jusqu'alors suivie. Celle-ci, et l'article de 1963 en témoigne consistait à remonter des observations jusqu'à l'une de leurs interprétations possibles. Désormais, il s'agit d'abord d'élaborer l'ensemble du système – ou modèle théorique – et de ne vérifier que ultérieurement si les résultats observés sont compatibles avec les prévisions de ce modèle. Cette inversion de la démarche – qui n'est encore réalisée qu'en de rares secteurs des sciences humaines [30] – n'est pas un jeu gratuit mais procède d'une exigence interne qu'un certain nombre de conditions particulièrement favorables permettent ici de satisfaire sans trop de peine. Les représentations graphiques aussi bien linéaires que cartésiennes, et plus particulièrement ces dernières, révèlent à l'observation un certain nombre de phénomènes : des alignements de points, des localisations particulières dans les mentions des doublets, des points isolés, des séquences et des ruptures de séquences, qui donnent à penser que sous le désordre apparent de la répartition des points sur un graphique

---

29. Pourtant elles suggèrent déjà de distinguer deux niveaux de statut différent et relevant de systèmes d'interprétation distincts : celui de l'ordre, (compilation rédactionnelle), et celui de la comparaison littéraire, (évolution pré-synoptique).
30. Pour la psychologie, *cf.* par exemple *Les Modèles et la formalisation du comportement*, C.N.R.S., 1967.

existent certaines régularités. De lui-même cet ensemble d'observations suggère une interprétation en termes de sources amalgamées entre elles et rejoint ainsi l'une des tendances de l'exégèse contemporaine. Toutefois cette interprétation reste vague, ou plutôt polyvalente. Prendre pour hypothèse qu'une source est un sous-ensemble de passages totalement ordonnés ne suffit en effet pas à lever toute ambiguité et à détecter d'une manière unique ces sources, car il existe plusieurs façons de constituer des groupes de sous-ensembles totalement ordonnés et chacune des solutions d'une décomposition (*cf. supra,* chapitre II, paragraphe 2.2.1.), est toujours susceptible de recevoir une justification. La différence des rangs entre passages pourrait bien offrir un critère de sélection, cependant rien ne le rattache à la notion d'insertion et quoique de nature ordinale il n'est encore qu'un critère externe. Ainsi dans le cadre de la documentation multiple il demeure une pluralité d'interprétations possibles et aucune solution n'est donc réellement proposée pour résoudre d'une manière ou d'une autre l'un des problème les plus anciens et les plus controversés parmi ceux posés à propos de la question synoptique, celui de la délimitation précise des sources. En outre, la seule idée de l'insertion ne suffit pas à faire comprendre comment les diverses observations détectées sur les graphiques sont reliées les unes aux autres et, en particulier, comment s'intègre à l'ensemble le phénomène des doublets. Dernière réserve enfin, et non la moindre, aucun critère n'est disponible pour éventuellement rejeter cette hypothèse qui pourrait donc être soutenue en tout état de cause puisque rien ne viendrait l'infirmer. L'insertion est une simple interprétation toujours défendable, elle ne constitue en rien une explication [31] susceptible d'être soumise à vérification.

Le problème synoptique réduit au seul aspect de l'ordre de mention des passages parallèles est simplifié à l'extrême. Cette simplification ne faciliterait pas pour autant la recherche d'une explication par l'intermédiaire d'un modèle théorique si d'autres conditions n'intervenaient simultanément et parmi lesquelles le caractère relationnel des phénomènes observés joue un rôle déterminant. Non seulement l'ordre des passages est déjà une relation, mais de plus l'étude concerne essentiellement la comparaison des ordres adoptés par deux ou trois rédacteurs et la représentation graphique est un instrument qui dévoile directement ce qui se passe *entre* les synoptiques. Qu'il s'agisse d'inversions, de séquences ou de la localisation des mentions d'un doublet, la représentation graphique les met directement en évidence et ce sont ces phénomènes que le modèle a pour rôle d'expliquer en montrant comment ils dépendent les uns des autres. Or ce modèle, de nature

---

31. Au sens où l'entend, par exemple, G. Granger : "expliquer, c'est montrer l'existence de relations constantes entre les faits et en déduire que les phénomènes observés en dérivent "(dans *La Raison,*" p. 81).

mathématique comme tout modèle, n'est lui-même qu'un tissu de relations, mais purement abstraites et qu'il conviendra de choisir pour les associer aussi étroitement que possible aux relations observées. Cette mise en correspondance entre les données de l'observation et les éléments du modèle se trouve ici facilitée par le fait que l'instrument d'observation repose sur une structure mathématique qui servira de cadre général à l'élaboration progressive du modèle. Le résumer ici serait de peu d'intérêt. Il suffit simplement de souligner qu'en ce domaine comme en bien d'autres des sciences humaines il n'était pas question de recourir à un outillage mathématique entièrement constitué. Si la notion d'ensemble de permutations existait, leur seule étude systématique concernait les propriétés algébriques de groupes de permutations; par contre les propriétés ordinales, quoique simples dans leur principe comme dans leurs développements n'avaient encore fait l'objet que d'analyses partielles[32] et qui ne s'appliquaient pas directement à l'analyse systématique des processus d'insertions. Il se révélait donc nécessaire de construire de toutes pièces le modèle qui est présenté dans la première partie de cet ouvrage et dont les aspects plus spécifiquement mathématiques ont été reportés dans une autre publication[33].

Le cadre théorique ayant été construit en plusieurs étapes, l'association entre les éléments abstraits et les observations a été réalisée au mieux par des allers et retours continuels entre les matériaux synoptiques et leur modèle. Les idées initiales sont simples. Elles consistent principalement à comparer des couples de processus d'insertion pour déceler à quelles conditions ils conduisent à une solution unique en sources distinctes (*cf. supra*, chapitre II, paragraphe 2.2.1.). A défaut de solution unique, existe-t-il un critère qui permette de choisir parmi les solutions possibles ? Avec l'hypothèse complémentaire de l'insertion alternée, la différence des rangs offre un tel critère, qui est dès lors relié au modèle et cesse d'être un critère extérieur (*cf. supra*, chapitre II, paragraphe 2.2.1. et chapitre III, paragraphe 3.2.1.). Ayant ainsi un moyen de constituer des classes susceptibles de correspondre à des sources, il convient ensuite de vérifier la validité de cette classification sur les matériaux synoptiques. Deux méthodes sont utilisées pour procéder à cette vérification : la répartition des doublets dont les deux mentions doivent appartenir à deux classes distinctes (*cf. supra*, chapitre III, paragraphe 1.2.2.), et l'indice de cohérence intra-classe qui fixe les marges d'incertitude au-delà

---

32. En juillet 1967, un colloque s'est réuni à Aix-en-Provence dans le but d'élaborer une présentation systématique des divers problèmes directement reliés à la notion d'ordre total.
33. L. Frey, *Ensembles de permutations et interprétations en sciences humaines*, thèse complémentaire, Aix-en-Provence, 1969.

desquelles le modèle perdrait toute valeur explicative (*cf. supra*, chapitre VIII, paragraphe 1.3.1.). Un dernier argument vient encore confirmer les réponses positives précédemment obtenues. Non prévu à l'origine, il est mis en évidence au cours de la nouvelle segmentation rendue indispensable pour rapprocher les synoptiques des permutations qui les représentent dans le modèle. Lors de la délimitation des passages à partir des omissions et inversions (effectuée de telle sorte que les objets et les phénomènes se définissent les uns et les autres en un système quasi fermé), il apparaît que les doublets se situent assez généralement soit en début soit en fin de passage. D'où ce nouveau phénomène, dit de "l'enclenchement des doublets", vient-il ? A quelles règles obéit-il et faut-il compléter ou modifier le modèle pour en rendre compte ? En essayant de répondre à ces question, il se révèle qu'il en est tout simplement l'un des prolongements resté jusque-là inexploré (*cf. supra*, chapitre III, paragraphe 2.3.2.). Les matériaux conduisent ainsi eux-mêmes à étendre des applications du modèle et il semble que meilleure confirmation ne peut lui être apportée.

*
 * *

Le choix d'une étude portant sur l'ordre de mention des passages parallèles des évangiles synoptiques est, à l'origine, un choix dicté par les circonstances et, tout particulièrement, par le souci très technique de rendre plus systématique un mode d'approche apparemment peu adéquat. Il s'y ajoute, en outre, un état de réceptivité envers ce type de problème dû à la conviction que les stuctures mathématiques ordinales ne jouent pas encore le rôle qui semblerait devoir être le leur dans les sciences humaines[34]. Aussi la tentation était-elle grande de mettre cette conviction à l'épreuve à l'occasion d'un problème où l'un des spécialistes affirmait l'autonomie des relations d'ordre. Mais, cette autonomie est-elle justifiée ?
Divers arguments viennent soutenir cette thèse, la rendre plausible, aucun cependant ne la justifie véritablement. L'option initiale est toujours arbitraire, seules les conséquences permettent d'en estimer la validité. Les relations d'ordre constituent une sélection qui isole un seul des multiples aspects du problème synoptique et qui répond tout d'abord à une première interrogation : Pourquoi les synoptiques ne suivent-ils pas le même ordre dans leur narration des mêmes événements ? — cette interrogation est encore des plus

34. *Cf.* par exemple, G. Granger : "Une analyse plus poussée de concepts apparemment quantitatifs dans les sciences de l'homme a montré plus d'une fois que la grandeur n'était ici qu'un vêtement assez arbitraire et que seule subsistait, comme schématisation raisonnable et motivée de l'expérience, une structure d'ordre" (dans *Pensée formelle et sciences de l'homme*, p. 134).

vagues. Elle n'est que la première étape de la problématique, l'amorçage intuitif de la démarche. Pour y répondre en restant dans le cadre des seuls phénomènes d'ordre (et sans faire intervenir les autres aspects qui sont généralement les seuls pris en considération), il convient de préciser simultanément et ce que sont les phénomènes d'ordre et les questions qu'ils soulèvent. Qu'est-ce donc qu'un ordre ? Comment comparer des ensembles ordonnés ? Comment vérifier une hypothèse donnée ? Comment tenir compte des différences aussi bien que des ressemblances ? – simultanément se précisent aussi les objets sur lesquels portent ces questions : initialement, des fragments de textes ayant une unité thématique, les péricopes ; en définitive, des unités définies par le critère de rupture de concordance et délimitées par la seule comparaison des textes synoptiques. Par les questions dont ils sont l'objet tout autant que par la nature de ces dernières unités, ces textes perdent dès lors tout contenu et deviennent uniquement le support de relations abstraites. Ainsi se constitue la "facette ordinale" des synoptiques par l'épuration de l'interrogation initiale. Mais, cette épuration est-elle un jeu gratuit, ou au contraire, les résultats viennent-ils en confirmer le bien fondé ? Par cette constitution d'une facette ordinale, les évangiles synoptiques sont alors plongés – et en apparence dissous – dans l'univers théorique des ensembles de permutations. Au sein de cet univers, des interprétations de divers types sont susceptibles d'être formulées. La première à être retenue, interprétation en termes de contacts littéraires, n'utilise qu'une partie des virtualités de cet univers puisqu'elle se limite à la vérification ou à l'infirmation d'une hypothèse de filiation, mais les problèmes soulevés à cette occasion conduisent à une utilisation beaucoup plus large et plus complète. Le déroulement, la dynamique, des chapitres VII et VIII sont significatifs à cet égard de cette extension qui concerne aussi le nombre des phénomènes qui seront progressivement pris en considération à partir du moment où cessant d'interpréter les résultats l'on s'efforce de retrouver les règles de leur construction.

Le propos du chapitre VII est des plus simples comme des plus classiques : procéder à un test d'hypothèse. L'on dispose, d'un côté, de résultats de dénombrements : relevés des inversions communes entre deux textes et relevés des inversions simultanées de deux textes contre un troisième. De l'autre côté, une hypothèse interprétative de filiation qui, lorsqu'elle est traduite en termes de permutations, est suffisamment élaborée pour aboutir à un test susceptible de la faire rejeter ou de la rendre plausible. Il se trouve que le résultat de ce test ne rend guère plausible une filiation indépendante de Luc et de Matthieu à partir de Marc comme source (*cf,* paragraphe 1.3.2.), et ce constat incite à rechercher un autre type d'interprétation. Mais, même si le test avait abouti à un résultat non négatif, il n'en aurait pas moins été prudent d'envisager aussi l'éventualité d'autres hypothèses. Et ceci, pour deux raisons au moins. Tout d'abord, d'une manière générale, un tel test d'hypothèse n'a de valeur catégorique que par un résultat négatif. Dans ce cas, il est alors assuré que l'hypothèse n'est pas compatible avec les données. Par contre, un résultat positif est une condition nécessaire mais non suffisante, il ne confirme pas l'hypothèse, simplement celle-ci n'est pas infirmée. La deuxième raison, plus spécifique, concerne la nature même de l'hypothèse de filiation qui se trouve être simultanément globale et partielle. Globale parce qu'elle vise à rendre compte de l'influence d'une source sur l'ensemble des recensions qui l'auraient utilisée (et son test qui porte sur la totalité des inversions en témoigne) ; partielle, parce que cette interprétation ne concerne que les similitudes d'ordre et ne se préoccupe aucunement du désordre qui, dans le test, est traité comme un phénomène aléatoire. Or, même si Luc et Matthieu n'avaient pas présenté quelques inversions statistiquement en surnombre (*cf.* paragraphe 1.3.3.), pour éviter d'interpréter l'ensemble des inversions par un facteur extérieur tel, par exemple, que l'option personnelle de l'évangéliste, il n'en aurait pas moins été nécessaire de rechercher si ces inversions offraient quelque caractéristique particulière. Faute de procéder à cette deuxième étape, l'interprétation envisagée laisse évidemment dans l'ombre les "mécanismes" qui ont engendré les inversions (et les répétitions), et, par contre coup, elle laisse aussi dans l'imprécision la plus complète la notion de l'influence d'une source puisqu'elle ne spécifie ni pourquoi, ni comment, cette influence s'exerce. De ce fait, les quelques inversions en surnombre de Luc et de Matthieu sont un prétexte plutôt qu'une raison déterminante pour analyser de plus près les passages simultanément déplacés par ces deux rédacteurs (*cf.* paragraphe 2.1.3.). En tout état de cause, cette analyse devait être entreprise, ne serait-ce que pour mettre en évidence un phénomène des synoptiques : l'existence de passages dont Marc ne relate qu'un fragment qui est placé par Luc et Matthieu ou par un seul des deux en un endroit apparemment quelconque de leur narration. Ce phénomène, qui se produit à plusieurs reprises, ne se comprend guère dans l'hypothèse où Marc serait l'unique source commune des passages de triple recension et à lui seul il suffirait à orienter les recherches dans une autre voie.

Bien que dans le cadre du chapitre VII les textes de triple recension soient traités comme des permutations d'objets quelconques, ce chapitre ne justifie cependant en aucune façon la constitution de la "facette ordinale" des synoptiques et ne précise encore en rien si elle est un jeu gratuit ou non. En fait, le recours aux ensembles de permutations, dont les propriétés ne sont que très partiellement utilisées, n'a d'autre but que de faire place nette par l'élimination des hypothèses de filiation. Pour justifier ici cette sélection. il conviendrait de montrer que des régularités existent au seul niveau des phénomènes d'ordre, mais ces régularités, comment les découvrir ? — A la rigueur, des répétitions peuvent s'imposer à l'attention dès que le phénomène répétable est isolé avec suffisamment de précision — tel est le cas de ces répétitions de fragments de Marc insérés dans des contextes de la double recension — cependant les répétitions ne sont pas en elles-mêmes des régularités, elles en sont tout au plus les manifestations ou les témoins. Qui pense régularités, sous-entend règle, c'est-à-dire théorie abstraite que les phénomènes sont censés suivre et dont on vérifiera avec quelle approximation ils la suivent. Dès lors, pour les découvrir, il faut disposer préalablement de ce cadre théorique ; les régularités ne se trouvent pas, elles se retrouvent.

Le chapitre VII commençait par un exposé sommaire de l'hypothèse des contacts littéraires entre les recensions, hypothèse qui est directement suggérée par certaines données de la critique littéraire. Tout au contraire, le chapitre VIII, sans préambule aucun, utilise directement les différentes techniques d'analyse prévues par le cadre théorique. Il ne fait donc appel qu'aux notions strictement ordinales sur lesquelles est construit ce cadre théorique. Etant renvoyé au terme du chapitre précédent vers une hypothèse de documentation multiple, le but de ce nouveau chapitre est de vérifier si le modèle de l'insertion de séquences, qui en est l'aspect ordinal, est non valable pour les synoptiques. Dans cette perspective, les régularités éventuellement relevées entre les aspects ordinaux de ces textes seront tout simplement les résultats positifs de cette vérification. Encore convient-il de préciser en quel sens le cadre théorique permettra de les retrouver.

Utilisé dès que l'on construit "une représentation schématique du mécanisme des phénomènes"[35], et même plus généralement pour toute représentation abstraite d'un ensemble de phénomènes, le terme de modèle, en sciences humaines tout au moins, est en fait pris dans des acceptions si diverses que plusieurs auteurs ont éprouvé le besoin de répartir les modèles en quelques grandes classes[36]. Selon que l'accent est mis sur les mécanismes ou sur les résultats des mécanismes, deux grandes classes de modèles peuvent être distinguées. Les modèles de la première classe, la plus ancienne et la plus répandue, ont pour but principal d'aboutir aux prédictions les plus précises possible : "L'avantage des modèles mathémathiques est de permettre d'en dériver des prédictions précises et complètes"[37]. Les mécanismes théoriques qui sont mis dans le modèle constituent-ils pour autant une reproduction, ou même une simple transcription, des mécanismes réels ? Bien que cela soit souhaitable et paraisse parfois réalisé, beaucoup en doutent principalement parmi les psychologues, et parmi eux P. Fraisse : "Le modèle, et en particulier

---

35. G. Granger, *La Raison*, p. 85.
36. P. Suppes, dans *Les Modèles et la formalisation du comportement*, p. 413.
37. R. J. Audley, dans *ibid.*, p. 173.

le modèle mathématique, ne peut pas prétendre décrire des processus objectifs, mais seulement conduire à des prédictions les moins éloignées possible de la réalité"[38]. Outre cette première classe de modèles, que l'on pourrait qualifier de prédictifs, existe aussi une seconde classe dont la visée n'est pas de prédire mais de décrire. La psychologie sociale en fournit les exemples les plus courants, principalement dans le domaine de la détection des attitudes. Ainsi le modèle de Guttman comme celui de Coombs relèveraient-ils de cette deuxième classe. Ni l'un ni l'autre ne définissent à priori quels devront être les patrons pour que ceux-ci constituent une échelle d'attitude. Pour Guttman, à toute chaîne du simplexe construit sur l'ensemble des réponses possibles, peut correspondre une échelle et, pour Coombs, une échelle sera associée à toute chaîne de permutations d'un réseau de préférence[39]. Dans le premier cas, il suffit que les patrons observés vérifient une relation d'inclusion entre eux; dans le second cas, il suffit que les préférences indiquées par les sujets présentent des inversions respectant certaines contraintes. Ces relations seront les régularités que l'on s'efforcera de retrouver au sein des résultats par l'intermédiaire de diverses techniques. Modèles prédictifs et modèles descriptifs se différencient d'ailleurs moins au niveau de leur élaboration que par leurs procédures de vérification. Pour ceux de la première classe, qui sont généralement des modèles stochastiques, la vérification consiste à comparer des probabilités théoriques et des fréquences observées. Pour ceux de la deuxième classe, la vérification consiste à rechercher si les résultats recueillis suivent la régularité prévue par le modèle en se répartissant selon l'un des schémas possibles. Dans le premier cas, les données sont confrontées à un seul possible ; dans le second, les résultats décident du possible qu'ils actualisent.

De toute évidence, le modèle proposé ici relève de la seconde classe puisqu'il est un modèle descriptif des mécanismes susceptibles d'être à l'origine des inversions et des répétitions. Ces mécanismes sont les processus d'insertion qui, au sein de l'ensemble des permutations, délimitent le sous-ensemble particulier qu'est un fuseau d'insertions (*cf. supra,* chapitre II, paragraphe 1.3.). Il n'est d'ailleurs aucunement nécessaire de construire effectivement ce fuseau. Il lui suffit de demeurer à l'arrière-plan comme cadre de référence théorique, car seules importent les propriétés caractéristiques des objets de cet ensemble. De même pour une échelle de Guttman il n'est pas nécessaire de construire le simplexe de tous les possibles, il suffit de retenir la relation d'inclusion caractéristique de toute chaîne de ce simplexe. Ici, les propriétés pertinentes sont relatives à la comparaison de deux permutations et concernent les particularités que devront présenter leurs inversions et leurs

38. P. Fraisse, dans *ibid.*, p. 23.
39. L. Frey, *Ensembles de permutations et interprétations en sciences humaines.*

répétitions pour que ces permutations soient à considérer comme résultant de l'insertion d'un nombre minimum de séquences. Ces propriétés sont au nombre de deux : les séquences doivent se répartir dans des classes différentes et les deux mentions d'un doublet ne doivent pas figurer dans la même classe; accessoirement, les enclenchements par les contextes d'un doublet devront venir apporter une confirmation de la liaison entre inversions et répétitions. Graphiques linéaires ou cartésiens, corrélations directes, et partielles, révèlent que, outre une tendance générale à ordonner les passages de manière semblable, les synoptiques témoignent néanmoins d'un désordre certain. Ce désordre masque-t-il un ordre latent ? – Lequel ? – Rien n'impose aux synoptiques de se plier au jeu des règles qui ont été élaborées pour rendre compte rationnellement du désordre ; rien ne leur impose de dévoiler quelque régularité que ce soit au cours du décryptage effectué selon les directives du modèle. Ces régularités existent-elles ? Il n'est que de relire le chapitre VIII pour s'en convaincre. Les conclusions principales en sont : 1° La répartition en classes par le critère de la différence des rangs délimite effectivement des sous-ensembles pratiquement en ordre total – sur les 3590 inversions relevées entre Luc et Matthieu, il ne subsiste que 57 inversions intra-classes sur un total théorique de 830 inversions possibles ; 2° les doublets, pour les trois quarts d'entre eux, ont leur deux mentions localisées dans deux classes différentes ; 3° l'analyse des enclenchements des doublets par leurs contextes confirme que les inversions et les répétitions sont étroitement liées les unes aux autres.

"L'autonomie des phénomènes d'ordre est-elle justifiée ? " – Cette question reçoit maintenant une réponse, et une réponse catégoriquement positive. Hypothèse simplement plausible à l'origine, les résultats obtenus et brièvement rappelés ci-dessus confirment que, au seul niveau de l'ordre, les évangiles synoptiques, lorsqu'ils sont analysés par l'intermédiaire d'un certain cadre théorique, présentent incontestablement des régularités qui, jusqu'à preuve du contraire, ne seraient pas décelables autrement. On est donc désormais fondé à affirmer qu'il existe une légalité spécifique au niveau des phénomènes d'ordre et que cette légalité, pour apparaître, n'emprunte rien aux phénomènes des autres niveaux.

Cette autonomie justifie, en outre, la distinction de différents niveaux au sein des phénomènes synoptiques et légitime la constitution de leur facette ordinale. Elle légitime aussi la recherche d'un type d'explication spécifique de cette facette. En effet, le modèle construit pour analyser cette facette et qui dévoile ces régularités est un modèle descriptif des mécanismes qui seraient à l'origine de ces régularités. Intrinsèquement validé par leur seule existence, il révèle les lois de leur formation et leur interdépendance. De ce fait, séquences, inversions, répétitions et enclenchements reçoivent une seule et même explication à partir des processus d'insertion actualisés dans les synoptiques.

Un pari initial avait été engagé : limiter l'analyse des synoptiques à leurs seules relations d'ordre — et de ce fait, négliger complètement leur signification. Les conclusions précédentes suffisent-elles à assurer le gain final ? A s'en tenir à elles seules ne risque-t-on pas de donner l'impression que le jeu était gagné d'avance, que les dés étaient pipés du fait que la validation du modèle est une validation strictement interne, effectuée à l'intérieur d'un système fermé et replié en quelque sorte sur lui-même : construit à partir de quelques observations initiales le modèle ne se retourne-t-il pas vers les mêmes matériaux pour en obtenir sa validation ? Dés lors, quelle serait la portée de ce type d'approche si elle se refuse à contribuer ne serait-ce qu'à l'élucidation de quelques-uns des problèmes traditionnels que soulève la question synoptique ?

Son intérêt ne réside pas uniquement dans la construction d'un système efficace pour rendre compte d'une manière simple d'un ensemble de phénomènes assez complexes, aspect qui a été longuement développé dans les pages précédentes. Il réside aussi dans le fait, déjà évoqué mais rappelé ici en raison de ses répercussions pratiques, que le modèle explicatif, lorsque l'on envisage son interprétation, constitue un système complet de significations interdépendantes. Au sein du modèle, le sens accordé à l'un des objets est fonction des significations accordées à l'ensemble des autres objets. Il oblige, de la sorte, à tenir simultanément compte de l'ensemble des phénomènes et à récuser un amoncellement d'interprétations individuelles. Pour prendre un exemple, il suffit de se reporter au graphique annexe n° 4 des concordances entre Luc et Matthieu. Dans l'interprétation en termes de sources des divers points répartis entre ces coordonnées cartésiennes, tel point ne prend de sens que par référence à la localisation de l'ensemble des autres points : sa signification comme élément de l'une des sources est fonction de l'ensemble des autres significations, cette fonction étant réglée par un jeu de propositions hypothétiques de la forme : "si tel point est élément de telle source, alors tel autre point sera élément de telle autre source". Il en découle que si, pour une raison quelconque, l'on décide de modifier l'affectation de l'un des objets à l'une des sources, cette modification se répercutera sur la délimitation des autres sources. Ce système de significations interdépendantes qui conduit à une analyse globale et non plus fragmentaire de ce que seraient les sources présynoptiques, est-il compatible avec les significations apportées par les approches plus traditionnelles ? Accords ou désaccords ne peuvent encore être que partiels. Un exemple de convergence serait fourni par l'épisode de la guérison d'un lépreux qui est mentionné par X. Léon-Dufour à propos des unités littéraires présynoptiques : "La guérison du lépreux semble faire suite au discours sur la montagne chez Matthieu 8 1-4, quand Jésus est descendu en pleine foule. Mais la suture paraît artificielle, si on remarque que la conjoncture est historiquement invraisemblable (un lépreux en pleine foule), et que Jésus commande au lépreux guéri de n'en parler à personne. Le récit a donc probablement existé indépendamment du cadre où il se présente"(40). L'analyse ordinale rejoint ici la conclusion de l'exégète. Du fait que la fin du sermon sur la montagne relève de la classe A et l'épisode du lépreux de la classe F (*cf. supra,* chapitre IX, paragraphe 1.1.2.), ces deux fragments seraient effectivement susceptibles d'avoir été empruntés à des sources distinctes. Les cinq controverses galiléennes fournissent, par contre, un exemple opposé. Ces passages mentionnés par Luc entre 5 17 et 6 11 guérison d'un paralytique, repas avec des pêcheurs, questions sur le jeûne, les épis arrachés et la main sèche, sont assez fréquemment considérés comme une collection présynoptique. Or, contrairement à Marc et Luc, Matthieu sépare les trois premières controverses qui portent toutes sur un thème différent, des deux dernières qui sont uniquement consacrées au sabbat. Elles appartiennent, de ce fait, à deux classes distinctes et pourraient donc provenir de deux sources différentes, ce que confirmerait, en outre, l'existence du doublet de Matthieu : "Miséricorde je veux et non sacrifice".

Ces deux exemples soulignent l'intérêt pratique d'une analyse ordinale pour une problématique plus courante qui s'intéresse davantage à la détection des matériaux utilisés par les rédacteurs qu'à l'explication théorique de l'ordonnance qu'ils ont adoptée. Ces deux démarches ne sont pas incompatibles, mais accorder au modèle une valeur prédictive réclame quelques précautions. Les classes et les séquences qu'elles contiennent, il faut le souligner, ne sont que des éléments théoriques à partir desquels sont construits les processus d'insertion. En l'absence de toute possibilité de vérification externe – que seule apporterait quelque découverte archéologique, peu probable et vraisemblablement partielle – le seul statut légitime d'une séquence ne peut être que celui d'un indicateur de source (*cf. supra,* chapitre IX, paragraphe 1.1.1.). Si, donc, il convient de ne pas accorder au modèle des vertus qui ne sont pas les siennes, son utilité pratique n'en est pas moins réelle, encore qu'il soit nécessaire d'en préciser le cadre d'application.

Quelle que soit leur attitude religieuse, libéraux ou croyants, protestants et catholiques, tous les spécialistes reconnaissent que les évangiles ont une histoire. Si l'on exclut la période de "formation" du message, au sens de la *Formgeschichte* deux phases seraient à distinguer, la première chevauchant d'ailleurs sur la seconde. Tout d'abord, une phase, généralement qualifiée de présynoptique, au cours de laquelle se diffusent, par des canaux différents, les premiers blocs de la tradition évangélique, soit par voie orale (prédication

---

40. X. Léon-Dufour, *Les Evangiles synoptiques,* p. 306.

commentée et apprentissage par cœur)[41], soit par voie écrite (épîtres ou premières narrations hypothétiques). La survivance de cette première phase après la rédaction des évangiles est attestée par les écrits des premiers Pères de l'Eglise[42]. Au cours de la phase synoptique proprement dite, les évangiles synoptiques sont mis par écrit et il est aussi admis que cette rédaction a son histoire. Ainsi L. Cerfaux écrit-il dans une étude sur les unités littéraires antérieures aux trois premiers évangiles : "Notre enquête, si schématique qu'elle soit, est en droit d'affirmer que l'évangile de Marc n'a pas été écrit d'un seul jet"[43]. Cette affirmation est généralisée par P. Benoit : "La rédaction des évangiles, si courts qu'ils soient, s'est faite par étapes successives"[44]. On assiste ainsi à un déplacement du centre d'intérêt de la critique des synoptiques de l'histoire de leur formation vers l'histoire de leur rédaction[45]. Mais que cette rédaction s'étende sur un temps plus ou moins long, qu'elle soit individuelle ou collective, il n'en demeure pas moins que les textes actuels sont le produit d'une activité rédactionnelle qui reste dotée d'une certaine unité et où demeurent sensibles des préoccupations d'auteurs : "Même si le travail des évangélistes fut surtout un travail rédactionnel, c'est-à-dire même s'ils ont respecté souvent, jusque dans la forme, les matériaux présynoptiques, il fut en même temps un travail d'auteurs, qui ont su imprimer à chacune de leurs oeuvres un caractère propre, tant au point de vue de la langue et du style, qu'au point de vue des tendances et des préoccupations : c'est là un fait littéraire d'importance capitale"[46]. Dans ces perspectives de la critique contemporaine des synoptiques, quel serait le point d'intervention d'une analyse ordinale qui viendrait compléter l'arsenal des méthodes de la critique littéraire en même temps qu'elle lui fournirait de nouveaux thèmes de recherches ? Documents soumis aux vicissitudes d'une transmission et d'une élaboration humaines, pour autant que l'on admette la fidélité de leurs rédacteurs aux témoignages par eux recueillis, cette fidélité s'exprime au niveau de l'ordre de mention des passages figurant dans ces documents. A ce niveau, l'analyse ordinale suggère, en fonction de critères précis, des regroupements d'épisodes ou de thèmes et délimite ainsi des collections diversement agencées en chacun des synoptiques. Cette classification qui regroupe ce que l'on n'avait pas l'habitude de réunir et dissocie

---

41. Voir les travaux évocateurs de M. Jousse ou l'article de J. W. Doëve sur le rôle de la tradition orale, dans *La Formation des évangiles*, p. 70-83.
42. Devréesse, *D.B.S.*, t. I, col. 1084-1233, article "Chaînes exégétiques grecques".
43. L. Cerfaux, dans *La Formation des évangiles*, p. 32.
44. P. Benoit, dans *Revue Biblique*, t. LXVII, p. 98.
45. X. Léon-Dufour, *Les Evangiles synoptiques*, p. 320, note 3.
46. J. Heuschen, *La Formation des évangiles*, p. 13.

d'anciens regroupements constitue, sur le plan heuristique au moins, un complément aux méthodes usuelles, mais *ipso facto,* cette classification soulève de nouveaux problèmes. Les regroupements sont effectués à un niveau macroscopique qui néglige maints détails; de ce fait les collections ainsi constituées ne sont pas directement assimilables à des documents présynoptiques. Elles n'en relèvent que les articulations principales et n'en dessinent qu'une trame ou un canevas qui demande à être, complété et vraisemblablement d'une manière différente pour chacun des rédacteurs. En effet, supposer que Luc et Matthieu ont eu recours à un même conglomérat n'implique aucunement qu'il leur soit parvenu dans les mêmes termes, mais simplement que leur documentation était, selon la formule de X. Léon-Dufour, substantiellement mais non pas strictement identique[47]. L'analyse ordinale peut sans doute contribuer à la détection de cette identité substantielle, elle ne doit pas, évidemment s'engager, dans la voie d'une reconstitution complète.

"Analyse ordinale des évangiles synoptiques", les promesses de ce titre sont-elles remplies, même avec les réserves et les limitations qui viennent d'être rappelées ? En fait, le lecteur n'aura pas manqué de remarquer que bien des points restent dans l'ombre, que seules sont indiquées les lignes directives d'une analyse des concordances d'ordre, que seuls sont fournis des exemples encore partiels sur la conduite de ces analyses. "Prolégomènes à une analyse ordinale" aurait sans doute été un titre plus exact pour un ouvrage qui n'est qu'une incitation longuement motivée à entreprendre l'étude systématique des relations d'ordre.

---

47. X. Léon-Dufour, dans *Recherches de science religieuse,* t. XLII, 1954, p. 583.

Annexe A

LES DOCUMENTS SYNOPTIQUES

La présente recherche s'appuie sur une segmentation et un mode de désignation des unités de l'Evangile qui diffèrent profondément de ceux rencontrés dans les synopses contemporaines. Il se révèle donc nécessaire d'exposer aussi cette "facette ordinale" qui résulte de l'adaptation des matériaux synoptiques au modèle destiné à les interpréter. Un jeu de fiches mobiles en serait, certes, la présentation la plus commode et la plus maniable pour la vérification de chacune des étapes des chapitres VIII et IX. Mais il n'est guère encore dans les habitudes de l'édition de publier des documents de cette nature. Aussi, et pour y suppléer dans la mesure du possible, les documents synoptiques ont été subdivisés en une liste générale des concordances et en deux index destinés à l'identification des blocs de Luc et de Matthieu. Encore qu'il eut parfois été judicieux de modifier la segmentation en versets, ce mode universel de repérage a néanmoins été retenu pour la délimitation des blocs, quitte à mentionner une subdivision de certains versets par des lettres placés en indices. Table générale des concordances et les index complétés par un répertoire des doublets devraient permettre aussi bien d'identifier avec précision les blocs et leurs regroupements mentionnés dans les deux derniers chapitres, que faciliter la lecture des graphiques de concordances publiés hors texte.

1. PRESENTATION GENERALE

1.1. Répertoire des documents

L'analyse des relations d'ordre entre les synoptiques requiert l'élaboration de deux types de documents construits à partir des concordances entre les trois rédactions. Tout d'abord le relevé systématique de ces concordances elles-même exprimées en termes des unités ordinales définies au cours du chapitre V. Ces relevés feront l'objet de trois *listes de concordances*. Il convient, ensuite, de construire, à partir de ces listes les *représentations graphiques* de ces concordances afin de déceler les caractéristiques principales des séquences, des inversions et des répétitions. Pour des raisons diverses, il a été choisi de se limiter à la publication de quatre graphiques.

1.1.1. Les listes de concordances

Ces relevés, pour lesquelles la segmentation de l'évangile est effectuée en termes de blocs, eux-mêmes désignés par un numéro compris entre 1 et 430, sont regroupés sous trois rubriques :

1° *Organisation et numérotation des concordances*

Après la segmentation en passages selon les critères définis au chapitre V, section 1, ces passages ont été regroupés en blocs selon les règles édictées à la section 2 et leur organisation en vue de leur désignation a ensuite été effectuée en fonction des principes et des instructions énoncés au chapitre VI. Cette première liste intitulée "Organisation des concordances", présente à la totalité des passages retenus pour cette étude, ré-ordonnés et désignés en fonction de l'ordre selon Marc, choisi comme trame dominante, et de l'ordre selon Luc, choisi comme trame secondaire. Les blocs figurant dans cette première liste sont repérés par le premier et le dernier de leurs versets. Du fait du choix de Marc comme trame principale, les blocs de cet évangile figurent dans leur ordre d'apparition au sein de cette rédaction, mais d'une manière discontinue puisque sont intercalés les blocs non-concordants de Luc et de Matthieu. Néanmoins, il est relativement aisé de retrouver sur cette liste n'importe quel fragment de l'évangile de Marc délimité en termes de chapitres et versets.

2° *Index pour Luc et pour Matthieu*

A l'inverse de Marc, les blocs de Luc et de Matthieu apparaissent selon un ordre uniquement fonction de leurs concordances et des règles de réorganisation. Le repérage direct de tel ou tel fragment de ces évangiles est donc pratiquement impossible sur cette première liste. De ce fait, il était indispensable de construire deux documents annexes permettant ce repérage. L'un et l'autre comprennent les blocs de Luc et de Matthieu selon leur ordre au sein de ces rédactions, ces blocs étant toujours délimités par chapitre et versets, avec l'indication de leur numéro ainsi que le rappel de leurs concordances avec les autres rédactions.

3° *Répertoire des doublets*

Dans la délimitation des séquences et le choix de telle solution de préférence à telle autre, les doublets jouent un rôle théorique prédominant. Il importait donc d'indiquer brièvement au lecteur quels et quels fragments de l'évangile avaient été considérés comme des répétitions. En raison de l'absence d'un accord général entre les diverses synopses consultées, ces listes des répétitions n'ont pas été dressées sans difficultés. Il fut souvent indispensable de procéder à des choix dont l'arbitraire ne manquera parfois pas d'être contesté. Mais justement, cette contestation est souhaitable et ces deux répertoires n'ont d'autre but que de la faciliter puisqu'ils ne font que reprendre des indications déjà portées sur les deux listes précédentes.

1.1.2. Les représentations graphiques

En raison de leur surface qui ne permettaient guère leur incorporation au présent volume, les représentations graphiques sont présentées sous reliure indépendante. Les graphiques publiés sont ici au nombre de quatre dont trois graphiques linéaires et un seul graphique cartésien.

1° *Graphiques linéaires*

Graphique n° 1: Concordances synoptiques : double et triple recension

Ce premier graphique est destiné à donner une vue d'ensemble des inversions pour les trois synoptiques simultanément et pour l'ensemble des fragments que deux ou trois d'entre eux ont en commun. De lecture relativement aisée entre Matthieu et Marc ou entre Marc et Luc, il est, par contre, difficile de déchiffrer directement l'imbroglio des inversions existant entre Luc et

Matthieu. Aussi une "traduction" en a-t-elle donnée sous forme de graphique cartésien (graphique n° 4).

Graphique n° 2: Concordances synoptiques : triple recension

Ce deuxième graphique est une simplification du précédent, dont il ne retient que les seules concordances entre Marc-Matthieu-Luc. Principalement construit en fonction des perspectives du chapitre VII, ce graphique permet notamment de faire apparaître les inversions que Luc et Matthieu ont en commun contre l'ordonnance de Marc.

Graphique n° 3: Concordances synoptiques : le récit de la Passion.

Bien que cette partie de l'Evangile soit exclue de la présente étude, il a néanmoins été jugé utile d'en présenter les concordances principalement dans le but de faire apparaître graphiquement que, pour ces trois derniers chapitres de chaque recension, les relations d'ordre sont d'un type notablement différent de celles des chapitres précédents.

N.B. Pour faciliter le repérage d'un fragment d'un évangile, le verset a été choisi comme unité de base de façon à ce que les blocs puissent être identifiés par le seul recours à une règle graduée. Pour les deux premiers graphiques, à chaque verset a été attribué un millimètre, pour le troisième la faible longueur de ces textes a permis un changement d'échelle et à chaque verset il a été possible d'attribuer quatre millimètres.

2° *Graphique cartésien*

Graphique n° 4: Concordances synoptiques : Luc-Matthieu

Un graphique cartésien est une simple traduction d'un graphique linéaire qui a pour avantage de mieux faire apparaître les séquences d'unités prises dans le même ordre, mais ce mode de présentation a pour inconvénient d'être limité à seulement deux textes. Trois graphiques auraient donc été nécessaires pour traduire en coordonnées cartésiennes les indications du graphique n° 1. Des contraintes externes ont obligé de se restreindre à la publication d'un seul de ces graphiques. Dans ces conditions, il était évidemment nécessaire de choisir le graphique exprimant les relations entre Luc et Matthieu.
Ce graphique comprend les indications suivantes : en abcisse est reporté l'évangile de Luc et en ordonnée celui de Matthieu avec indication du numéro

du chapitre et attribution d'un millimètre à chaque verset. Tout verset commun à Luc est Matthieu est représenté par un carré d'un millimètre de côté situé à l'intersection de ses deux coordonnées. Pour faciliter le repérage par une règle graduée, de petits axes de coordonnées sont tracés pour chacun des couples de chapitres qui comporte un verset concordant. En outre, pour aider à l'identification de ces fragments, une mention sommaire de leur contenu leur est associée. Enfin, sont aussi reportés les doublets et la localisation de leurs deux mentions qui est indiquée par des traits pleins ou en pointillé au long desquels est indiqué le thème du doublet.

Ce dernier graphique condense, en fait, tous les phénomènes d'ordre relevés entre les rédactions de Luc et de Matthieu. Toutefois, par lui-même, il ne fait que les décrire. Pour en extraire une interprétation cohérente et qui tienne compte de leur multiplicité, il est indispensable de reprendre l'exemple du chapitre IX qui, dans sa deuxième partie, (paragraphe .22), fournit un mode d'utilisation de ce type de représentation.

1.1.3. Textes étudiés

Il suffit de rappeler brièvement ici que, dès l'introduction, les limites de cette recherche avaient été précisées. Les textes étudiés ne concernent qu'un fragment de l'évangile. En ont été notamment exclus les récits de l'enfance (chapitre 1 et 2 de Matthieu et de Luc) et le récit de la passion (les trois derniers chapitres de chaque rédaction). Les raisons de ce choix sont à peu près évidentes pour les récits de l'enfance qui ne comportent guère de points communs. Pour le récit de la Passion qui, tout au contraire, en comporte de nombreux, la justification de cette exclusion repose sur les particularités des concordances d'ordre. Celles-ci diffèrent très notablement de celles des passages retenus et le graphique n° 3 a été construit dans le but de faire apparaître ces différences. Il en résulte que tous les documents, à l'exception de ce graphique, ne concernent que, pour Marc, les chapitre 1 à 13 compris, pour Luc, les chapitres 3 à 21 compris et pour Matthieu, les chapitres 3 à 25.

1.2. Travaux antérieurs utilisés

1.2.1. Phase préliminaire

Ainsi qu'il a été indiqué à maintes reprises, cette recherche fut à l'origine suscitée par le volumineux travail de Mgr de Solages, publié en 1958 sous le titre *Synopse grecque des évangiles – Nouvelle méthode pour résoudre le problème synoptique*. Les premières analyses, encore tâtonnantes, des relations d'ordre entre les synoptiques furent donc effectués à partir des relevés de cette synopse et en retenant le découpage qu'elle proposait. Les résultats obtenus à cette occasion, et qui déjà contestaient une hypothèse de filiation simple, encouragèrent à une étude plus systématique appuyée sur une documentation plus large.

1.2.2. Synopses et concordance

Cette recherche, tout au moins dans les perspectives qui étaient les siennes et qui le sont encore actuellement, n'imposait aucunement une nouvelle définition des parallélismes entre les synoptiques. Il suffisait d'avoir recours aux travaux déjà publiés pourvu qu'ils aient été établis avec suffisamment de précision pour servir de point de départ à la constitution de nouvelles unités d'analyse. Lors du début de cette nouvelle phase, venait de paraître une synopse en français, la première depuis celle de Lagrange et Lavergne, publiée par le père Lucien Deiss et dont la traduction était alors considérée comme suivant de près les nuances du texte grec. Ce fut ainsi cette publication qui fut choisie pour l'élaboration du découpage synoptique. Certaines de ses indications demandaient néanmoins à être complétées ou précisées. Pour ce travail fut utilisé le remarquable instrument d'analyse des relations entre les synoptiques que constitue la *Concordance des évangiles synoptiques,* publiée par le père Léon-Dufour en 1956 chez Desclée. Par suite, vint à paraître vers la fin de l'année 1965, une nouvelle synopse française, élaborée sous les auspices de l'Ecole biblique de Jérusalem et publiée sous la signature des RR.PP. Benoit et Boismard. Certaines des indications de cette synopse, et notamment celles relatives aux répétitions, servirent à compléter les relevés déjà effectués à partir des deux documents précédents.

Telles furent donc les trois sources documentaires utilisées et parmi lesquelles la synopse de Deiss, malgré de nombreuses corrections, joua le rôle le plus important. Quoique nos propres listes de concordances et notre segmentation aient été élaborées dans une perspective bien différente des présentations synoptiques traditionnelles, il n'en demeure pas moins qu'elles restent dépendantes des travaux qu'elles ont utilisés. En effet, et en dépit de l'objectivité manifestement reconnue à leurs auteurs, les parallélismes entre les synoptiques reposent parfois sur des choix personnels que rend nécessaires la complexité des relations sémantiques entre les textes évangéliques, nous en avons donné quelques exemples au chapitre IV. Aussi, la référence à d'autres travaux nous aurait-elle sans doute conduit à un découpage et à un regroupement quelque peu différent de celui auquel nous avons en définitive abouti. Il est néanmoins vraisemblable que ces différences ne porteraient que sur des points de détails qui n'affecteraient pas la validité globale de la segmentation.

2. ORGANISATION DES CONCORDANCES

L'organisation et la désignation des concordances sont réparties sur cinq colonnes de la manière suivante :

1ère colonne : "Rang Marc" : rang du bloc dans la rédaction de Marc.

2e, 3e et 4e colonnes : "Marc, Luc, Matthieu" : limites des blocs en chacune des rédactions par les deux versets extrêmes ou indication du verset ou du fragment de verset constitutif du bloc.

5e colonne : "N° bloc" : numéro de désignation du bloc.

Par ailleurs

Les blocs n'excédant pas deux versets sont mentionnés sur une seule ligne, sauf en cas de doublet. Les blocs plus importants sont répartis sur deux (pour trois à cinq versets), ou trois lignes (pour plus de cinq versets).

A tout verset comportant un doublet est attribué une ligne, quelle que soit l'importance du bloc. Le doublet est indiqué par le signe = ou par le signe ≅ dans certains cas contestés.

Les blocs de recension unique sont compris entre deux crochets ou entre deux accolades. Les blocs de recension double ou triple répartis sur deux lignes au moins comportent une accolade à gauche.

Les subdivisions des versets sont indiquées par des lettres placées en indices supérieurs.

Soit, à titre d'exemple, les quatre blocs qui découpent la péricope "Les vendeurs du temple". A ces blocs ont été assignés les numéros : 386, 387, 388 et 389 et les trois premiers, qui figurent en Marc, occupent sur cette rédaction les 172°, 173° et 174° rangs :

Rang Marc	Marc	Luc	Matthieu	N° Bloc
172	11 {15, 17}	19 {45, 46}	21 {12, 13}	386
173	18 = 12 12	47-48 = {6 11, 20 19, 21 37}		387
174	<19-20>			388
			<14-16>	389

Pour le premier bloc, les trois versets 11 15-17 de Marc se retrouvent en Luc et Matthieu. Le second bloc concerne un seul verset de Marc n'ayant de parallèle qu'en Luc et en l'un comme en l'autre il est l'objet d'un doublet sur le thème "Comment le faire périr ?". Le troisième bloc comprend deux versets qui ne se sont mentionnés que par Marc en lequel ils constituent une transition avec l'épisode du figuier desséché. Le dernier bloc est propre à Matthieu qui termine l'expulsion par des guérisons d'infirmes.

ORGANISATION DES CONCORDANCES

Rang Marc	Marc	Luc	Matthieu	Nº Bloc
1	1<1>	.	.	1
	.	3<1-2>	.	2
2	2	7 27	11 10	3
3	3	3 4	3 3	4
4	$\{\begin{array}{l}4\\ \\ \end{array}$	$\{\begin{array}{l}3\\.\end{array}$	$\{\begin{array}{l}1\\2 = 4_{17}\end{array}$	5
5	5	.	5-6	6
6	6	.	4	7
	.	<5-6>	.	8
	.	$\{\begin{array}{l}7\\9\end{array}$	$\{\begin{array}{l}7 = 23_{33}\\10 = 7_{19}\end{array}$	9
	.	$\{\begin{array}{l}10\\15\end{array}\}$	.	10
7	7-8	16	11	11
	.	17	12	12
8	<9a>	.	.	13
	.	<18>	.	14
	.	.	<13-15>	15
9	$\{\begin{array}{l}9^b\\11 = 9_7\end{array}$	$\{\begin{array}{l}21^b\\22 = 9_{35}\end{array}$	$\{\begin{array}{l}16\\17 = 17_5\end{array}$	16
	.	$\{\begin{array}{l}23\\38\end{array}\}$	.	17
10	12-13a	4 1-2a	4 1-2a	18
	.	2b-4	2b-4	19
	.	$\{\begin{array}{l}5\\8\end{array}$	$\{\begin{array}{l}8\\10\end{array}$	20
	.	$\{\begin{array}{l}9\\12\end{array}$	$\{\begin{array}{l}5\\7\end{array}$	21
	.	<13a>	.	22
	.	13b	11a	23
11	13b	.	11b	24
12	14a	14a	12	25
	.	.	$\{\begin{array}{l}13\\16\end{array}\}$	26
13	14b-15a	.	17 = 32	27

328 *Annexe A*

Rang Marc	Marc	Luc	Matthieu	N° Bloc
14	1<15^b-16>	.	.	28
	.	4 $\begin{cases} 14^b \\ 15 \end{cases} = 437 \\ = 444$	.	29
	.		4<18>	30
15	17-18	5 10^{b}11	19-20	31
16	19-20	.	21-22	32
17	21	4 31	.	33
18	22	32	7 28-29	34
19	$\begin{cases} 23 \\ 28 \end{cases}$	$\begin{cases} 33 \\ 37 = 414^b \end{cases}$	.	35
20	$\begin{cases} 29 \\ 32 \end{cases}$	$\begin{cases} 38 \\ 40 \end{cases}$	8 $\begin{cases} 14 \\ 16 = 423^b \end{cases}$	36
21	$\begin{cases} 33 \\ 34 \end{cases} = 312$	.	.	37
	.	.	<17>	38
22	$\begin{cases} 35 \\ 38 \end{cases}$	$\begin{cases} 42 \\ 43 \end{cases}$	.	39
23	39^a	44 = 415	4 23^a = 935	40
	.	5 $\begin{cases} 1 \\ 10^a \end{cases}$	.	41
	.	<12^a>	.	42
	.	.	$\begin{cases} 23^b = \begin{cases} 816 \\ 1435 \end{cases} \\ 25 = \begin{cases} 1215 \\ 1414 \\ 19\ 2 \end{cases} \end{cases}$	43
	.	.	8 <1>	44
24	$\begin{cases} 40 \\ 44 \end{cases}$	5 $\begin{cases} 12^b \\ 14 \end{cases}$	$\begin{cases} 2 \\ 4 \end{cases}$	45
25	45	15-16	.	46
26	2<1-2>	.	.	47
	.	<17>	.	48

Les documents synoptiques

Rang Marc	Marc	Luc	Matthieu	N° Bloc
	.	.	9 <1>	49
27	2 {3 / 22}	5 {18 / 30 = 15₂ / 38}	2 {2 / 13ᵃ = 12₇ / 17}	50
		<39>	.	51
28	{23 / 26}	6 {1 / 4}	12 {1 / 4}	52
29	27	.	.	53
	.	.	{5 / 7} = 9₁₃	54
30	28	5	8	55
31	3 {1 / 2}	{6 = 14₁ / 7 = 13₁₄}	{9 / 10}	56
32	{3 / 5ᵃ}	{8 / 9 = 14₃ / 10ᵃ}	.	57
	.	.	12	58
33	{5ᵇ-6}	{10ᵇ / 11 = {19₄₇ / 20₁₉}}	{13-14 = 21₄₆}	59
34	{7 / 10}	{17 / 19}	.	60
35	11	4 41ᵇ	.	61
	.	.	15 = 42₅	62
36	12 = 9₃₄	41ᵃ	16	63
37	13	6 12	.	64
38	14	.	.	65
	.	.	12 {17 / 21}	66
39	15	9 1	.	67
40	{16 / 19}	6 {13ᵇ / 16}	10 {2 / 4}	69
	.	.	5-6	70

Annexe A

Rang Marc	Marc	Luc	Matthieu	N° Bloc
		Petite incise: Luc	$6^{20}\text{-}8^3$	
			5 <1>	71
		6 20	5 2-3	72
	.		<4>	73
	.	21	5-6	74
	.		$\left\{{7 \atop 10}\right\}$	75
	.	22-23	11-12	76
	.	$\left\{{24 \atop 26}\right\}$	.	77
	.	.	<14>	78
	.	.	<16-17>	79
	.	.	<19-24>	80
	.	.	$\left\{\begin{matrix}27\\29\\30\\32\\39a\end{matrix}\right\} \begin{matrix}=18^9\\=18^8\\=19^9\end{matrix}$	81
	.	.	<43>	82
	.	27-28	44	83
	.	.	<45>	84
	.	29-30	39^b-42	85
	.	31	7 12	86
	.	$\left\{{32 \atop 36}\right\}$	$5\left\{{46 \atop 48}\right\}$	87
	.	.	$6\left\{{1 \atop .\atop 8}\right\}$	88
	.	$37\text{-}38^a$	7 $1\text{-}2^a$	89
	.	39	15 14	90
	.	40	10 24-25	91
	.	$\left\{{41 \atop 42}\right\}$	$7\left\{{3 \atop 5}\right\}$	92
	.	.	<6>	93
	.	.	<15>	94
	.	43	$18 = 12^{33a}$	95

Les documents synoptiques   331

Rang Marc	Marc	Luc	Matthieu	N° Bloc
	.	44	16 = 12 33[b]	96
	.	.	<17>	97
	.	.	$\begin{Bmatrix}19\\20\end{Bmatrix}$= 3 10	98
	.	.		
	.	6 45	12 35-34	99
	.	46 ≟ 8 21	7 21 = 12 50	100
	.	$\begin{Bmatrix}47\\49\end{Bmatrix}$	$\begin{Bmatrix}24\\27\end{Bmatrix}$	101
	.			
	.	7 $\begin{Bmatrix}1\\2\end{Bmatrix}$	8 $\begin{Bmatrix}5\\7\end{Bmatrix}$	102
	.	$\begin{Bmatrix}3\\6a\end{Bmatrix}$	.	103
	.	$\begin{Bmatrix}6b\\9\end{Bmatrix}$	$\begin{Bmatrix}8\\10\end{Bmatrix}$	104
	.	10	13	105
	.	$\begin{Bmatrix}11\\ \vdots\\17\end{Bmatrix}$	. .	106
	.		11 .	
	.	.	<1>	107
	.	7 $\begin{Bmatrix}18\\26\end{Bmatrix}$	$\begin{Bmatrix}2\\9\end{Bmatrix}$	108
	.	28	11	109
	.	<29-30>	.	110
40	.	.	$\begin{Bmatrix}14\\15\end{Bmatrix} \simeq 17^{12} = \begin{Bmatrix}13^9\\13^{43}\end{Bmatrix}$	111
	.			
	.	$\begin{Bmatrix}31\\ \vdots\\35\end{Bmatrix}$	$\begin{Bmatrix}16\\ \vdots\\19\end{Bmatrix}$	112
	.	$\begin{Bmatrix}36\\50\\8\begin{Bmatrix}1\\3\end{Bmatrix}\end{Bmatrix}$	. . .	113
	.	*Fin "Petite incise"*	<20>	114

332 Annexe A

Rang Marc	Marc	Luc	Matthieu	N° Bloc
41	3<20-21>			115
		11 $\{$ 14	12 $\{$ 22 = 9 32	116
		.	23 = 9 33	
42	$\begin{cases} 22 \\ \| \\ 27 \end{cases}$	$\begin{cases} 15 \\ \| \\ 22 \end{cases}$	$\begin{cases} 24 = 9 34 \\ \| \\ 29 \end{cases}$	117
		23 = 9 50	30	118
43	28	.	31a	119
44	29	12 10	31b-32	120
45	<30>	.	.	121
	.	.	<33> = 7 18	122
	.	.	<36-37>	123
46	$\begin{cases} 31 \\ \\ 35 \end{cases}$	8 $\begin{cases} 19 \\ \\ 21^c \cong 6 46 \end{cases}$	$\begin{cases} 46 \\ \\ 50^a = 7 21 \end{cases}$	124
47	$\begin{cases} 36 \\ \\ 4 \{ 1^a \end{cases}$	.	13 $\begin{cases} 50^b \\ \\ 1 \end{cases}$	125
48	$\begin{cases} 1^b \\ 9 \\ 11^a \end{cases} = \begin{cases} 4 23 \\ \\ 7 16 \end{cases}$	$\begin{cases} 4 \\ 8^b = 14 35^c \\ 10^a \end{cases}$	$\begin{cases} 2 \\ 9 \\ 11 \end{cases} = \begin{cases} 11 15 \\ \\ 13 43 \end{cases}$	126
48	11b-12a	10b	13	127
50	<12b>	.	.	128
	.	.	<14-15>	129
51	$\begin{cases} 13 \\ \| \\ 20 \end{cases}$	$\begin{cases} 11 \\ \| \\ 15 \end{cases}$	$\begin{cases} 18 \\ \| \\ 23 \end{cases}$	130
52	21	16 = 11 33	5 15	131
53	22	17 = 1 22	10 26	133
54	<23> = $\begin{cases} 4 \ 9 \\ \\ 7 16 \end{cases}$	.	.	134
55	24a	18a	.	135
56	24b	6 38b	7 2b	136
57	25	8 18b = 19 26	13 12 = 25 29	137

Les documents synoptiques 333

Rang Marc	Marc	Luc	Matthieu	Nº Bloc
58	4 {26 ... 29}	.	.	138
	.	.	13 {24 ... 30}	139
59	{30, 32}	13 {18, 19}	{31, 32}	140
60	33-34	.	34	141
	.	.	{35 ... 43 ... 53} {11 15 ... 13 9}	142
61	35	8 22	8 18	143
62	{36 ... 41 ... 5 1-2}	{23 ... 27a}	{23 ... 28}	144
63	3	27b	.	145
64	4	29b	.	146
65	5	28a	.	147
66	<6>	.	.	148
67	7	28b	8 29	149
68	8	29a	.	150
69	9-10	30-31	.	151
70	{11 ... 17}	{32 ... 37}	{30 ... 34}	152
71	{18 ... 21}	{38 ... 40}	.	153
72	{22, 27}	{41, 44a}	9 {18, 20}	154
73	28	.	21	155
74	{29 ... 33}	{44b ... 47}	.	156

334 *Annexe A*

Rang Marc	Marc	Luc	Matthieu	N° Bloc
75	**5** 34	**8** 48	**9** 22	157
76	$\begin{cases}35\\37\end{cases}$	$\begin{cases}49\\51\end{cases}$	.	158
77	$\begin{cases}38\\\mid\\43\end{cases}$	$\begin{cases}52\\\mid\\56\end{cases}$	$\begin{cases}23\\\mid\\26\end{cases}$	159
	.	.	$\begin{cases}27\\\mid\\30\\32\\\mid\\34\end{cases} \begin{matrix}=20\begin{cases}29\\\mid\\34\end{cases}\\=12\begin{cases}22\\\mid\\24\end{cases}\end{matrix}$	160
78	**6** 1-2a	**4** 16a	**13** 54a	161
	.	$\begin{cases}16^b\\\mid\\22^a\end{cases}$	.	162
79	$\begin{cases}2^b\\4\end{cases}$	$\begin{cases}22^b\\24\end{cases}$	$\begin{cases}54^b\\57\end{cases}$	163
80	5-6a	.	58	164
81	6b	.	**9** 35 = 4 23	165
82	7 = 3 14	.	**10** 1	166
	.	$\begin{cases}25\\\mid\\30\end{cases}$	.	167
	.	**9** <2>	.	168
	.	.	<8>	169
83	8	3 = **10** 4a	9	170
84	9	.	10a	171
85	10	4 = **10** 5a	11	172
86	11	5 = **10** 10	14	173
87	12-13	6	.	174
88	14	7	**14** 1-2	175
89	15-16	8-9a	.	176
	.	**9** 9b	.	177
90	17-18	**3** 19-20	3-4	178

Les documents synoptiques 335

Rang Marc	Marc	Luc	Matthieu	N° Bloc
91	$6\begin{cases}19\\ \\29\end{cases}$	. . .	$14\begin{cases}5\\ \\12\end{cases}$	179
92	30a	9 10a	.	180
93	<30b-31>	.	.	181
94	32-33	10b-11a	13	182
95	34a	.	14a	183
96	34b	.	9 36	184
	.	11b	14 14b = 425	185
97	$\begin{cases}35\\37\end{cases}$	$\begin{cases}12\\13a\end{cases}$	$\begin{cases}15\\16\end{cases}$	186
98	$\begin{cases}38\\ \\44\end{cases} + 8\begin{cases}5\\ \\9\end{cases}$	$\begin{cases}13b\\ \\17\end{cases}$	$\begin{cases}17\\ \\21\end{cases} + 15\begin{cases}34\\38\end{cases}$	187
99	$\begin{cases}45\\ \\50\end{cases}$	. . .	$\begin{cases}22\\ \\27\end{cases}$	188
	. . .	. . .	$\begin{cases}28\\ \\31\end{cases}$	189
100	51	.	32	190
101	<52>	.	.	191
	.	.	<33>	192
102	$7\begin{cases}53\\ \\56\\1\end{cases}$	. . . .	$15\begin{cases}34\\ \\36\\1\end{cases} \cong 425$	193
103	$\begin{cases}2\\ \\5a\end{cases}$	. . .	. . .	194
				195
104	5b-6a	.	2-3a	—
105	6b-7	.	7-9	196
106	$\begin{cases}8\\ \\13\end{cases}$	. . .	$\begin{cases}3b\\ \\6\end{cases}$	197

336 *Annexe A*

Rang Marc	Marc	Luc	Matthieu	N° Bloc
107	7 14-15	.	15 10-11	198
108	$<16> = \begin{Bmatrix} 49 \\ 4_23 \end{Bmatrix}$	.	.	199
	.	.	<12-13>	200
109	$\begin{Bmatrix} 17 \\ \vert \\ 30 \end{Bmatrix}$	.	$\begin{Bmatrix} 15 \\ \vert \\ 28 \end{Bmatrix}$	201
110	$\begin{Bmatrix} 31 \\ \vert \\ 37 \end{Bmatrix}$	.	.	202
111	8 <1>	.	.	203
	.	.	<29-31>	204
112	$\begin{Bmatrix} 2 \\ \vert \\ 4 \end{Bmatrix}$	.	$\begin{Bmatrix} 32 \\ \vert \\ 33 \end{Bmatrix}$	205
113	$\begin{Bmatrix} 5 \\ \vert \\ 9 \end{Bmatrix} + 6 \begin{Bmatrix} 38 \\ 44 \end{Bmatrix}$	.	$\begin{Bmatrix} 34 \\ \vert \\ 38 \end{Bmatrix} + 14 \begin{Bmatrix} 17 \\ \vert \\ 21 \end{Bmatrix}$	206
114	$\begin{Bmatrix} 10 \\ 11 \end{Bmatrix}$	.	$16 \begin{Bmatrix} 39 \\ 1 \end{Bmatrix} = 12_38$	207
115	12-13	11_29	$4 = 12_39$	208
116	14	.	5	209
117	15	12 1^b	6	210
118	$\begin{Bmatrix} 16 \\ \vert \\ 20 \end{Bmatrix}$	.	$\begin{Bmatrix} 7 \\ \vert \\ 10 \end{Bmatrix}$	211
119	$\begin{Bmatrix} 21 \\ \vert \\ 26 \end{Bmatrix}$	.	.	212
	.	.	<11-12>	213
120	$\begin{Bmatrix} 27 \\ \vert \\ 38 \\ 9 \begin{Bmatrix} 1 \\ 7 = 1_{11} \\ 9 \end{Bmatrix} \end{Bmatrix}$	$9 \begin{Bmatrix} 18 \\ 23 = 14_{27} \\ 24 = 17_{33} \\ 26 = 1_{29} \\ 35 = 3_{22} \\ 36 \end{Bmatrix}$	$\begin{Bmatrix} 13 \\ 19 = 18_{18} \\ 24\text{-}25 = 10_{38\text{-}39} \\ 27 = 10_{33} \\ 17\;\; 5 = 3_{17} \\ 9 \end{Bmatrix}$	214

Rang Marc	Marc	Luc	Matthieu	N° Bloc
121	9 <10>	.	.	215
122	{ 11 / 13	.	17 { 10 / 12 = 11 14	216
	.	.	<13>	217
123	14a	9 37a	14a	218
124	14b	37b	.	219
125	<15-16>	.	.	220
126	{ 17 / / 19	{ 38 / / 41	{ 14b / / 17	221
127	20	42a	.	222
128	{ 21 / / 24	.	.	223
129	25a	42b	18a	224
130	<25b>	.	.	225
131	26a	.	18b	226
132	<26b>	.	.	227
133	27	42c	18c	228
134	28	.	19	229
	.	.	<20> = 21 21	230
135	29	.	21	231
	.	<43>	.	232
136	30-31	44	22-23	233
137	32	45	.	234
138	<33>	.	.	235
	.	.	<24-27>	236
139	34 = 3 12	46 = 22 24	18 1	237
140	35 = 10 43	48c = 22 26	23 11 = 20 26	238
141	36	47	18 2	239
	.	.	<4>	240
142	37a	48a	5	241
143	37b	48b ≅ 10 16	10 40	242
144	{ 38 / 40	{ 49 / 50 = 11 23	.	243
	.	.	<41>	244a

338 *Annexe A*

Rang Marc	Marc	Luc	Matthieu	N° Bloc
144	94 1		10 42	244b
		Grande incise: Luc 9 51-18 14		
		9 <51-56>	.	245
	.	$\begin{cases}57\\60a\end{cases}$	8 $\begin{cases}19\\22\end{cases}$	246
	.	10 $\begin{cases}60b\\62\\1\end{cases}$	.	247
	.	2	9 37-38	248
	.	3	10 16	249
	.	$\begin{cases}4\\5a\end{cases} = \begin{matrix}9 3\\9 4\end{matrix}$	.	250
	.	5b-6	12-13	251
	.	7	10b	252
	.	<8-9a>	.	253
	.	9b	7	254
	.	$\begin{cases}10\\11\end{cases} = 9\,5$	.	255
	.	12	15 = 11 24	256
	.	$\begin{cases}13\\15\end{cases}$	11 $\begin{cases}21\\23\end{cases}$	257
	.	$\begin{cases}16\\17\\20\end{cases} \cong 9\,48$	.	258
	.	.	<24> = 10 15	259
	.	$\begin{cases}21\\22\end{cases}$	$\begin{cases}25\\27\end{cases}$	260
	.	.	$\begin{cases}28\\30\end{cases}$	261
	.	23-24	13 16-17	262
	.	$\begin{cases}29\\\vert\\42\end{cases}$	.	263
	.	11 <1>	.	264

Rang Marc	Marc	Luc	Matthieu	N° Bloc
	·	11 $\{{2 \atop 4}$	6 $\{{9 \atop 13}$	265
	·	$\{{5 \atop 8}$	·	266
	·	·	$\{{16 \atop 18}\}$	267
	·	$\{{9 \atop \vert \atop 13}$	7 $\{{7 \atop \vert \atop 11}$	268
	·	$\{{24 \atop 26}$	12 $\{{43 \atop 45}$	269
	·	<27-28>	·	270
	·	·	<38> = 16₁	271
	·	$\{{30 \atop 32}$	$\{{39 = 16₄ \atop 42}$	272
	·	<33> = 81₆	·	273
	·	34-35	6 22-23	274
	·	$\{{36 \atop 39a}$	·	275
	·	39ᵇ-40	23 25-26	276
	·	<41>	·	277
	·	42	23	278
	·	<43> = 20₄6ᵇ	·	279
	·	·	<24>	280
	·	44	27	281
	·	<45-46ᵃ>	·	282
	·	·	<28>	283
	·	46ᵇ	4	284
	·	$\{{47 \atop \vert \atop 51}$	$\{{29 \atop 33 = 37 \atop 36}$	285
	·	52	13	286
	·	12 $\{{53 \atop 1a}\}$	·	287

340 *Annexe A*

Rang Marc	Marc	Luc	Matthieu	N° Bloc
	.	$12 \begin{cases} 2 = 8_{17} \\ 7 \cong 21_{18} \\ 9 = 9_{26} \end{cases}$	$10 \begin{cases} 27 \\ \vert \\ 33 \cong 16_{27} \end{cases}$	288
	.	$\begin{cases} 11 = 21_{14} \\ \vert \\ 12 = 21_{15} \end{cases}$	.	289
	.	$\begin{cases} 13 \\ \vert \\ 21 \end{cases}$	.	290
	.	$\begin{cases} 22 \\ \vert \\ 31 \end{cases}$	$6 \begin{cases} 25 \\ \vert \\ 33 \end{cases}$	291
	.	$<32>$	.	292
	.	.	$<34>$	293
	.	$\begin{cases} 33 = 18_{22} \\ 34 \end{cases}$	$\begin{cases} 19 \\ 21 \end{cases}$	294
	.	$\begin{cases} 35 \\ 38 \end{cases}$	.	295
	.	$\begin{cases} 39 \\ \vert \\ 46 \end{cases}$	$24 \begin{cases} 42 = 25_{13} \\ \vert \\ 51 \end{cases}$	296
	.	$\begin{cases} 47 \\ \vert \\ 50 \end{cases}$	.	297
	.	$\begin{cases} 51 \\ 53 \end{cases}$	$10 \begin{cases} 34 \\ 36 \end{cases}$	298
	.	$\begin{cases} 54 \\ 56 \end{cases}$	$16 \begin{cases} 2 \\ 3 \end{cases}$	299
	.	$<57>$	.	300
	.	58-59	5 25-26	301
	.	$13 \begin{cases} 1 \\ 14 \\ 15 \\ 17 \end{cases} \begin{matrix} \\ = 6_7 \\ = 14_5 \\ = 14_6 \end{matrix}$	.	302
	.	20-21	13 33	303
	.	$<22>$	.	304

Les documents synoptiques

Rang Marc	Marc	Luc	Matthieu	Nº Bloc
	.	**13** 23-24	**7** 13-14	305
	.	25	**25** 11-12	306
	.	26-27	**7** 22-23	307
	.	28-29	**8** 12-11	308
	.	$\begin{Bmatrix}31\\33\end{Bmatrix}$	.	309
	.	34-35	**23** 37-39	310
	.	**14** $\begin{Bmatrix}1\\3\\4\end{Bmatrix}$ = **6**9	.	311
	.	5 = **13**15	**12** 11	312
	.	$\begin{Bmatrix}6\\11\\14\end{Bmatrix}$ = **13**15 / = **18**14	.	313
	.	$\begin{Bmatrix}15\\ \vert \\23\end{Bmatrix}$	**22** $\begin{Bmatrix}1\\ \vert \\10\end{Bmatrix}$	314
	.	<24-25>	.	315
	.	.	$\begin{Bmatrix}11\\14\end{Bmatrix}$	316
	.	$\begin{Bmatrix}26\\27\end{Bmatrix}$ = **9**23	**10** $\begin{Bmatrix}37\\38\end{Bmatrix}$ = **16**24	317a
	.	$\begin{Bmatrix}28\\ \vert \\33\end{Bmatrix}$	.	317b
	.	$\begin{Bmatrix}35^c\\ \vert \\ 2\end{Bmatrix}$ = **8**8b / **15** = **5**30	.	318
	.	3-7	**18**12-13	319
	.	.	<14>	320
	.	**16** $\begin{Bmatrix}8\\ \vert \\ {\scriptstyle 3}2\\1\\ \vert \\ 12\end{Bmatrix}$	.	321

342 *Annexe A*

Rang Marc	Marc	Luc	Matthieu	N° Bloc
.	.	**16**13	6 24	322
		<14-15>		323
.	.	16	**11**12-13	324
.	.	17 = **21**33	5 18 = **24**35	325
.	.	$\left\{\begin{array}{c}19\\|\\31\end{array}\right\}$	.	326
.	.	**17** 1	**18** 7	327
145	942	2	6	328
.	.	3	15	329
.	.	.	$\left\{\begin{array}{c}16\\18\\20\end{array}\right\}$ = **16**19	330
.	.	4	21-22	331
.	.	<5>	.	332
.	.	$\left\{\begin{array}{c}7\\|\\22\end{array}\right\}$	.	333
.	.	.	$\left\{\begin{array}{c}23\\|\\35\end{array}\right\}$	334
.	.	$\left\{\begin{array}{l}23 = \mathbf{21}8\\24\end{array}\right.$	**24** $\left\{\begin{array}{l}26\\27\end{array}\right.$	335
.	.	<25>	.	336
.	.	26-27	37-39	337
.	.	$\left\{\begin{array}{c}28\\31\\32\end{array}\right\}$ = **21**21	.	338
.	.	33 = **9**24	**10** 39 = **16**25	339
.	.	$\left\{\begin{array}{l}34\\36\end{array}\right.$	**24** $\left\{\begin{array}{l}40\\41\end{array}\right.$	340
.	.	37	28	341
.	.	**18** $\left\{\begin{array}{c}1\\|\\13\end{array}\right\}$	.	342
.	.	14 = **14**11	**23** 12	343
		Fin "Grande incise"		

Rang Marc	Marc	Luc	Matthieu	N° Bloc
146	9 43	.	18 8 = 5 30	344
147	<44-46>	.	.	345
148	47	.	9 = 5 29	346
149	<48-49>	.	.	347
	.	.	<10>	348
150	50	14 34-35ª	5 13ª	349
	.	35ᵇ	13ᵇ	350
151	10 {1 | 2}	.	19 {1 | 2 = 4 25 | 3}	351
152	<3>	.	.	352
	.	.	<4ª>	353
153	4-5	.	7-8ª	354
	.	.	<8ᵇ>	355
154	{6 | 9}	.	{4ᵇ | 6}	356
155	<10>	.	.	357
156	11	16 18	9 = 5 32	358
157	<12>	.	.	359
	.	.	19 <10-12>	360
158	13-14	18 15-16	13-14	361
159	15	17	18 3	362
160	16	.	19 15	363
161	{17 | 28}	{18 = 10 25 | 22 = 12 33 | 28}	{16 | 19 = 22 39 | 27}	364
162	29	29	29	365
163	30	30	.	366
164	31	13 30	30 = 20 16	367
	.	.	20 {1 | 16} = 19 30	368
165	{32 | 34}	18 {31 | 33}	{17 | 19}	369
166	{35 | 41}	.	{20 | 24}	370

344 *Annexe A*

Rang Marc	Marc	Luc	Matthieu	N° Bloc
	.	21<34>	.	371
	.	22<24> = 946	.	372
167	10 {42 / 44 = 935 / 45}	{25 / 26 = 948^c / 27}	20 {25 / 26 = 2311 / 28}	373
	.	28-30	19 28	374
168	{46 / │ / 52}	18 {35 / │ / 43}	20 {29-30^a = 927^a / 33 = 928 / 34 = 929-30}	375
	.	19 {1 / │ / 9}	.	376
	.	10	18 11	377
	.	<11^a>	.	378
	.	{11^b / │ / 26 = 818 / 27}	25 {14 / │ / 29 = 1312 / 30}	379
	.	<28>	.	380
169	11 {1 / │ / 10}	{29 / │ / 38}	21 {1 / │ / 9}	381
170	11^a	.	10	382
	.	.	<11>	383
171	{11^b / │ / 14}	.	{17 / │ / 19}	384
	.	{39 / 41 / 44} = 215 / = 216	.	385
172	{15 / │ / 17}	{45 / │ / 46}	{12 / │ / 13}	386
173	18 = 1212	47-48 = {611 / 2019 / 2137}	.	387

Les documents synoptiques 345

Rang Marc	Marc	Luc	Matthieu	N° Bloc
174	11<19-20>	.	.	388
	.	.	22<14-16>	389
175	21	.	20	390
176	22-23	17 6	21 = 17 20	391
177	24	.	22	392
178	25-26	.	6 14-15	393
179	<27a>	.	.	394
180	{ 27b ... 33 }	20 { 1 ... 8 }	21 { 23 ... 27 }	395
	.	.	{ 28 ... 32 }	396
181	12 { 1 ... 12 } = 11 18	{ 9 ... 19 } = { 6 11 ... 19 47 }	{ 33 ... 46 } ≃ 12 14	397
	.	.	22<15>	398
182	{ 13 ... 27 }	{ 20 ... 38 }	{ 16 ... 32 }	399
	.	39	33	400
183	{ 28 ... 31 }	10 { 25 = 18 18 ... 28 }	{ 34 ... 39 = 19 19 ... 40 }	401
184	<32-34a>	.	.	402
185	34b	20 40	46	403
186	{ 35 ... 37a }	{ 41 ... 44 }	{ 41 ... 45 }	404
187	37b	45	23 1	405
188	38	46a	.	406
	.	.	<2-3>	407
	.	.	<5>	408
189	{ 39 ... 40 }	{ 46b = 11 43 ... 47 }	{ 6 ... 7 }	409
190	{ 41 ... 44 }	21 { 1 ... 4 }	.	410

346 *Annexe A*

Rang Marc	Marc	Luc	Matthieu	N° Bloc
	.	.	$23 \begin{Bmatrix} 8 \\ 10 \end{Bmatrix}$	411
	.	.	$\begin{Bmatrix} 14 \\ \vert \\ 22 \end{Bmatrix}$	412
191	$13 \begin{Bmatrix} 1 \\ 6 = 13_22 \\ \vert \\ 8 \end{Bmatrix}$	$21 \begin{Bmatrix} 5 = 19_41 \\ 6 = 19_44 \\ 8 \cong 17_23 \\ 11 \end{Bmatrix}$	$24 \begin{Bmatrix} 1 \\ 5 = 24_23 \\ \vert \\ 8 \end{Bmatrix}$	413
	.	.	$\begin{Bmatrix} 9^a = 10_{17}{}^a \\ 9^b = 10_{22}{}^a \\ 13 = 10_{22}{}^b \\ 14 \end{Bmatrix} \Updownarrow$	414
192	$\begin{Bmatrix} 9 \\ \vert \\ 13 \end{Bmatrix}$	$\begin{Bmatrix} 12 \\ 14 = 12_11 \\ \vert \\ 18 = 12_7 \\ 19 \end{Bmatrix}$	$10 \begin{Bmatrix} 17 = 24_9{}^a \\ \vert \\ 22^a = 24_9{}^b \\ 22^b = 24_13 \end{Bmatrix}$	415
193	14	20-21ᵃ	24 15-16	416
194	15	$21^b = 17_31$	17	417
195	$\begin{Bmatrix} 16 \\ 19^a \end{Bmatrix}$	$\begin{Bmatrix} 22 \\ 23 = 23_29 \end{Bmatrix}$	$\begin{Bmatrix} 18 \\ 21^a \end{Bmatrix}$	418
196	$\begin{Bmatrix} 19^b \\ 22 = 13_6 \\ 23 \end{Bmatrix}$	.	$\begin{Bmatrix} 21^b \\ 23 = 24_5 \\ 25 \end{Bmatrix}$	419
	.	<24>	.	420
197	$\begin{Bmatrix} 24 \\ \vert \\ 31 \end{Bmatrix}$	$\begin{Bmatrix} 25 \\ \vert \\ 33 = 16_17 \end{Bmatrix}$	$\begin{Bmatrix} 29 \\ \vert \\ 35 = 5_18 \end{Bmatrix}$	421
198	32	.	36	422
199	<33-34>	.	.	423
	.	.	$25 \begin{Bmatrix} 1 \\ \vert \\ 10 \end{Bmatrix}$	424
200	35	.	$13 = 24_42$	425
201	<36-37>	.	.	426

Rang Marc	Marc	Luc	Matthieu	N° Bloc
	. . .	$21\begin{Bmatrix}34\\37\\38\end{Bmatrix} = 1947^a$	.	427
	. . .	. . .	$25\begin{Bmatrix}31\\\\46\end{Bmatrix}$	428

3. INDEX PAR EVANGILE

Les index des évangiles de Luc et de Matthieu ont pour seule fonction de suppléer à l'absence de fiches mobiles. Ils doivent permettre, si besoin en est, de retrouver le numéro d'un bloc dont ne serait connue que la localisation par chapitre et versets. La segmentation est évidemment identique à celle de l'organisation des concordances, mais dans les index les blocs sont disposés selon l'ordre de la rédaction de Luc ou de celle de Matthieu. Ainsi, pour l'épisode de la *"Tentation de Jésus"* :

> *Or le diable lui dit : Si tu es le fils de Dieu, dis à cette pierre qu'elle devienne du pain.*
> *Et Jésus lui répondit : Il est écrit :*
> *L'homme ne vivra pas seulement de pain.*

Ce dialogue est localisé en Luc au chapitre 4, versets 3 et 4. L'index de cet évangile indique qu'il s'agit du 14e bloc de Luc et que l'organisation des concordances lui a assigné le numéro 19. L'index mentionne, en outre, que ce fragment ne figure pas en Marc, qu'il est commun à Luc et Matthieu et qu'il ne comporte pas de répétition.

3.1. Index de Luc

Les index sont constitués par sept colonnes dont la signification est la suivante :
1ère colonne : "Rang", mentionne le rang absolu du bloc dans la rédaction de Luc.
2e et 3e colonnes : "C" et "v", chapitre dans lequel figure le bloc et localisation par son premier et son dernier verset.
4e, 5e et 6e colonnes : "Luc, Marc, Matthieu", ces colonnes indiquent le numéro du bloc. S'il s'agit d'un fragment mentionné uniquement par Luc, ce numéro est porté dans la colonne "Luc". Si ce fragment est commun à Luc et à Marc, ou à Luc et Matthieu, ce numéro est porté dans la colonne "Marc" ou dans la colonne "Matthieu". Si ce fragment est de recension triple, le numéro du bloc est porté sur ces deux dernières colonnes. L'index permet donc de voir immédiatement si le fragment considéré comporte un parallélisme dans un autre évangile.
7e colonne : "Db", cette dernière colonne signale la présence d'une ou plusieurs répétitions relevant de ce bloc. La localisation de l'autre mention de la répétition est indiquée en termes de rang absolu. Exemple : Le 11e bloc de Luc, localisé en 321-22. Ce bloc s'est vu assigner le numéro 16, il est commun

aux trois évangiles et il comprend une répétition dont la deuxième mention se retrouve dans le bloc dont le rang absolu est 115. En suivant la numérotation continue de la première colonne "Rang", on retrouve sans difficulté ce 115e bloc, qui est localisé en 9 18-36 et qui porte le numéro 214. Il s'agit encore d'un bloc commun aux trois évangiles et qui, dans celui de Luc, comprend quatre répétitions respectivement situées aux 11e, 172e, 202e et 226e rangs absolus de Luc. En se reportant à l'organisation des concordances, il est aisé de retrouver quels sont les versets de ce bloc qui font l'objet de ces répétitions et quels sont les fragments de Marc et de Matthieu qui sont en concordance avec lui. En l'occurence, répétitions et concordances sont les suivantes :

Rang Marc	Marc	Luc	Matthieu	N° Bloc
	8 ⎧ 27	9 ⎧ 18	16 ⎧ 13	
	⎪		⎪ 23 = 14 27	⎪ 19 = 18 18	
	⎪ 38	⎪ 24 = 17 33	⎪ 24-25 = 10 38-39	
120	⎨	⎨	⎨ 27 = 10 33	214
	9 ⎪ 1	⎪ 26 = 1 29		
	⎪ 7 = 1 11	⎪ 35 = 3 22	17 ⎪ 5 = 3 17	
	⎩ 9	⎩ 36	⎩ 9	

Comme on le voit, il s'agit d'un bloc de 19 versets qui est généralement subdivisé en plusieurs péricopes : "Profession de foi de Pierre", "Première annonce de la Passion", "Le disciple", "La venue du royaume" et "La Transfiguration".

Les documents synoptiques 351

R.	C	v	Luc	Marc	Matt.	Db	R.	C	v	Luc	Marc	Matt.	Db
1	3	1-2	2				35		12^a	42			
2		3		5	5		36		12^b-14		45	45	
3		4		4	4		37		15-16	46			
4		5-6	8				38		17	48			
5		7-9			9		39		18-38		40	50	+206
6		10-15	10				40		39	51			
7		16		11	11		41	6	1-4		52	52	
8		17			12		42		5		55	55	
9		18	14				43		6-7		56	56	+{197, 186}
10		19-20		178	178		44		8-10^a		57		+197
11		21-22		16	16	+115	45		10^b-11		59	59	+{387, 397}
12		23-38	17				46		12	64			
13	4	1-2^a		18	18		47		13-16		69	69	
14		2^b-4			19		48		17-19	60			
15		5-8			20		49		20			72	
16		9-12			21		50		21			74	
17		13^a	22				51		22-23			76	
18		13^b			23		52		24-26	77			
19		14^a		25	25		53		27-28			83	
20		14^b-15	29			+{27, 32}	54		29-30			85	
21		16^a		161	161		55		31			86	
22		$16^b$$22^a$	162				56		32-36			87	
23		22^b-24		163	163		57		37-38^a			89	
24		25-30	167				58		38^b		136	136	
25		31		33			59		39			90	
26		32		34	34		60		40			91	
27		33-37		35		+20	61		41-42			92	
28		38-40		36	36		62		43			95	
29		41^a		63	63		63		44			96	
30		41^b		61			64		45			99	
31		42-43		39			65		46			100	+85
32		44		40	40	+20	66		47-49			101	
33	5	1-10^a	41				67	7	1-2			102	
34		10^b-11		31	31		68		3-6^a	103			

352 Annexe A

R.	C v	Luc	Marc	Matt.	Db	R.	C v	Luc	Marc	Matt.	Db
						104	9 4		172	172+136	
69	7 6b-9			104		105	5		173	173+141	
70	10			105		106	6		174		
71	11-17	106				107	7		175	175	
72	18-26			108		108	8-9a		176		
73	27		3	3		109	9b	177			
74	28			109		110	10a		180		
75	29-30	110				111	10b-11a		182	182	
76	31-35			112		112	11b			185	
77	36-50	113				113	12-13a		186	186	
77	8 1-3	113				114	13b-17		187	187	11 / 172
78	4-10a		126	126+206		115	18-36		214	214	202 / 226
79	10b		127	127		116	37a		218	218	
80	11-15		130	130		117	37b		219		
81	16		131	131+159		118	38-41		221	221	
82	17		133	133+172		119	42a		222		
83	18a		135			120	42b		224	224	
84	18b		137	137+242		121	42c			228	228
85	19-21		124	124+ 65		122	43	232			
86	22		143	143		123	44		233	233	
87	23-27a		144	144		124	45		234		
88	27b		145			125	46		237	237+266	
89	28a		147			126	47		239	239	
90	28b		149	149		127	48a		241	241	
91	29a		150			128	48b		242	242+144	
92	29b		146			129	48c		238	238+267	
93	30-31		151			130	49-50		243	+154	
94	32-37		151	152		131	51-56	245			
95	38-40		153			132	57-60a			246	
96	41-44a		154	154		133	60b-62	247			
97	44b-47		156			133	10 1	247			
98	48		157	157		134	2			248	
99	49-51		158			135	3			249	
100	52-56		159	159		136	4-5a	250		+{103/104}	
101	9 1		67			137	5b-6			251	
102	2	168				138	7			252	
103	3		170	170+136							

Les documents synoptiques

R.	C v	Luc	Marc	Matt.	Db	R.	C v	Luc	Marc	Matt.	Db
139	10 8-9a	253				170	12 1a	287			
140	9b			254		171	1b		210	210	⎧ 82
141	10-11	255			+105	172	2-9			288+	⎨115
142	12			256		173	10		120	120	⎩259
143	13-15			257		174	11-12	289			259
144	16-20	258			+128	175	13-21	290			
145	21-22			160		176	22-31			291	
146	23-24			262		177	32	292			
147	25-28		401	401	+233	178	33-34			294	+233
148	29-42	263				179	35-38	295			
						180	39-46			296	
148	11 1	263				181	47-50	297			
149	2-4			265		182	51-53			298	
150	5-8	266				183	54-56			299	
151	9-13			268		184	57	300			
152	14			116		185	58-59			301	
153	15-22		117	117							43
154	23			118	+130	186	13 1-17	302			+⎨198
155	24-26			269		187	18-19		140	140	⎩199
156	27-28	270				188	20-21			303	
157	29		208	208		189	22	304			
158	30-32			272		190	23-24			305	
159	33	273			+81	191	25			306	
160	34-35			274		192	26-27			307	
161	36-39a	275				193	28-29			308	
162a	39b-40			276		194	30		367	367	
162b	41	277				195	31-33	309			
163	42			278		196	34-35			310	
164	43	279			+256						
165	44			281		197	14 1-4	311			+43
166	45-46a	282				198	5			312	+186
167	46b			284		199	6-14	313			⎧186
168	47-51			285		200	15-23			314+	⎩230
169	52			286		201	24-25	315			
170	53	287				202	26-27			317a	+115

354 Annexe A

R.	C	v	Luc	Marc	Matt.	Db	R.	C	v	Luc	Marc	Matt.	Db
203	14	28-33	317b				234	18	29		365	365	
204		34-35a		349	349		235		30		366		
205		35b			350		236		31-33		369	369	
206		35c	318			+78	237		34	371			
							238		35-43		375	375	
206	15	1-2	318			+39							
207		3-7			319		239	19	1-9	376			
208		8-32	321				240		10			377	
							241		11a	378			
208	16	1-12	321				242		11b-27			379	−84
209		13			322		243		28	380			
210		14-15	323				244		29-38		381	381	
211		16			324		245		39-44	385			+258
212		17			325	+264	246		45-46		386	386	45
213		18		358	358		247		47-48			387	+{249
214		19-31	326										265
215	17	1			327		248	20	1-8		395	395	45
216		2		328	328		249		9-19		397	397+{247
217		3			329		250		20-38		399	399	265
218		4			331		251		39			400	
219		5	332				252		40		403	403	
220		6		391	391		253		41-44		404	404	
221		7-22	333				254		45		405	405	
222		23-24			335	−258	255		46a		406		
223		25	336				256		46b-47		409	409	+164
224		26-27			337								
225		28-32	338			+261	257	21	1-4		410		222
226		33			339	+115	258		5-11		413	413	+245
227		34-36			340		259		12-19		415	415	+172
228		37			341		260		20-21a		416	416	174
							261		21b		417	417	+225
229	18	1-13	342				262		22-23		418	418	+269
230		14			343	+199	263		24	420			
231		15-16		361	361		264		25-33		421	421	+212
232		17		362	362		265		34-38	427			+249
233		18-28		364	364+{147 178								

R.	C	v	Luc	Marc	Matt.	Db
266	21	24	372			+125
267		25-27		373	373	+129
268		28-30			374	
269	23	29	(418)	(418)	(418)	+262

3.2. Index pour Matthieu

L'index de Matthieu est construit sur un modèle identique à celui de Luc. Il n'est que la désignation des colonnes qui est effectuée en fonction de Matthieu et non plus de Luc.

1ère colonne : rang du bloc dans la rédaction de Matthieu.
2e et 3e colonnes : limites du bloc par chapitres et versets.
4e colonne : "Matthieu", numéro de désignation du bloc dans le cas de recension unique.
5e colonne : "Marc", numéro de désignation pour la double recension Matthieu-Marc.
6e colonne : "Luc", numéro de désignation du bloc pour la double recension Matthieu-Luc.
7e colonne : mention des doublets sur le même principe que l'index précédent.

Les documents synoptiques

R.	C v	Matt.	Marc	Luc	Db	R.	C v	Matt.	Marc	Luc	Db
1	3 1-2		5	5	+18	35	18			325+287	
2	2b-4		4	4		36	19-24	80			
3	4		7			37	25-26			301	⎧214
4	5-6		6			38	27-39a	81		+	⎨215
5	7-10			9 + { 64 / 277		39	39b-42			85	⎩229
6	11		11	11		40	43	82			
7	12			12		41	44			83	
8	13-15	15				42	45	84			
9	16-17		16	16	+194	43	46-48			87	
10	4 1-2a		18	18		44	6 1-8	88			
11	2b-4			19		45	9-13			265	
12	5-7			21		46	14-15		393		
13	8-10			20		47	16-18	267			
14	11a			23		48	19-21			294	
15	11b		24			49	22-23			274	
16	12		25	25		50	24			322	
17	13-16	26				51	25-33			291	
18	17		27		+ 1	52	34	292			
19	18	30				53	7 1-2a			89	
20	19-20		31	31		54	2b		136	136	
21	21-22		32			55	3-5			92	
22	23a		40	40	+89	56	6	93			
23	23b-25	43			+75	57	7-11			268	
24	5 1	71				58	12			86	
25	2-3			72		59	13-14			305	
26	4	73				60	15	94			
27	5-6			74		61	16			96+141	
28	7-10	75				62	17	97			
29	11-12			76		63	18			95+141	
30	13a		349	349		64	19-20	98			+ 5
31	13b			350		65	21			100+147	
32	14	78				66	22-23			307	
33	15		131	131		67	24-27			101	
34	16-17	79				68	28-29		34	34	

358 Annexe A

R.	C v	Matt.	Marc	Luc	Db	R.	C v	Matt.	Marc	Luc	Db
69	8 1	44				103	15			256	+123
70	2-4		45	45		104	16			249	
71	5-7			102		105	17-23		415	415	+280
72	8-10			104		106	24-25			91	
73	11-12			308		107	26		133	133	
74	13			105		108	27-33			288	+194
75	14-16		36	36	+23	109	34-36			298	
76	17	38				110	37-38			317	+194
77	18		143	143		111	39			339	+194
78	19-22			246		112	40		242	242	
79	23-28		144	144		113a	41	244a			
80	29		149	149		113b	42		244b		
81	30-34		152	152							
82	9 1	49				114	11 1	107			
83	2-17		50	50	+127	115	2-9			108	
84	18-20		154	154		116	10		3	3	
85	21		155			117	11			109	
86	22		157	157		118	12-13			324	+{150, 160, 195}
87	23-26		159	159		119	14-15	111			
88	27-20	160			+{136, 241}	120	16-19			112	
	31-34	160				121	20	114			
89	35		165			122	21-23			257	
90	36		184			123	24	259			+103
91	37-38			248		124	25-27			260	
						125	28-30	261			
92	10 1		166			126	12 1-4		52	52	
93	2-4		69	69		127	5-7	54			+83
94	5-6	70				128	8		55	55	
95	7			254		129	9-10		56	56	
96	8	169				130	11			312	
97	9		170	170		131	12	58			
98	10a		171			132	13-14		59	59	+253
99	10b			252		133	15	62			
100	11		172	172		134	16		63	63	
101	12-13			251		135	17-21	66			
102	14		173	173							

Les documents synoptiques

R.	C v	Matt.	Marc	Luc	Db	R.	C v	Matt.	Marc	Luc	Db
136	22-23			116	+88	170	15-16		186	186	
137	24-29		117	117	+88	171	17-21		187	187	+186
138	30			118		172	22-27		188		
139	31a		119			173	28-31	189			
140	31b-32		120	120		174	32		190		
141	33	122			+61	175	33	192			
142	34-35			99		176	34-36		193		
143	36-37	123									
144	38	271			+187	176	15₁		193		
145	39-42			272	+189	177	2-3a		195		
146	43-45			269		178	3b-6		197		
147	46-50a		124	124	+65	179	7-9		196		
148	50β		125			180	10-11		198		
						181	12-13	·200			
149	13₁		125			182	14			90	
150	2-11		126	126 +{119 160}		183	15-28		201		
151	12		137	137 +295		184	29-31	204			
152	13		127	127		185	32-33		205		
153	14-15	129				186	34-38		206		+171
154	16-17			262		187	39		207		
155	18-23		130	130							
156	24-30	139				187	16₁		207		+144
157	31-32		140	140		188	2-3			299	
158	33			303		189	4		208	208	+145
159	34		141			190	5		209		
160	35-53	142		+{119 150}		191	6		210	210	
161	54a		161	161		192	7-10		211		
162	54b-57		163	163		193	11-12	213			{108 110 111 221}
163	58		164			194	13-28		214	214	
164	14₁₋₂		175	175							
165	3-4		178	178		194	17 1-9		214	214	+9
166	5-12		179			195	10-12		216		+119
167	13		182	182		196	13	217			
168	14a		183			197	14a		218	218	
169	14b			185		198	14b-17		221	221	

Annexe A

R.	C v	Matt.	Marc	Luc	Db	R.	C v	Matt.	Marc	Luc	Db
199	18a		224	224		233	16-27		364	364+259	
200	18b		226			234	28			374	
201	18c		228	228		235	29		365	365	
202	19		229			236	30		367	367+237	
203	20	290									
204	21		231			237	20 1-16	368			
205	22-23		233	233		238	17-19		369	369	
206	24-27	236				239	20-24		370		
						240	25-28		373	373+268	
207	18 1		237	237		241	29-34		375	375 +88	
208	2		239	239							
209	3		362	362		242	21 1-9		381	381	
210	4	240				243	10		382		
211	5		241	241		244	11	383			
212	6			328		245	12-13		386	386	
213	7			327		246	14-16	389			
214	8		344		+38	247	17-19		384		
215	9		346		+38	248	20		390		
216	10	348				249	21		391	391+203	
217	11			377		250	22		392		
218	12-13			319		251	23-27		395	395	
219	14	320				252	28-32	396			
220	15			329		253	33-46		397	397+132	
221	16-20	330			+194						
222	21-22			331		254	22 1-10			314	
223	23-35	334				255	11-14	316			
						256	15	398			
224	19 1-3		351			257	16-32		399	399	
225	4a	353				258	33			400	
226	4b-6		366			259	34-40		401	401+233	
227	7-8a		354			260	41-45		404	404	
228	8b	355				261	46		403	403	
229	9		358	358	+38						
230	10-12	360				262	23 1		405	405	
231	13-14		361	361		263	2-3	407			
232	15		363								

Les documents synoptiques

R.	C v	Matt.	Marc	Luc	Db
264	4			284	
265	5	408			
266	6-7		409	409	
267	8-10	411			
268	11		238	238	+240
269	12			343	
270	13			286	
271	14-22	412			
272	23			278	
273	24	280			
274	25-26			276	
275	27			281	
276	28	283			
277	29-36			285	+ 5
278	37-39			310	
279	24 1-8		413	413	+284
280	9-14	414			+105
281	15-16		416	416	
282	17		417	417	
283	18-21[a]		418	418	
284	21[b]-25		419		+279
285	26-27			335	
286	28			341	
287	29-35		421	421	+35
288	36		422		
289	37-39			337	
290	40-41			340	
291	42-51			296	+294
292	25 1-10	424			
293	11-12			306	
294	13		425		+291
295	14-30			379	+151
296	31-46	428			

4. RÉPERTOIRE DES DOUBLETS

Les deux listes de doublets de Luc et de Matthieu sont une simple récapitulation des doublets déjà mentionnés dans la liste générale des concordances aussi bien que dans les deux index. Toutefois, les divers auteurs de synopse ne mentionnent pas tous exactement le même ensemble de répétitions. Aussi fut-il nécessaire de procéder à l'établissement d'une liste des passages considérés, à tort ou à raison, comme des répétitions et de la soumettre à la critique. En général ont été retenues les répétitions mentionnées au moins une fois dans l'une des synopses utilisées — "au moins une fois", car il arrive que le parallèle soit indiqué à l'une des mentions du doublet et non pas à l'autre. En certains cas, il peut s'agir d'un oubli, en d'autres cas tel passage peut en évoquer un autre sans qu'il y ait réciprocité. Nous avons décidé de négliger cette orientation et de tenir le parallélisme entre passages pour une relation symétrique. Au lecteur de juger du bien-fondé de ce choix.

Les répertoires de Luc et de Matthieu comportent les indications suivantes :
1ère colonne : numéro du chapitre où figure l'une ou l'autre des mentions du doublet. Chaque doublet est ainsi mentionné à deux reprises : il figure au chapitre de sa première mention et au chapitre de sa deuxième mention.

2e, 3e et 4e colonnes : les colonnes centrales indiquent la localisation du doublet par verset ; la localisation de la deuxième mention étant toujours *à droite* de la localisation de la première mention. Ainsi pour le premier doublet de Luc $3_{22} = 9_{35}$ la disposition est la suivante:

Chap.		Doublets	
3		3_{22}	$\Longrightarrow$ 9_{35}
.		.	
.		.	
.		.	
9	3_{22}	$\Longrightarrow$	9_{35}

5e colonne : indication sommaire du thème du verset.

4.1. Doublets de Luc

Chap.	Doublets			Thèmes
3		322	935	*Celui-ci est mon fils*
4		414	437	*Sommaire*
		415	444	*Sommaire*
5		530	152	*Il mange avec des pécheurs*
6		66-9	141-3	
		67	1314	*Guérisons un jour du sabbat*
		611	1947, 2019	*Comment le faire périr*
		646	821	*Faire la volonté de Dieu*
8		88	1435	*Qui a des oreilles*
		816	1133	*La lampe sous le boisseau*
		817	122	*Il n'est rien de caché*
		818	1926	*A celui qui a*
	646	821		*Faire la volonté de Dieu*
9		93-5	104-10	*Les douze et les soixante-douze*
		923	1427	*Prendre sa croix*
		924	1733	*Sauver son âme*
		926	129	*Qui aura rougi de moi*
	322	935		*Celui-ci est mon fils*
		946	2224	*Le plus grand*
		948[b]	1016	*Qui m'accueille*
		948[c]	2226	*Le plus petit*
		950	1123	*Qui n'est pas contre vous*
10	93-5	104-10		*Les douze et les soixante-douze*
	948[b]	1016		*Qui me rejette*
		1025	1818	*De la vie éternelle*
11	950	1123		*Qui n'est pas avec moi*
	816	1133		*La lampe sous le boisseau*
		1143	2046	*Malheur aux pharisiens*

Chap.	Doublets			Thèmes
12	8 17	12 2		*A celui qui a*
		12 7	21 18	*Les cheveux de votre tête*
	9 26	12 9		*Qui m'aura renié*
		12 11	21 14	*Ne vous inquiétez pas*
		12 33	18 22	*Faites-vous un trésor au ciel*
13	6 7	13 14		*Guérisons un jour de sabbat*
		13 15	14 1-3	
14	6 6-9	14 1-3		*Guérisons un jour de sabbat*
	13 15	14 1-3		
		14 11	18 14	*Qui s'élève sera abaissé*
15	5 30	15 2		*Il accueille les pécheurs*
		15 4-7	15 8-10	*Brebis et drachme perdues*
16		16 17	21 33	*Le ciel et la terre passeront*
17		17 23	21 8	*Voici qu'il est ici*
		17 31	21 21	*Celui qui sera sur sa terrasse*
	9 24	17 33		*Qui voudra sauver son âme*
18	14 11	18 14		*Qui s'élève sera abaissé*
	10 25	18 18		*De la vie éternelle*
	12 33	18 22		*Faites-vous un trésor au ciel*
19	8 18	19 26		*A celui qui a*
		19 44	21 6	*La ruine du temple*
20	6 11	19 47	20 19	*Comment le faire mourir ?*
	11 43	20 46		*Malheur aux pharisiens*
21	19 44	21 6		*La ruine du temple*
	17 23	21 8		*Voici qu'il est ici*
	12 11	21 14		*Ne vous inquiétez pas*
	12 7	21 18		*Les cheveux de votre tête*
	17 31	21 21		*Celui qui sera sur sa terrasse*
	16 17	21 33		*Le ciel et la terre passeront*
22	9 46	22 24		*Le plus grand*
	9 48	22 26		*Le plus petit*

4.1. Doublets de Matthieu

Chap.	Doublets		Thèmes
3	32	417	*Convertissez-vous*
	37	2333	*Qui vous a appris à fuir?*
	310	719	*Tout arbre qui ne porte pas de fruit*
	317	175	*Celui-ci est mon fils*
4	32 417		*Convertissez-vous*
	423	935	*Sommaire*
	424	816	*Sommaire*
5	518	2435	*Pas un iota de la loi*
	529-30	188-9	*Si ton œil*
	532	199	*De l'adultère*
7			
	716-18	1233	*L'arbre et le fruit*
	310 719		*Tout arbre...*
	721	1250	*Accomplir la volonté du Père*
8	424 816		*Sommaire*
9	913	127	*Miséricorde je veux*
	927-30	2030-34	*Guérisons d'aveugles*
	932-34	1222-24	*Guérison d'un muet*
	423 935		*Sommaire*
10	1015	1124	*Sodome et Gomorrhe*
	1017-22	249-13	*Des persécutions*
	1033	1627	*Qui ne reniera*
	1038	1624	*Prendre sa croix*
	1039	1625	*Perdu son âme*

Les documents synoptiques 367

Chap.	Doublets			Thèmes
11		11¹⁴	17¹²	*C'est Elie qui vient*
		11¹⁵	13⁹, 13⁴³	*Qui a des oreilles*
	10¹⁵	11²⁴		*Sodome et Gomorrhe*
12	9¹³	12⁷		*Miséricorde je veux*
		12¹⁴	21⁴⁶	*Comment le faire périr ?*
	9³²⁻³⁴	12²²⁻²⁴		*Guérison d'un muet*
	7¹⁷	12³³		*L'arbre et le fruit*
		12³⁸⁻³⁹	16¹⁻⁴	*Nous voulons un signe*
	7²¹	12⁵⁰		*Accomplir la volonté du Père*
13	11¹⁵	13⁹	13⁴³	*Qui a des oreilles*
		13¹²	25²⁹	*A celui qui a*
14, 15		14¹⁷⁻²²	15³⁴⁻³⁸	*1ère et 2e Multiplications des pains*
16	12³⁸⁻³⁹	16¹⁻⁴		*Le signe de Jonas*
		16¹⁹	18¹⁸	*Ce que tu lieras sur terre*
	10³⁸	16²⁴		*Prendre sa croix*
	10³⁹	16²⁵		*Perdre son âme*
	10³⁸	16²⁷		*Qui me reniera*
17	3¹⁷	17⁵		*Celui-ci est mon fils*
	11¹⁴	17¹²		*Elie est déjà venu*
		17²⁰	21²¹	*Si vous aviez de la foi*
18	5²⁹⁻³⁰	18⁸⁻⁹		*Si ton œil*
	16¹⁹	18¹⁸		*Ce que tu lieras sur terre*
19	5³²	19⁹		*De l'adultère*
		19¹⁹	22³⁹	*Tu aimeras ton prochain*
		19³⁰	20¹⁶	*Les premiers seront derniers*
20	19³⁰	20¹⁶		*Les derniers seront premiers*
		20¹⁶	23¹¹	*Le plus grand sera serviteur*
	9²⁷⁻³⁰	20³⁰⁻³⁴		*Guérisons d'aveugles*
21	17²⁰	21²¹		*Si vous aviez de la foi*
	12¹⁴	21⁴⁶		*Comment le faire périr*

Chap.	Doublets			Thèmes
22	19$_{19}$	22$_{39}$		*Tu aimeras ton prochain*
23	20$_{26}$ 3$_7$	23$_{11}$ 23$_{33}$		*Le plus grand sera serviteur* *Comment fuirez-vous ?*
24	10$_{17-22}$ 5$_{18}$	24$_5$ 24$_{9-13}$ 24$_{35}$ 24$_{42}$	24$_{23}$ 25$_{13}$	*Voici le Messie* *Des persécutions* *Par un iota de la loi* *Veillez donc*
25	24$_{42}$ 13$_{12}$	25$_{13}$ 25$_{29}$		*Veillez-donc* *A celui qui a*

Annexe B

BIBLIOGRAPHIE

1. BIBLIOGRAPHIE GENERALE

AUDLEY, R.J., "Models of choice", *Colloque international sur les modèles et la formalisation du comportement*, Paris, C.N.R.S., 1967, p. 173-183.

BACHELARD, G., *Le Nouvel esprit scientifique*, Paris, Presses Universitaires de France, 1949.

BARR, A., *A Diagramm of Synoptic Relationships*, 2e éd., Blackwell, 1949.

BEDIER, J., "La traduction manuscrite du Lai de l'Ombre", *Romania*, LIV, 1928, p. 161-181 et 321-356.

BENOIT, P. (O.P.), "Synopse grecque des évangiles". *Revue Biblique*, t. LXVIII, p. 93-102, 1960.

BENOIT, P. et BOISMARD, M.E. (O.P.), *Synopse des quatre Evangiles, avec parallèles des apocryphes et des Pères*, t. I, Paris, Le Cerf, 1965.

BOTTE, B., *Dictionnaire de la Bible, supplément*, article "Claromontanus", t. II, et article "Stichométrie", t. V, col. 823.

Centre National de Pastorale Liturgique, *Lectionnaire de semaine à l'usage des fidèles*, Paris, Le Cerf et autres éditeurs, 1967.

CERFAUX, L., "En marge de la question synoptique : les unités antérieures aux trois premiers évangiles", *La Formation des Evangiles*, Paris, Desclée, 1957, p. 24-33.

COLWELL, E. C., *Studies in methodology in textual criticism of the new testament*, Brill, 1969.

DAIN, A., *Les manuscrits*, Paris, 1949.

DEISS, L. (C.S.Sp.), *Synopse de Matthieu, Marc et Luc, avec parallèles de Jean*, t. II, Desclée de Brouwser, 1963.

DEWAILLY, L.M., (O.P.), *Les Quatre Evangiles à l'usage du peuple chrétien*, Paris, Le Cerf, 1966.

DEVREESSE, R., *Dictionnaire de la Bible, supplément*, article "Chaînes exégétiques grecques, t. I, col 1084-1233.

DOEVE, J.W., "Le rôle de la composition orale dans la composition des évangiles synoptiques", *La Formation des évangiles*, 1957, p. 70-84.

DUNKERLEY, R., 1957, *Le Christ*, traduction française 1962, Nouvelle Revue Française.

DUPLACY, J., *Où en est la critique textuelle du Nouveau Testament ?*, Paris, Gabalda, 1959.

DUTHOIT, R., (S.J.), "Une nouvelle synopse des évangiles", *Nouvelle Revue Théologique*, t. LXXXII, n° 3, 247-268, 1960.

FLACELIERE, R., "Synopse grecque par Mgr de Solages", *Revue d'Etudes Grecques*, t. LXXIII, 303-305, 1960.

FRAISSE, P., "La Formalisation en psychologie", *Colloque International sur les Modèles et la Formalisation du Comportement*, Paris, C.N.R.S., p. 17-26, 1967.

FREY, L., "Application de la métrique des ordres à la critique textuelle des évangiles", *Annales, économie, sociétés, civilisations*, n° 2, p. 295-306, 1963.

Techniques ordinales en analyse des données : Algèbre et combinatoire, Hachette, 1971.

FROGER, (Dom), *La critique des textes et son automatisation*, 1968.

GABOURY, A., *La structure des évangiles synoptiques, La structure-type à l'origine des synoptiques*, Brill, 1970.

GERARHARDSSON, B., *Memory and manuscript ; Oral tradition and written transmission in rabbinic judaism and early christianity*, Uppsala, 1961.

GRANGER, G.G., *La Raison*, Paris, Presses Universitaires de France, 1958.

Pensée Formelle et Sciences de l'Homme, Paris Aubier, 1960.

GUIGNEBERT, Ch., *Le Christ*, Paris, Albin Michel, 1948.

GUILBAUD, G.Th., "Les Théories de l'intérêt général et le problème logique de l'agrégation, *Economie Appliquée*, t. V, n° 4, 1952, p. 501-583.

GUILBAUD, G. Th. et ROSENSTIEHL, P., Analyse algébrique d'un scrutin, *Mathématique et Sciences Humaines*, n° 4, 1963, p. 9-34.

GUILLAUMONT, A., *L'Evangile selon Thomas*, en collaboration avec : PUECH H. Ch., QUISPEL G., TILL W., Yassah ABD AL MASSIH, Paris, Presses Universitaires de France, 1954.

HAVET, L., *Manuel de critique verbale appliquée aux textes latins*, Paris, 1911.

HEUSCHEN, J., *La Formation des Evangiles*, Paris, Desclée de Brouwer, 1957, p. 11-23 introduction.

JOUSSE, M., *Etudes de psychologie linguistique, le style oral rythmique et mnémotechnique chez les verbo-moteurs*, Paris, Beauchesne, 1925.

KENDALL, M.G., *Rank Correlation Methods*, 2e éd., Londres, Griffin, 1955.

LAGRANGE, M.J. et LAVERGNE, C., (O.P.), *Synopse des quatre Evangiles en français*, Paris, Gabalda, 1947.

LEON-DUFOUR, X., (S.J.), "Autour de la question synoptique", *Recherches de Science Religieuse*, t. XLII, 1954, p. 583-584.

Concordance des évangiles synoptiques, Desclée de Bróuwer, 1956.

"Pour approfondir les évangiles synoptiques", *Nouvelle Revue Théologique*, t. 79, n° 3, 1957, p. 296-302.

"Les Evangiles synoptiques", *Introduction à la Bible*, Paris, Ed. Robert et Feuillet, 1957.

Les Evangiles et l'histoire de Jésus, Paris, Le Seuil, 1963.

Dictionnaire de la Bible, supplément, article "Récits de la Passion", t. V, col. 1419-1492.

MARICHAL, R., "La Critique des textes", *L'Histoire et ses méthodes*, Paris, Gallimard, "La Pléiade", 1961, p. 1246-1360.

MEYER, F., *Problématique de l'Evolution*, Paris, Presses Universitaires de France, 1954.

QUENTIN, H. (Dom), *Essais de critique textuelle* (ecdotique), Paris, A. Picard, 1926.

SEGOND, L., *Le Nouveau Testament, traduction d'après le texte grec*, imprimé à l'université d'Oxford, Angleterre, 1937.

SIMON, M., *Les Premiers chrétiens*, Paris, Presses Universitaires de France, 1960.

SIMON, Richard., *Histoire critique du texte du Nouveau Testament*, bibliothèque Méjanes, Aix-en-Provence, réf. in-F° 1736, 1937.

Histoire critique des Versions du Nouveau Testament, réf. F° 1733, 1690.

SOLAGES, B. (Mgr), "Note sur l'utilisation de l'analyse combinatoire pour la solution du problème synoptique", *La Formation des Evangiles*, Paris, Desclée 1957, p. 213-214.

Synopse grecque des évangiles, méthode nouvelle pour résoudre le problème synoptique, Leyde, Brill, 1958.

"Mathématiques et évangiles, réponse au R.P. Benoit", *Bulletin de littérature ecclésiastique*, n° 4, 1960, p. 287-311.

STREETER, B.H., *The four gospels : A sudy of origins*, Londres, 1924.

SUPPES, P., "Conclusion du colloque", *Colloque international sur les modèles et la formalisation du comportement*, Paris, C.N.R.S., 1967, p. 413-416.

ULLMO, J., *La Pensée Scientifique Moderne*, Paris, Flammarion, 1958.

VAGANAY, L., *Le Problème synoptique, une hypothèse de travail*, Paris, Desclée, 1954.

2. DICTIONNAIRES

Dictionnaire de la Bible, publié par F. Vigouroux et de nombreux collaborateurs, 1912, mentionné dans les références sous le sigle *D.B.*

Dictionnaire de la Bible, supplément, publié par L. Pirot et de nombreux collaborateurs 1938, mentionné sous le sigle *D.B.S.*

Dictionnaire encyclopédique de la Bible, publié sous la direction de Van den Born, 1960, mentionné sous le sigle *D.E.B.*

3. BIBLES ANCIENNES

Ouvrages mentionnés au cours du chapitre IV et généralement consultés à la Bibliothèque Méjanes d'Aix-en-Provence. Les références renvoient aux divers catalogues de cette bibliothèque.

1476 : *Bible latine,* imprimée à Venise par Nicolas Jenson Gallici, ne comporte aucune concordance et aucune subdivision du texte, hormis la subdivision en chapitres, réf. : INC. Q. 88.

1481 : *Nouveau Testament latin,* imprimé à Venise par Nicolas de Lyre. La mise en page est celle des manuscrits : texte de l'Evangile au centre en gros caractères et gloses tout autour en petits caractères, réf. : INC. Q. 34.

1491 : *Bible latine,* publiée à Bâle par J. Froben de Hammelburk ; première bible à comporter des concordances marginales sur le N.T. comme sur l'A.T. (*D.B.,* t. II, col.895), les subdivisions des chapitres sont celles de C. de Halberstadt, réf. : INC. D. 37.

1494 : *Bible latine,* publiée par Matthias Huss, avec concordances sur l'A.T. et sur le N.T., réf. : INC. Q. 115.

1512 : *Bible latine,* imprimée à Lyon par Nicolas de Bénédictus, avec concordances sur l'A.T. et le N.T. ; Consultée à la bibliothèque de l'abbaye de Cluny.

1519 : *Bible latine,* imprimée à Lyon chez Jacob Sacon, une des rares bibles du 16e siècle, avec la suivante, à comporter simultanément les canons d'Eusèbe et les subdivisions saint-chériennes ; consultée à la bibliothèque de l'abbaye de Cluny ainsi que la réédition de 1521.

1519 : *Bible latine,* Imprimée à Venise, une des rares bibles du 16e siècle qui comporte simultanément les canons d'Eusèbe, les numéros des sections ammoniennes et les lettres des subdivisions saint chériennes pour les concordances marginales sur l'A.T. et le N.T.; collection particulière de M. Georges Duby.

1521 : *Bible française*, imprimée à Lyon, ne comporte aucune concordance ni aucune subdivision du texte hormis celle des chapitres, réf. : in-F.328.

1522 : *Bible latine*, imprimée à Lyon chez J. Saccon, avec concordances sur l'A.T. et le N.T., réf : in 8° 30960.

1523 : *Bible latine*, imprimée à Paris chez Jean Prevel ; avec concordances sur l'A.T. ; consultée à la bibliothèque de l'abbaye de Cluny.

1534 : *Bible française*, traduction Lefevre d'Etaples, imprimée à Anvers chez M. l'Empereur, commence par un synaxaire, concordances marginales sur l'A.T. et le N.T., réf. : in-F° 326.

1535 : *Bible française*, de Neufchatel, traduction R. Olivetan, imprimée chez P. de Wingle ; concordances sur l'A.T. et le N.T. ; gloses marginales nombreuses, réf. : in-F° 325.

1537 : *Lexique* des noms de la Bible par R. Estienne ; les références utilisent les subdivisions saint-chérienne, réf : in F° 568.

1539 : *Bible latine*, de R. Estienne, concordances sur l'A.T. et le N.T. ; petits sommaires marginaux, le Prologue de Luc est compris dans le chapitre I dont seul le sépare un alinéa simple, réf : in-F° 334.

1541 : *Bible latine*, chez Simon de Colines, avec concordances et et gloses ; consultée à la bibliothèque de l'abbaye de Cluny.

1542 : *Bible latine*, de S. Pagnini, imprimée à Lyon par Treschfeld ; concordances marginales, réf. : in-F° 330.

1542 : *Les Epitres et Evangiles des cinquante et deux dimanches de l'an*, imprimées à Lyon, chez E. Dolet, réf. : Res. S. 75.

1543 : *Nouveau Testament (Novum testamentum graece et latine)* par Erasme de Rotterdam, imprimé à Paris, texte présenté sur deux colonnes, une pour le grec, une pour le latin, concordances peu nombreuses et en termes de chapitres, réf. : P. 8779 ; réédition de 1578, réf. : P. 3416.

1543 : *Nouveau Testament latin,* d'après Simon Colines, gloses et concordances marginales, débute par un synaxaire, réf. : Res. D 475.

1545 : *Bible latine,* ancienne et nouvelle versions, avec commentaires de Robert Estienne ; consultée à la bibliothèque de l'abbaye de Cluny.

1546 : *Nouveau Testament grec,* de R. Estienne ; Comprend la préface "o mirificam", réf. : D. 8896 ; réédition de 1549, réf. : D. 8900.

1552 : *Réponses aux théologiens de Paris* qui avaient censuré en 1547 les gloses de la Bible de 1545 de R. Estienne ; réf. : in-F° 503.

1563 : *Bible latine,* éditée par René Benoit, docteur en théologie de Paris ; concordances indiquées uniquement par les subdivisions Saint-chériennes ; consultée à la bibliothèque de l'abbaye de Cluny.

1565 : *Nouveau Testament latin-grec,* avec interprétations de Théodore de Bèze, subdivisions en versets ; concordances sur l'ensemble de la bible ; consultée à la bibliothèque de l'abbaye de Cluny dans la troisième édition de 1580.

1567 : *Bible latine,* à Lyon chez A. Vencentium, subdivisée en versets ; consultée à la bibliothèque de l'abbaye de Cluny.

1570 : *Nouveau Testament grec-latin* imprimé à Bâle, d'après la version d'Erasme ; concordances et gloses marginales, commentaires nombreux, réf. : in-F° 16.

1571 : *Nouveau Testament basque,* dédié par J. de Licarrague à Jeanne d'Albret, réf. : in-F° 572.

1578 : *Bible française,* préface de J. Calvin, imprimée à Genève chez J. A. Chauvet, texte subdivisé en versets soulignés par des alinéas, concordances marginales, réf. : in-F° 315.

1583 : *Nouveau Testament grec,* par A. Montanus, à Anvers chez Plantin, avec interprétation latine interlinéaire, versets mentionnés dans les marges, pas de concordances mais gloses marginales, réf. : P. 8239.

1584 : *Nouveau Testament hébreu, latin et grec,* imprimé par Stéphane Prevosteau, réf. : in-F° 279.

1609 : *Bible hébraïque,* d'après une première édition de 1571 avec traduction latine interlinéaire de S. Pagnini et compléments de A. Montanus, la subdivision en versets diffère parfois de celle de R. Estienne, réf. : in-F° 321.

1647 : *Bible sixto-clémentine,* comprend le double système de référence, subdivision saint-chériennes et versets, réf. : in-16° 139.

1652 : *Nouveau Testament grec,* d'après le texte de R. Estienne de 1550, réf. : in-F° 339.

1657 : *Polyglotte de Londres (Biblia Sacra Polyglotta),* éditée par Brianus Waltonus, comprend : texte grec d'après la version de R. Estienne avec traduction interlinéaire de A. Montanus, les versions syriaque, éthiopienne, arabe et perse chacune avec interprétation latine et le texte de la vulgate, réf. : in-F° 320.

1682 : *Bible latine,* bible sixto-clémentine éditée à Paris concordances marginales, subdivision en versets séparés par des alinéas, réf. : P. 882.

4. CONCORDANCES VERBALES

1551 : *Concordantiae Majores Sacrae Bibliae,* concordances dites de "Saint Jacob", par F. Arola, imprimées chez Gryphe à Lyon, réf. : in-8° 3288.

1555 : *Concordances,* de Robert Estienne, les premières à mentionner les versets et utilisant encore les subdivisions saint-chériennes ; consultées à la bibliothèque de l'abbaye de Cluny.

1562 : *Concordances,* de Jean Benoit, théologien parisien, n'utilisent que les seules subdivisions saint-chériennes comme la bible de 1563 de René Benoit, consultées à la bibliothèque de l'abbaye de Cluny.

1624 : *Concordances gréco-latines,* par Henri Estienne, deuxième édition des concordances de 1594, par P. et J. Chovet ; ne mentionnent que les versets, réf. : P. 4864.

1656 : *Concordances,* réédition et mise à jour des concordances de Hugues de Saint-Cher par Luc de Bruges ; publiées à Paris avec privilège du roi ; ne mentionnent que les versets, réf. : P. 9590. Rééditions : de 1786, consultée à Cluny ; de 1837 et 1844, consultées à la bibliothèque Méjanes d'Aix-en-Provence.

TABLE DES MATIERES

Introduction : Les concordances synoptiques et leur ordonnance   1

PREMIERE PARTIE :   *Cadre théorique*

Chapitre I : Théorie des permutations   17

1 . Présentation générale   17
    1.1. Synoptiques et permutations   17
    1.2. Différences entre classements   18
    1.3. Interversions et inversions   20

2 . Ensemble des permutations   22
    2.1. Construction d'un ensemble de permutations   22
    2.2. Structure d'un ensemble de permutations   23
       2.2.1. Distance entre permutations   23
       2.2.2. Permutations intermédiaires   25
       2.2.3. Fuseau de permutations   26

3 . Retour aux sources   30
    3.1. La règle de fer   30
       3.1.1. Premier critère   33
    3.2. Corrélations entre rangs   35
       3.2.1. Corrélation directe entre rangs   36
       3.2.2. Coefficient de corrélation partielle   37
       3.2.3. Interprétation du coefficient de Kendall   40

Chapitre II : Théorie des insertions — 43

1. Construction d'une insertion — 43
    1.1. Sources et insertions — 43
        1.1.1. Nouvelle perspective — 43
        1.1.2. Hypothèses initiales — 45
    1.2. Processus d'insertion — 46
    1.3. Fuseau d'insertion — 47
        1.3.1. Fuseau bipolaire — 47
        1.3.2. Fuseau multipolaire — 52
        1.3.3. Fuseaux, filiations, sources — 53

2. A la recherche des pôles — 57
    2.1. Sources et séquences — 57
        2.1.1. Représentations graphiques — 57
        2.1.2. Source littéraire – Source mathématique — 58
        2.1.3. Insertions et inversions — 60
    2.2. Décomposition en séquences — 61
        2.2.1. Principe d'économie et décomposition unique — 61
        2.2.2. Solutions multiples — 63
        2.2.3. Différences des rangs — 64

Chapitre III : Théorie des répétitions — 67

1. Les doublets synoptiques — 67
    1.1. Typologie sommaire des doublets — 67
        1.1.1. Doublets simultanés — 67
        1.1.2. Contexte d'un doublet — 70
        1.1.3. Les doublets simples — 71
    1.2. La répartition des doublets — 73
        1.2.1. Enclenchements de doublets — 73
        1.2.2. Doublets et inversions — 77

2. Genèse théorique des doublets — 80
    2.1. Insertions et répétitions — 80
        2.1.1. Sources non disjointes — 80
        2.1.2. Naissance d'un doublet — 81
    2.2. Les traits dominants d'un doublet — 82
        2.2.1. Doublet simultané — 82
        2.2.2. Doublet simple — 85

2.3. Association de plusieurs répétitions	92
2.3.1. Double charnière	92
2.3.2. Les doublets synoptiques et leurs enclenchements	94
2.3.3. Inversions et doublets	97

DEUXIEME PARTIE : *Segmentation des textes*

Chapitre IV : Les unités néo-testamentaires	103
1. Regards sur le passé	103
1.1. De quelques manuscrits	103
1.2. Les anciens découpages	105
1.2.1. La stichométrie	105
1.2.2. La colométrie	106
1.2.3. Chapitres et paragraphes	106
1.2.4. Lectures et segmentations	108
2. Genèse de la segmentation moderne	110
2.1. Sections ammoniennes et canons d'Eusèbe	110
2.1.1. Historique sommaire	110
2.1.2. Sections et canons	111
2.2. Les listes de concordances	112
2.2.1. Concordances verbales et repérage	112
2.2.2. Les concordances marginales	114
2.2.3. La segmentation en versets	115
3. Problématique de la segmentation	118
3.1. Les correspondances synoptiques	118
3.1.1. Les anciens chapitres	118
3.1.2. Les chapitres modernes	123
3.1.3. Fermeture d'une correspondance	124
3.2. Parallélismes entre péricopes	125
3.2.1. Péricopes ammoniennes	127
3.2.2. Péricopes synoptiques	130
3.2.3. Péricopes liturgiques et péricopes synoptiques	132
3.2.4. Le problème des doublets	135

380 *Table des matières*

3.3. Parallélismes entre versets	138
3.3.1. Importance des versets	138
3.3.2. Omissions dans les versets	140
3.3.3. Comparaisons des césures et inversions	142
3.3.4. Conclusion	146

Chapitre V : Le découpage synoptique 149

1. Les passages	149
1.1. Les omissions	150
1.2. Les inversions	154
1.3. Contenu des "passages"	156
2. Les "blocs"	158
2.1. Omissions négligées	158
2.2. Inversions négligées	161
2.3. L'application des règles	163
2.4. Le problème des doublets	167

Chapitre VI : Organisation et désignation des concordances 169

1. Correspondances entre ensembles totalement ordonnés	169
1.1. Trame principale et trame secondaire	169
1.2. Les intercalations	172
1.2.1. Comment intercaler ?	172
1.2.2. Règles d'intercalation	175
1.2.3. Exemple théorique de réorganisation	176
1.2.4. Algorithme de classement	179
2. Application aux synoptiques	187
2.1. Choix des trames dominantes	187
2.2. Les indices de Luc	187
2.3. Intercalations des doublets	188
2.3.1. "Qui n'est pas avec moi"	189
2.3.2. "Les derniers seront premiers"	190
3. Synopse des règles	193

Table des matières   381

TROISIEME PARTIE : *Regards sur les synoptiques*

Chapitre VII : Les schémas de filiation   199

   1. Une interprétation globale   199
       1.1. Les contacts littéraires   199
       1.2. Distances entre les synoptiques   201
            1.2.1. Résultats bruts   201
            1.2.2. Commentaires partiels   202
       1.3. Indices statistiques   203
            1.3.1. Corrélations directes   203
            1.3.2. Corrélations partielles   204
            1.3.3. Indépendance statistique   206

   2. Vers une deuxième source   208
       2.1. Les inversions communes   208
            2.1.1. Autres généalogies   208
            2.1.2. Dépistages des inversions   209
            2.1.3. Contexte des inversions communes   210
       2.2. Sur une théorie des deux sources   216
            2.2.1. Premiers résultats   216
            2.2.2. Nouvelles questions   217
            2.2.3. Résultats principaux et leurs calculs   218

Chapitre VIII : Les séquences synoptiques   223

   1. Classification des blocs   223
       1.1. Buts et moyens   223
            1.1.1. Limitations et perspectives   223
            1.1.2. Miniaturisation   224
            1.1.3. Déroulement   225
       1.2. Décomposition en séquences   225
            1.2.1. Première classification   225
            1.2.1. Deuxième classification   227
            1.2.3. Répartition des blocs   231
       1.3. Ordre sur les classes   234
            1.3.1. Principes de l'estimation   234
            1.3.2. Cohérence intra-classe   237
            1.3.3. Classes et décomposition en séquences   240

2. Répartition des doublets 247
  2.1. Les doublets retenus 241
    2.1.1. Localisation des deux mentions 241
    2.1.2. Les doublets de Luc 244
    2.1.3. Les doublets de Matthieu 246
  2.2. Les doublets et les classes 247
    2.2.1. Localisation des doublets 247
    2.2.2. Répartition entre les classes 250
  2.3. Les enclenchements de doublets 252
    2.3.1. Principes de l'enclenchement 252
    2.3.1. Liste des enclenchements 255
    2.3.3. Schémas d'enclenchement 259

Chapitre IX : A la recherche des sources 263

1. Des séquences vers les sources 263
  1.1. La répartition des thèmes 263
    1.1.1. Limites de l'analyse ordinale 263
    1.1.2. Classification des thèmes 265
    1.1.3. Brefs commentaires 271

2. L'agencement des sources 274
  2.1. Les processus d'insertion 274
    1.1.1. Représentations cartésiennes des concordances 274
    2.1.2. Regroupements de versets et sources 275
    2.1.3. Recherche des processus d'insertion 276
  2.2. Exemple d'insertions 276
    2.2.1. Construction du schéma d'analyse 276
    2.2.2. Désignation des unités 277
    2.2.3. Représentation graphique 280
    2.2.4. Les processus d'insertion 282
    2.2.5. Particularités des insertions 282

Conclusion : Problématique d'une analyse ordinale 289

Annexe A : Les documents synoptiques 317

    1. Présentation générale 319
        1.1. Répertoire des documents 319
            1.1.1. Les listes de concordances 319
            1.1.2. Les représentations graphiques 320
            1.1.3. Textes étudiés 322
        1.2. Travaux antérieurs utilisés 322
            1.2.1. Phase préliminaire 322
            1.2.2. Synopses et concordance 323
    2. Organisation des concordances 325
    3. Index par évangile 349
        3.1. Index pour Luc 351
        3.2. Index pour Matthieu 356

    4. Répertoire des doublets 363
        4.1. Doublets de Luc 364
        4.2. Doublets de Matthieu 366

Annexe B : Bibliographie 369

    1. Bibliographie générale 369
    2. Dictionnaires 372
    3. Bibles anciennes 372
    4. Concordances verbales 375

Annexe C : Les graphiques hors texte

Graphique n° 1 :   Concordances synoptiques
                      Double et triple recension

Graphique n° 2 :   Concordances synoptiques
                      Triple recension et inversions communes
                      de Luc Matthieu contre Marc

Graphique n° 3 :   Concordances synoptiques
                      Le récit de la Passion

Graphique n° 4 :   Représentation cartésienne des concordances
                      Concordances Luc-Matthieu avec désignation
                      sommaire du contenu des passages.

ACHEVÉ D'IMPRIMER
SUR LES PRESSES OFFSET DE L'IMPRIMERIE REDA S.A.
A CHÊNE-BOURG (GENÈVE), SUISSE

SEPTEMBRE 1972